华章

一本打开的书，
一扇开启的门，
通向科学殿堂的阶梯，
托起一流人才的基石。

智能系统与技术丛书

OpenCV深度学习应用与性能优化实践

吴至文 郭叶军 宗炜 李鹏 赵娟 著

机械工业出版社
China Machine Press

图书在版编目（CIP）数据

OpenCV 深度学习应用与性能优化实践 / 吴至文等著 . —北京：机械工业出版社，2020.6
（智能系统与技术丛书）

ISBN 978-7-111-65646-3

I. O⋯　II. 吴⋯　III. 机器学习－算法　IV. TP181

中国版本图书馆 CIP 数据核字（2020）第 085938 号

OpenCV 深度学习应用与性能优化实践

出版发行：机械工业出版社（北京市西城区百万庄大街 22 号　邮政编码：100037）

责任编辑：高婧雅　　　　　　　　　　　　责任校对：殷　虹

印　　刷：北京市荣盛彩色印刷有限公司　　版　　次：2020 年 6 月第 1 版第 1 次印刷

开　　本：186mm×240mm　1/16　　　　　印　　张：18.75

书　　号：ISBN 978-7-111-65646-3　　　　定　　价：89.00 元

客服电话：（010）88361066　88379833　68326294　　投稿热线：（010）88379604

华章网站：www.hzbook.com　　　　　　　　　　　　读者信箱：hzit@hzbook.com

序一

OpenCV 以其易得、易懂、易用为国内学术界和工业界所熟知。作为经典的图形图像类开源软件，OpenCV 可以说是兼具"大而全"和"小而精"特点。"大而全"是指 OpenCV 全面涵盖了从教科书式的基本图像处理单元算法，到更复杂的高级算法，直至最新的围绕机器学习的算法。"小而精"是指其每个算法的实现被社区反复锤炼、优化，甚至满足一些项目需求的 KPI，可以直接用于产品化。

本书的作者团队长期从事图形图像和视频编解码处理的算法研究、软件的功能实现及性能加速，各自在 OpenCV 项目里都有重要贡献，直至成为一些模块的维护者。本书从 OpenCV 入门，结合行业热点，花大量笔墨介绍机器学习相关实现及平台相关的性能优化，贴近实战，为学生、工程技术人员提供了实用指导。

作者团队所在的 Intel 开源软件中心音视频团队，自 2008 年开始从事 GPU 内核驱动开发，开发项目贯穿整个图形图像软件栈，涵盖开源软件桌面（X.org）、3D 加速协议 Open-GL（Mesa）、通用计算加速协议 OpenCL（Project Beignet）、视频编解码与处理（FFmpeg/GStreamer）及基于软件的全栈式摄像头流水线处理算法实现（libXCam）。很多团队成员如今在流媒体框架、图形图像处理等主要开源软件社区成长为项目维护者。

开源软件开发作为一种开发模式，社区互动是必不可少的组成部分。我们和 OpenCV 社区的互动，最早可以追溯到 2010 年。彼时 OpenCV 已经在业内流行了，但来自国内的贡献很少。最初，我们也经历了彷徨和不安，担心代码会不被接受。经过一些尝试后，我们逐渐与社区、OpenCV 项目的维护者 Vadim 先生建立了良好的合作关系。待后来 Intel 收购了 Itseez 公司之后，大家成为同事，合作就变得更多了。本书的各位作者作为参与 OpenCV 项目的开发者，贡献了重要算法的优化和实现。他们希望通过本书，分享自己的成长经历，携手国内开源社区的程序员和工程师一起参与 OpenCV 项目的开发。

图形图像技术自诞生之日起，就与网络技术的发展相辅相成。随着机器学习的发展，技术热点也从围绕存储和分发，越来越多地转向内容的分析和挖掘。华为的任正非先生曾经说过，下一个时代是图像时代。智能手机的普及使得拍摄成为最通俗易用的信息产生方式，由此产生了海量数据。为这些非结构化数据的有效挖掘和利用将催生下一个行业巨人。"把图像处理变得像文字处理一样简单"，一直是本书作者们及其所在团队追求的技术方向。机器学习和图像处理相结合，必将对机器人、工业自动化、医疗和生物技术带来深远的影响。5G 的低延时、物对物的连接特性，也将给图形图像技术注入新的催化剂并带来广阔的应用。有幸能为本书作序，借此与读者共勉。

傅文庆

Intel 公司系统软件产品事业部研发总监

于美国俄勒冈州

序二

应 Intel IAGS 的赵娟女士邀请为本书写序，我深感荣幸。本书由 Intel 开源软件中心音视频团队一线工作人员吴至文、郭叶军、宗炜、李鹏（前成员）、赵娟共同撰写，可以说是集体智慧的结晶。该团队成员目前都是资深研发工程师，有的深耕于 OpenCV 加速，有的是视频处理和深度学习领域的专家。在本书中，他们由浅入深地对 OpenCV 在深度学习上的应用和性能优化进行了全面解读。我在阅读本书时获益良多，尤其是加深了对 OpenCV 在深度学习方面的实际应用的理解。我相信本书能够覆盖相当大一部分学习者的需求。

众所周知，OpenCV 是 Intel 公司主导的开源计算机视觉库，它实现了一系列图像处理和计算机视觉算法，目前已经延伸到计算机视觉的各个领域，其功能几乎涵盖了每个研究方向。另外，OpenCV 实现的算法不仅紧跟视觉前沿，而且在性能优化方面做了很多工作，因功能强大而在学术界和工业界得到了非常广泛的应用。深度学习是机器学习中一种基于对数据进行表征学习的算法，近些年来，得益于数据的增多、计算能力的增强、学习算法的成熟及应用场景的丰富，越来越多的学者开始关注并研究深度学习，并掀起了新一轮人工智能的热潮。OpenCV 为了支持基于深度学习的计算机视觉应用加入了新特性，搭建了一个轻量的深度学习框架，添加了支持网络推理的深度学习模块。

本书面向 OpenCV 和深度学习的初学者，按照循序渐进的学习步骤，详细介绍了一些 OpenCV 和深度学习的基本概念与结构，讲解了各种计算架构下深度学习的计算优化和加速，列举了一些精准实用的项目样例，内容不仅涵盖全面详尽的算法原理，还解释分析相关源代码和实践结果。本书对深度学习的最新发展趋势和主要研究方向进行了全面而综合的介绍，从不同的用户场景出发，对算法进行深度的分析和详细的解释，能够满足初学者对各种计算机视觉的应用需求。

鉴于计算机学科是一个高速发展学科，计算机视觉、深度学习必然同样处于高速发展状态。希望 Intel IAGS 团队在出版本书之后，要随着新技术、新方法的涌现而与时俱进，及时更新内容，为广大读者提供持续支撑和服务。

邹复好

华中科技大学计算机学院教授

于华中科技大学

序三

Among many books about OpenCV that have been published already, this one has some interesting properties that make it special. It has been written by the members of Intel China team who optimized OpenCV deep learning module (OpenCV DNN) for GPU. So, the book contains some in-depth first-hand information that would be difficult to find somewhere else. That includes some rarely discussed topics, such as OpenCL, Vulkan and Halide backends of OpenCV DNN. Another expert-level and very useful topic is discussion with practical examples of how to analyse application performance and then tune it using Intel VTune. At the same time, the book is not just for experts. It also provides a comprehensive guide to OpenCV DNN usage, from the simple models, like image classification, to more complex models, such as object detection. Overall, the book is highly recommended for all the software engineers who want to build highly-efficient deep learning applications using OpenCV.

在已经出版的众多关于 OpenCV 的书籍中，本书具有一些有趣的特性，因之与众不同。本书是由 Intel 中国团队的成员编写的，他们优化了 OpenCV 模块在 GPU 上的性能。因此，本书包含了一些深度的第一手信息，这些信息在其他地方很难找到。其中包括一些很少讨论的有用话题，如 OpenCL、Vulkan，以及 OpenCV DNN 的 Halide 后端。另一个专家级且非常有用的主题是讨论如何使用 Intel VTune 分析应用程序性能，然后根据它提供的信息对程序进行优化。本书的读者对象包含但不限于专家。它为 OpenCV DNN 模块的使用提供了全面的指导，从简单的模型（如图像分类）到更复杂的模型（如对象检测）。总体来说，本书值得强烈推荐给所有希望使用 OpenCV 构建高效深度学习应用程序的软件工程师。

Vadim Pisarevsky

OpenCV team lead

Senior Software Engineer, AIRS(Artificial Intelligence for Robotics and Society)

Institute, Shenzhen

In Russia

序四

非常荣幸能为本书作序，这是一本视觉工程师必备的 OpenCV 深度学习开发指南。

深度学习技术的兴起，极大地促进了图像、视频相关应用的发展。现在，类似人脸动画、人体动作识别等高级别视觉任务等需要用到深度学习技术，甚至最近深度学习也在悄悄进入图片、视频压缩、质量增强等低级别视觉任务领域。

一方面，我们使用深度学习技术时需要在性能强大的服务器上训练模型；另一方面，我们需要将模型部署到移动、嵌入式、物联网设备端等。后者往往更具挑战性。

OpenCV 作为计算机视觉领域最具影响力的开发工具，在模型推理部署方面也做了大量工作，其 DNN 模块为此提供了丰富的技术支持。但仅仅有官方文档和少量例程并不够，长久以来，业界迫切需要一本深入解析 DNN 模块相关技术的参考书，而本书恰好满足了广大读者的需求。

作为一直从事计算机视觉算法研究与开发的工程师，我经常关注 OpenCV 的新版本和新特性，在最近几次的版本更新中，深度学习 DNN 模块都是 OpenCV 开发的重点。OpenCV 提供了大量基础且重要的视觉算法的实现，是快速进行产品原型开发验证的首选工具，其深度学习模块也提供了大量的方便实用的功能，是深度学习模型快速部署的重要工具。

图像和视频的应用计算量通常很大，在产品开发中后期，算法工程师更多的工作往往是程序优化，如何最大化利用硬件计算能力、减少计算冗余是颇具挑战的事情。

本书深入解析了 OpenCV DNN 模块，详述了深度学习引擎的性能优化策略，介绍了在 GPU 和 CPU 上进行计算加速的方法，并通过涵盖计算机视觉主流应用的几个案例展示如何在 OpenCV 中使用深度学习，最后则带着大家完整实现一个人脸活体检测与识别的大项目。本书提供的案例，紧跟技术前沿，贴近实际应用场景，相信对参与工程项目开发的读者具有直接的参考价值。

对于想要学习 OpenCV DNN 深度学习模块，并将其应用到工程实践中的读者，这无疑是一本首选参考书。

技术是不断迭代更新的，但思想可以让我们走得更远。值得一提的是，本书介绍的优化策略和加速方法，对于开发其他视觉算法也大有裨益。

强烈建议大家不要只停留在读这本书，而要动手把书里的程序跑起来，将书中介绍的方法用起来，当你成功让一段程序取得几倍加速后，你一定会获得巨大的成就感！

周强（CV君）

"我爱计算机视觉"公众号负责人

前言

为什么要写这本书

图像和视频由最基本的点（像素）组成，众多的像素按照一定规则排列组成了我们所熟知的图像，一系列的图像组成了我们所认识的视频。从 2013 年开始，随着智能手机的普及，全球进入了大数据时代。除了数据本身的多样性，文件数目呈指数级增加，数据的大小也在大规模增长。其中，最典型的是图像和视频数据的爆发式增长，这不仅源于分辨率和帧率的不断提高（分辨率从标清到高清，从 4K 到 8K，帧率从 25FPS、60FPS 到 120FPS），更多是源于采集设备的多样化和各种基于图像视频的社交软件的流行。图像和视频数据的分析与处理已经在目前的大数据处理中占据了举足轻重的地位。如何对图像和视频数据进行高效快捷的分析与处理是摆在软件工程师面前的一个重要问题，而 OpenCV 是我们解决这个问题的一个很好选择。

OpenCV 是一个计算机视觉开源软件库，它提供了大量的图像视频处理的算法工具。在最近几年，随着深度学习的爆发，计算机视觉的算法研究全面转向了深度学习方法，OpenCV 也应需增加了对深度学习的支持。目前，OpenCV 已经广泛应用于基于深度学习的图像分析处理领域，具体的应用场景包括但不限于右图展示的各领域。

我们团队的伙伴们深耕在视频处理和框架领域十几年。近几年，在开源深度学习框架的 GPU 加速方

面相继有了很多积累。与此同时，我们时常会收到来自各方的关于 OpenCV 和深度学习的咨询，内容从初步入门到高级结构和应用，不一而足。于是，我们就萌生了把所积累的知识以中文图书的形式分享给更多人的想法。

作者团队

吴至文曾为 OpenCV 贡献了 Vulkan 加速代码，在 2018 年欧洲嵌入式 Linux 峰会（Embedded Linux Summit Europe 2018）上分享了 OpenCV 中深度学习总体结构、实现细节和硬件加速相关的话题[⊖]（见下图）。演讲材料可以在 Linux 基金会的官网下载[⊜]。

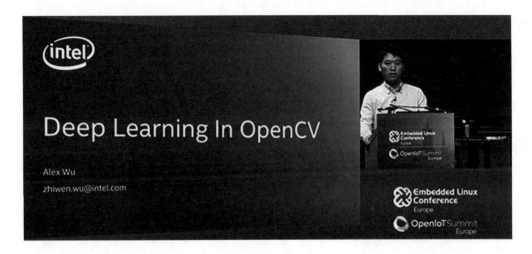

郭叶军是 FFmpeg 深度学习模块的代码维护者，曾参与开源的 OpenCL 驱动（Beignet）的开发，参与向 Khronos OpenCL 提供了两个扩展库：cl_intel_acceleerator[⊜]和 cl_intel_motion_estimation[⊛]。他也是本书主要架构的贡献者，在 2019 年 5 月参与本书的整体重构和重写时，对作者团队提出了更高的质量目标要求，几乎重写了之前的 14 万字内容，使书稿达到目前的可以出版的状态。

我是视频处理和框架团队的研发经理，于 2018 年与 2019 年的中国架构师大会（http://sacc.it168.com/）上分别介绍了 OpenCV 深度学习和 AI 在 FFmpeg/Gstreamer 中的应用实践。

宗炜是 OpenCV 的上层项目 libxcam（github/intel/libxcam）的维护者，为图像处理算

⊖　参见 https://osseu18.sched.com/event/FwGX?iframe=no。

⊜　参见 https://events19.linuxfoundation.org/wp-content/uploads/2017/12/Deep-Learning-in-OpenCV-Wu-Zhiwen-Intel.pdf。

⊜　参见 https://www.khronos.org/registry/OpenCL/extensions/intel/cl_intel_accelerator.txt。

⊛　参见 https://www.khronos.org/registry/OpenCL/extensions/intel/cl_intel_motion_estimation.txt。

法提供了 CPU 指令集级别的加速，对图形图像处理、摄像头相关软件开发和视频处理有很深的认识。我们参加 CVPR 会议的 Face Antispoof 官方源代码也存放在 libxcam 项目中。

我们团队的前成员李鹏为 OpenCV 深度学习模块提供了 OpenCL FP32 和 FP16 的加速方法。这里面的贡献包含了团队前成员龚志刚在 clCaffe 加速工作中的基本思想。

本书的贡献者还包括来自华中科技大学的张鹏、李雨霏和来自湖南大学的陈祎婧。

我们希望借这次撰写 OpenCV 深度学习书籍的机会和大家分享一下我们的技术积累，打破语言的壁垒，方便更多的国内开发者获利于开源、反馈开源，让开源开发方式可以更好地助力科技发展，创造更大的社会价值。

本书特色

本书由资深架构师利用业余时间倾情奉献，他们很多是 OpenCV 贡献者、算法的开发者。本书还特别结合硬件结构、优化的流程和方法，保证内容深度的同时注重实用性和可操作性，因此本书适合从初学者、高级工程师到架构师的各层面读者。

读者对象

- ❑ 图像视频处理架构师；
- ❑ 图像视频开发人员；
- ❑ 图像视频应用架构师；
- ❑ 深度学习应用开发人员；
- ❑ 深度学习算法工程师；
- ❑ 图像视频相关的管理人员；
- ❑ 其他对视频技术感兴趣的人员。

如何阅读本书

我们希望读者可以准备一个运行环境，一边运行代码，一边阅读本书。OpenCV 是一个开源的计算机视觉库，它的开发和维护都遵循开源软件的工作方式，而开源作为一种软件开发方式正在被越来越多的公司和组织所采用。我们希望读者在学习过程中能够积累一些开源软件的使用和调试技巧，迈出探索开源世界的第一步。下面是本书的脉络，供读者参考。

第 1 章
读者可以了解 OpenCV 背景、结构及使用方法。本章将介绍机器学习和深度学习的基础知识。落实到代码层面，读者可以看到具体的编译和运行 OpenCV 的方法，了解深度学习在 OpenCV 中的应用和编译使用方法。

1

第 2 章
读者可以了解 OpenCV 深度学习模块的整体架构、实现原理、优化策略和加速框架，以及如何通过 Python 接口快速使用 OpenCV 深度学习模块。

2

第 3 ~ 5 章
读者可以了解 OpenCV 深度学习模块的 GPU 加速原理。首先介绍并行计算的基础知识、Intel GPU 的架构特点，以及在深度学习加速实现中比较常用的 cl_intel_subgroups 技术在 Intel GPU 上的参考实现；然后详细讲解深度学习模块的基于 Vulkan 和 OpenCL 的加速实现。

3~5

第 6 章
读者可以了解深度学习模块的 CPU 加速实现。我们从 CPU 的结构开始，逐渐深入到多线程加速和并行指令集加速。本章将介绍基于跨平台的第三方库的加速实现，如近几年学术界比较流行的 Halide 语言的加速实现及 Intel 的深度学习加速工具包 OpenVINO（Intel 推理引擎）的加速实现。

6

第 7 章
读者可以了解深度学习可视化工具 Netscope 和 TensorBoard 的使用方法。本章将详细介绍 Intel 平台性能分析工具 VTune 的使用和相关技巧。本章末尾给出性能调优的一般化建议，供读者参考。

7

第 8 章
结合我们在 2019 年 CVPR 会议 Face Anti-spoofing 组的比赛中的案例，向读者展示一个完整的、基于深度学习技术项目的细节和开发过程。这个项目综合了人脸检测、活体检测、人脸识别和工程实现。

8

第 9 章
读者可以了解深度学习方法在典型的计算机视觉任务中（图像分类、目标检测、语义分割和视觉风格变换）的应用。本章将结合深度学习模块的示例程序，从源代码和实际运行两个层面进行应用的讲解。

9

  第 1 章首先介绍 OpenCV 的背景和基础，以及机器学习、深度学习的基础知识，在第 1 章结束时从一个简单对象分类的例子开始展开介绍如何使用 OpenCV 深度学习模块。

  第 2 章主要介绍 OpenCV 深度学习模块的架构和实现原理。为了使读者更好地理解深度学习模块，第 2 章首先介绍深度学习的数学基础，然后从程序员的角度去解析深度学习的结构。接着从深度学习模块的分层架构展开，结合语言绑定及不同的正确性 / 性能测试以更进一步地了解 OpenCV 深度学习模块。接下来从使用者的角度,介绍深度学习模块相关的函数接口、Layer 类、Net 类。然后深入地介绍 DNN 引擎的实现,内容包括模型导入、推理引擎内存分配,以及卷积、激活、池化、全连接等典型层类型的原理讲解。第 2 章还将介绍深度学习架构层面的优化方法,如层的融合、内存的复用等。最后介绍深度学习模块支持的各种加速方法和硬件设备,以及如何使用它们。

在理解了深度学习模块的架构和实现原理之后,我们继续从 GPU、CPU 及第三方库的角度深入探讨深度学习模块的加速实现。

第 3~5 章的主题是利用 GPU 的并行计算能力加速深度学习计算。第 3 章讨论并行计算的基础知识和 Intel GPU 的硬件结构。在此基础上,第 4 章和第 5 章将详细讲解深度学习模块的 OpenCL 和 Vulkan 加速。

第 6 章将讨论 CPU 的硬件知识,以及深度学习模块的 CPU 加速方法。读者可以了解到 OpenCV 中使用到的各种 CPU 加速的技巧,如指令集 SIMD 加速的具体方法。近些年,Halide 语言因其跨平台特点备受开发者的关注。OpenCV 也引入了 Halide 的加速方法,所以本书也向读者深入浅出地谈了 Halide,以及基于 Halide 的深度学习模块加速。Intel 的 OpenVINO 软件包提供了各种 Intel 硬件平台(包括 CPU、GPU、FPGA、Movidius)的深度学习加速实现,在 OpenCV 中也有引入,对应的是 Intel 推理引擎后端,该章也将做详细介绍。

第 7 章将介绍常用的深度神经网络可视化工具 TensorBoard(适用于 TensorFlow 网络格式)和 Netscope(适用于 Caffe 网络格式)。本章将详细讲解针对 Intel 硬件平台的性能分析和调优工具 VTune。第 7 章最后给出了高阶程序优化的思路和方法。

本书的另一个重点是应用实践。在第 8 章和第 9 章中,我们讲解基于深度学习的应用实践的具体细节,包括用深度学习方法处理计算机视觉的基本问题及一个完整的、实践性很强的人脸识别项目。

请看到本书的学生关注一下 Google Summer of Code 项目,之前很多年 OpenCV 社区就多次参加过,我所在的 Intel Media and Audio 团队已经作为导师组连续带了三届学生。学生们可领项目为开源社区做一些贡献。开源社区欢迎大家积极贡献代码,不管是提供新的例子,还是修掉某个小问题,或者提交新的功能。

勘误和支持

由于笔者水平有限,编写时间仓促,书中难免会出现一些错误或者不准确的地方,恳请读者批评指正。如果你有更多的宝贵意见,欢迎给我们发电子邮件,作者电子邮箱:

zhaojuanamy@163.com。你也可以通过机械工业出版社联系我们，期待能够得到你们的真挚反馈，在技术之路上互勉共进。本书配套资源可到 www.hzbook.com 本书所在页面下载。

致谢

特别感谢我们的领导傅文庆，一年半以来一直支持、鼓励我们，直到我们将这本书完成。

特别感谢来自湖南大学的陈祎婧、来自华中科技大学的张鹏。他们贡献了第 8 章，为读者展示了一个完整的端到端人脸识别应用的开发细节。

特别感谢来自华中科技大学的李雨霏利用自己的业余时间，贡献了语义分割部分的内容，并提出自己的见解，更好、更完善地向读者展示语义分割。

特别感谢我的同事宋瑞岭对本书的校验及在 OpenCL、GPU/CPU 方面的补充和讨论。

特别感谢我的同事付挺、傅林捷对初稿的仔细审阅。

尽信书不如无书，大家还是需要结合自己的平台来实验。

赵　娟

目录

第 1 章

OpenCV 和深度学习

OpenCV 是一个计算机视觉开源库，提供了处理图像和视频的能力。OpenCV 的影响力非常大，有超过 47 000 的社区用户，以及超过 1400 万次的下载量。其应用领域横跨图像处理、交互式艺术、视频监督、地图拼接和高级机器人等。作为一个有十几年历史的开源项目，OpenCV 拥有广大的用户群体和开发者群体。

本章作为全书的开篇，将介绍 OpenCV 的源码结构、OpenCV 深度学习应用的典型流程，以及深度学习和 OpenCV DNN（Deep Neural Networks，深度神经网络）模块的背景知识，让读者可以快速认识 OpenCV，消除神秘感，同时对计算机视觉从传统算法到深度学习算法的演进历史有所了解。

1.1 OpenCV 处理流程

在数字的世界中，一幅图像由多个点（像素）组成。图像处理就是对其中一个像素或者一个区域内的像素（块）进行处理。无论是初学者还是富有经验的研发人员，他们都需要借助软件工具来分析这些像素和图像块，OpenCV 则是其中最常用、最重要的一个软件工具。OpenCV 成为最主要的图像处理工具包，是因为它功能齐全，支持目前主流的图像、视频处理算法，而且对外提供 C++、Python 和 Java 的接口，用户调用方便。本书的代码分析、示例程序及环境搭建基于 OpenCV 4.1 版本，源代码位于 GitHub 的 OpenCV 仓库[⊖]。

1.1.1 OpenCV 库

OpenCV 由各种不同组件组成。OpenCV 源代码主要由 OpenCV core（核心库）、

---

opencv_contrib 和 opencv_extra 等子仓库组成。近些年，OpenCV 的主仓库增加了深度学习相关的子仓库：OpenVINO（即 DLDT, Deep Learning Deployment Toolkit）⊖、open_model_zoo，以及标注工具 CVAT 等。

下面分别介绍 3 个主要的代码库：OpenCV core、opencv_contrib、opencv_extra。

1. 核心库 OpenCV core

核心库是 OpenCV 的主要算法来源。OpenCV 采用模块化结构设计，包含了多个共享或者静态库。目前 OpenCV 核心库提供了很多组件，参见表 1-1。

表 1-1　OpenCV 库分类

模块	功能
核心功能模块	这是一个小巧而高效的模块，定义了基础的数据结构，包含紧密多尺度向量矩阵和一些供其他模块使用的基础函数
图像处理模块	它包括了线性和非线性的图像滤波、几何图像变换（图像缩放、仿射变换、透视矫正、通用的基于表格的像素映射）、色域变换及直方图生成与分析等
视频	这是一个视频分析模块，包含运动检测、背景减除和对象追踪等算法
calib3d	包含基础的多视角几何算法、单个和立体相机标定算法、对象姿势预测算法、立体一致性算法，以及 3D 元素重建
Features2d	图像显著特征检测、特征点描述和匹配
Objdetect	对象检测和预先定义的类别检测（如脸、眼、杯子、人、车等）
Highgui	提供了比较容易使用的 UI 接口
Video I/O	提供了基本的视频存取访问和编解码功能
GPU	为不同的 OpenCV 算法模块提供 GPU 加速算法
其他	如 FLANN 和 Google 测试封装层、Python 绑定等

2. opencv_contrib

opencv_contrib 代码库主要用于管理新功能模块的开发。该库的设计主要基于以下考虑：处于初始开发阶段的功能模块，它的 API 定义会经常变化，各种测试也不够全面。为了不影响 OpenCV 核心模块的稳定性，这些新功能模块会发布到 opencv_contrib 中。等到模块足够成熟并且在社区得到了足够的关注和使用之后，这个模块便会被移到 OpenCV 核心库，这意味着核心库开发团队将会对该模块进行全面的测试，保证这个模块具有产品级的质量。

⊖　参见 https://github.com/opencv/dldt。

例如，对于 DNN 这个模块，OpenCV 3.1 开始出现在 opencv_contrib 中，到了 3.3 版本才移到了 OpenCV 核心库。

　　opencv_contrib 需要和 OpenCV 核心库一同编译。下载好 opencv_contrib 的源代码并在 CMake 执行时传入参数：-DOPENCV_EXTRA_MODULES_PATH=<opencv_contrib 源码路径 >/modules。如果编译时遇到问题，则可以在 OpenCV 核心库和 opencv_contrib 库的问题汇报页面[○][◎]查看一下是否有现成的解决方案，如果没有，则读者可新建一个问题。OpenCV 是一个活跃的社区，只要问题描述清晰、完整，一般会很快得到反馈。

3. opencv_extra

　　opencv_extra 仓库存放了运行测试和示例程序时需要使用的一些测试数据和脚本。例如，运行 DNN 模块测试程序或者示例程序时需要用到预训练模型，这些模型可以通过 opencv_extra 中的脚本[◉]来自动下载。近些年添加的 opencv/open_model_zoo 仓库也增加了很多预训练好的深度学习模型，这些模型大多做过性能和速度上的调优。

1.1.2　OpenCV 深度学习应用的典型流程

　　OpenCV 是一个自包含库，可以不依赖于任何第三方库而运行，这个特性给开发调试带来了很大的便利。另外，OpenCV 还提供了硬件加速功能，使得算法能够在各种平台高效地执行。

　　下面以一个识别性别和年龄的深度学习应用为例，展现 OpenCV 深度学习应用的典型流程。该应用使用 C++ 语言，总共只需要百来行代码便可实现人脸检测、性别和年龄的识别功能，还可以方便地使用硬件的加速能力，提高程序的运行效率。此处展示核心流程，故以伪代码为例，完整的源代码由本书的参考代码库提供。

　　该应用的核心流程如下：首先读取两个网络模型参数（分别是性别和年龄），然后检测人脸，转换输入图像，最后运行网络前向预测。伪代码如下：

```
// 引入 OpenCV DNN 模块的命名空间
using namespace cv: :dnn;
// 创建人脸检测器
CascadeClassifier cascade;

// 导入性别和年龄深度神经网络模型
Net gender_net=dnn: :readNetFromCaffe(gender_modelTxt, gender_modelBin);
Net age_net=dnn: :readNetFromCaffe(age_modelTxt, age_modelBin);
```

○　参见 https://github.com/opencv/opencv/issues。
◎　参见 https://github.com/opencv/opencv_contrib/issues。
◉　参见 https://github.com/opencv/opencv_extra/blob/master/testdata/dnn/download_models.py。

```
// 人脸检测
cascade.load(cascadeName);
cascade.detectMultiScale(input_gray_file, output_faces_data);

// 准备深度神经网络的输入数据
Mat inputBlob=blobFromImage(input.getMat(ACCESS_READ));
gender_net.setInput(inputBlob, "data");
age_net.setInput(inputBlob, "data");

// 执行模型的前向运算,即模型推理
Mat gender_prob=gender_net.forward("prob");
Mat age_prob=age_net.forward("prob");
```

应用识别效果如图 1-1 所示。

以上伪代码很好地展示了 OpenCV 深度学习应用的典型流程,如图 1-2 所示。

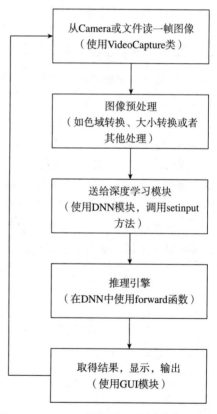

图 1-1　应用识别效果图　　　　图 1-2　OpenCV 深度学习应用的典型流程

1.2　机器学习的数学视角

深度学习已经成功应用于计算机视觉、语音识别和自然语言处理等领域，解决了很多复杂问题，取得了巨大的成绩。作为广泛运用的开源跨平台计算机视觉库，OpenCV 紧贴研究前沿，增加了深度学习模块，并将计算机视觉的最新研究进展纳入 OpenCV 中，这也正是本书的主要内容，即 OpenCV 中的深度学习模块的实现、应用和优化。

接下来，我们首先介绍作为人工智能组成部分的机器学习和非机器学习，并介绍机器学习的主要分类；然后介绍有监督学习的代表——人工神经网络，并说明其是如何发展为深度神经网络的；最后，则是破除人工神经网络的神秘性，从数学角度来简要说明人工神经网络中的机器学习。

1.2.1　机器学习和非机器学习

人工智能包括机器学习和非机器学习，由于属于机器学习的深度学习现在成为人工智能的最重要且主流的前沿分支，现在几乎举目皆是机器学习。为了更好地理解机器学习，我们可以先看看机器学习和非机器学习的区别。

我们看一下人类的行为，如图 1-3 所示。人的眼睛、耳朵等器官感知外界信息，将感知到的信息传递到人脑中，人脑基于之前积累的知识和技能，针对当前信息做出决策，指挥手、脚和嘴等器官做出相应的动作。

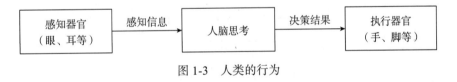

图 1-3　人类的行为

人工智能主要替换人类行为中的人脑思考部分，将文字描述用数学符号代替后，可得到图 1-4 所示的人工智能框图。其中，X 对应人类的感知信息，Y 对应人脑的决策结果，而人脑思考部分则被拆分为 f 和 W 两个部分，其中思考过程用一个函数映射 f 来表示，而思考过程中用到的已有知识则用 W 来表示。用计算机术语来说，思考过程对应着一个算法 f，而算法的参数则对应着 W。

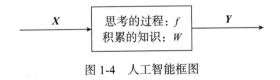

图 1-4　人工智能框图

图 1-4 可以用一个非常简单的数学公式来描述，如下所示。

$$Y = f(X, W)$$

提示 请不要被数学符号吓到，这里采用数学符号是因为数学语言具有无歧义性。一个公式如果不用符号而用自然语言来表示，会显得非常冗长而且可能模糊不清，因此数学公式可以方便我们更好地交流。本书涉及的数学公式都非常简单，主要是为了将事情讲述得更加准确且简明。

　　至此，我们就可以清楚地看出，机器学习和非机器学习的区别，就在于上式中的 f 和 W 是如何确定的。如图 1-5 所示，如果 f 和 W 是由人类根据已知的实际例子来确定的，那就是非机器学习；而如果编写程序，运行程序从已知的实际例子中计算得到，那就是机器学习。实际上，目前主流的机器学习方法学习得到的结果只是 W，并不包括 f，只有最新前沿的自动机器学习（AutoML）才试图去学习 f 的最佳算法模型结构。另外，目前几乎所有的研究学者都会编写程序，这种情况下，不管是否有意识地使用机器学习，单从提高效率出发，或多或少都会编写程序来根据已有的实际例子来得到一些结果，直接或者间接地得到 f 和 W。所以，目前机器学习和非机器学习并不存在不可逾越的天堑，界限趋于模糊，基本可以用机器学习来统一指代。

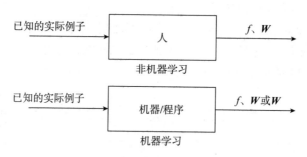

图 1-5　机器学习和非机器学习

　　机器学习主要包括无监督学习、有监督学习、半监督学习和强化学习等，前三者的分类标准主要在于样本的不同，所谓样本，就是图 1-5 中的已知的实际例子。用数学符号表示，样本具有（X）或者（X，Y）的形式。在计算机视觉的图像处理中，一个样本的 X 指的是一幅图片中每个像素的颜色值，而样本的 Y 值则可能是该图片所属的分类（如一只狗或者一只猫，此时是一个标量），Y 也可能是每个像素属于不同分类的概率（在对象分割任务中，此时是一个向量）。

　　如果所有的样本都只有输入，即具有（X_i）的形式，如图 1-6 所示。基于这样的样本集合进行的学习，叫作无监督学习，其典型算法有聚类分析。举例来说，几个班级一起在大操场上分区上体育课，X 值是学生在操场上的站位信息，我们不需要知道学生属于哪个班级（即没有 Y 值），仅仅根据站位信息进行分析，我们就可以将学生分成不同的班级。此时，假如新来了一个学生，就可以根据此学生的站位，将其归类到某个已分类的班级中或者新建一个班级分类。站位信息非常简单，用二维坐标表示即可。假如，作为输入的 X_i 的维数很大，则可能很难直接得出结果，此时就需要进行降维，比较有名的方法诸如主成分分析（Principal Components Analysis，PCA）等。

　　如果所有的样本都既有输入 X，也有输出 Y，即具有（X_i，Y_i）的形式，如图 1-6b 所示，则基于这样的样本集合进行的学习叫作有监督学习，人工神经网络即属于有监督学习。有监督学习基本上最终体现为最优化的求解问题，即 X 和 Y 是已知量，而 W 是未知量，目标是求 W，使得 $f(X_i, W)$ 的值和 Y_i 的值尽可能接近，得到的 $f(X, W)$ 也称为 X 和 Y 的真实关系的一个拟合。这里求解过程称为 W 的学习过程，也称为训练过程，用到的样本集合又称为训练集。假如，新的样本（X_m，Y_m）没有在训练集中出现，用训练后的 W 来计算 $f(X_m, W)$ 的结果，如果该结果和 Y_m 的值非常接近乃至相等，则称训练结果的泛化能力很好，否则称泛化能力不佳。

　　样本的 Y 值又称为样本的标签或者 Ground Truth。为大量的样本标定标签，是一件非常耗时耗力且容易出错的事情，因此，是否可以仅对少量样本标定标签，而对其余样本不进行标定呢？如图 1-6c 所示，只有部分的样本具有 (X_i，Y_i) 的形式，而其他样本具有 (X_i) 形式，基于这样的样本集合进行的学习叫作半监督学习。深度学习基本可以算作有监督的机器学习，通过一些技巧也可以用于半监督的机器学习，如图卷积网络（Graph Convolutional Networks，GCN）的应用[注]。

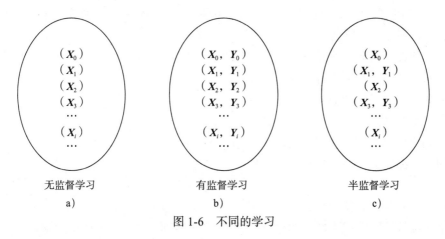

无监督学习　　　　　　有监督学习　　　　　　半监督学习
a)　　　　　　　　　　　b)　　　　　　　　　　　c)

图 1-6　不同的学习

　　强化学习（reinforcement learning）又称为增强学习或者再励学习，用于解决另一个范畴的任务，即连续决策问题，而结果在一段时间后才发生。例如，下棋程序在每个回合都要做出决策，直到终盘赢棋或者输棋，即反馈是延时的，很可能下了很多步棋后才能确认之前下的某步棋是好还是坏。强化学习就是根据延时反馈的奖励信号（或惩罚信号）来强化（或者弱化）之前一系列的决策策略，一些例子还包括机器人足球比赛、机械手投篮、走迷

　注　参见 *How to do Deep Learning on Graphs with Graph Convolutional Networks*，https://towardsdatascience.com/how-to-do-deep-learning-on-graphs-with-graph-convolutional-networks-62ac。

宫，以及人工昆虫学习从一端开口的透明玻璃瓶中飞出等。

1.2.2 从人工神经网络到深度学习

人工智能发展过程中出现了几个大的流派，包括符号主义、行为主义和联结主义等。符号主义是指以数理逻辑为基础，通过符号推理的方法来解决问题，典型例子包括数学定理的机器证明和专家系统等。行为主义则认为不应该直接研究成年人的智能，而应该先实现人类婴幼儿或者动物的简单智能，然后经过系统和环境的交互，一步步地提高智能程度，代表例子有布鲁克斯的六足行走机器人。联结主义的代表是人工神经网络，多个神经元相互联结，构成一个人工神经网络（简称神经网络），当联结层数增多时，就成为深度神经网络，然后发展为深度学习。目前，联结主义成为人工智能发展的最重要的分支，也是有监督学习的代表。本节接下来简要介绍从神经网络到深度学习的发展，读者如需深入了解，推荐阅读 Michael Nielsen 的 Neural Networks and Deep Learning[一]。

神经网络的典型结构如图 1-7 所示，其中的圆圈代表一个神经元，带箭头的线段代表信息从一个神经元传递给另一个神经元的方向。数据从左侧的输入层神经元出发，经过隐含层，最后到达输出层，展示了一个输入为 3 维向量 $X=(x_1, x_2, x_3)^\mathsf{T}$、输出为 2 维向量 $Y=(y_1, y_2)^\mathsf{T}$，只包含一个隐含层的神经网络。图中每一纵行的神经元构成一个层（layer），每层中的神经元的运算都是相同的，不同层的神经元可以是不同的。前一层神经元的输出只作为下一层神经元的输入，不存在回环输入，因此这样的神经网络又叫作前馈（feed forward）神经网络。由于大部分神经网络研究都是基于前馈神经网络，因此，不做特别说明的情况下，本书提到的神经网络其实就是前馈神经网络。如果下一层的每个神经元的输入来自上一层的所有神经元的输出，这样，相邻层之间的神经元被两两相连，即它们是全部连接在一起的，在深度学习中，这种方式又称为**全连接**。

输入层的神经元比较特殊，可以看作只是一个占位符，输入层神经元的输出就是输入数据本身。其他层的神经元具有多输入单输出的特点，如图 1-8 所示的单个神经元的基本结构中，3 个输入 x_i 是来自上一层神经元的输出，首先分别乘以相应的权重 w_i，再加上偏差 bias 进行累加，然后经过激活函数 a，最终作为本神经元的

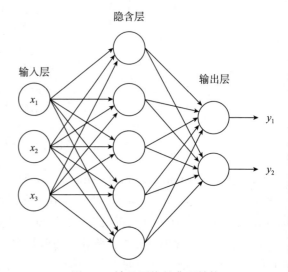

图 1-7 神经网络的典型结构

〇 参见 http://neuralnetworksanddeeplearning.com/。

输出 y。在后续讨论中，我们将 w_i 和 bias 统一归入 W 进行讨论，W 只是一个用来描述神经元参数的符号，我们定义它用来表示 w_i 和 bias。在深度学习中，bias 不再是必不可少的，只是一个可选项。

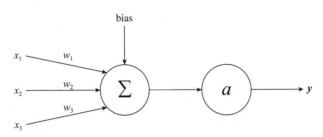

图 1-8　单个神经元的基本结构

从神经网络到深度学习，激活函数发生了不少变化。神经网络鼻祖——感知器（perceptron）的激活函数是一个阶跃函数，如图 1-9a 所示，神经元的输出是 0 或者 1，因为神经元的输出也是下一层神经元的输入，所以感知器神经元的输入也是 0 或者 1。这是因为在神经网络发展最初阶段，借鉴了当时生物学中的神经元概念，生物学神经元有激活和抑制两个状态，分别对应着 1 和 0，而且神经元只有在输入信号累积到一定量的时候才会被激活，对应图 1-8 的 bias（可以是一个负数）。但是，用阶跃函数作为激活函数，不方便根据样本来训练得到参数 W。例如，现在有 100 个样本，经过若干次训练后，得到的 W 已经使 60 个样本的结果是正确的，接下来，直觉上，我们希望稍微修改 W 的值，使得一些新样本是正确的，同时使之前训练正确的 60 个样本继续保持正确。而若用阶跃函数当作激活函数，则 W 的值可能会不得不做出较多的改变，才能使得第 61 个样本正确，但是 W 改变太多，则可能会破坏之前的 60 个样本的正确性，也就失去了学习训练的意义。

所以，为了可以更好地从样本中学习到参数 W，用 sigmoid 函数和 tanh 函数等作为激活函数，其图形和函数形式如图 1-9b 所示。可以看出，曲线的数学性质非常优美，处处连续且光滑，当 W 有微小变化的时候，输出也会有微小变化，使得学习到 W 更加可能。在深度学习中，ReLU（Rectified Linear Unit）及其变体开始逐渐成为主流，其变体 Leaky_ReLU 如图 1-9c 所示，其中 a 的值是 0.2；而当 $a=0$ 时，就变成了原始的 ReLU 定义。

有证明表示，对于只有一个隐含层的神经网络，在一定的精度要求下，通过增加隐含层的神经元数量可以拟合任何曲线。显然，无限制增加神经元数量是不现实的，那么换一个角度，可以通过增加隐含层的数量来试图拟合曲线，当隐含层数量增多后，这样的神经网络就叫作深度神经网络。那么是什么限制了神经网络顺其自然地发展为深度神经网络呢？在 20 世纪八九十年代，没有找到合适的技术可以解决神经网络隐含层增多带来的诸多问题，一直到 2006 年深度学习三巨头 Geoffrey Hinton、Yann LeCun 和 Yoshua Bengio 开始在理论上取得突破，再到 2012 年基于深度学习的网络模型 AlexNet 在图像分类比赛中取得压倒性的成绩。当然，限制的原因很多，下面是笔者个人认为比较重要的原因的探讨。

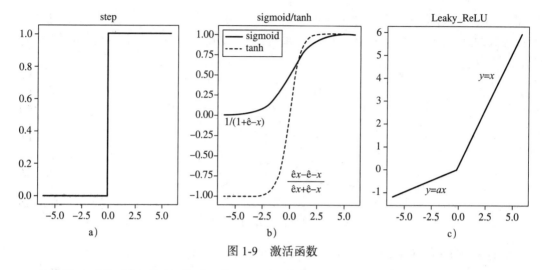

图 1-9　激活函数

考察神经网络时期重要的激活函数 sigmoid 和 tanh，它们有一个特点，即输入值较大或者较小的时候，其导数变得很小，而在训练阶段（详见 1.2.3 节），需要求取多个导数值，并将每层得到的导数值相乘，这样一旦层数增加，多个很小的导数值相乘，结果便趋于零，即所谓梯度消失问题⊖，这将会导致靠近输入层的隐含层的学习效果也趋于零。而靠近输入层的隐含层参数无法学习，就意味着它的值类似随机生成，那么有具体现实意义的输入层经过这些隐含层后会被变换成无意义的信息，继续沿着神经网络往后传递一直到输出层，也就无法得出有效的结论了。所以，深度神经网络很难训练。在深度学习中，除了改进激活函数使用 ReLU 函数，还提出了逐层预训练等方法来解决这个问题。

深度学习的发展还获益于另外两个重要因素，即**海量样本的易获得性和基于 GPU 并行计算的强悍算力**。样本集对机器学习的学习效果有举足轻重的作用，样本不行，再好的算法也无济于事。样本不仅要具有代表性，而且要有足够的数量，因为要学习的参数 W 的数量很多，可能会达到数百万个乃至上亿个参数，如果样本数量不足，则容易造成过拟合，从而影响泛化能力。用多元方程组来做通俗的类比解释，对 $Y=f(W, X)$ 来说，在训练时候，X 和 Y 是已知量，W 是未知量，一个样本就代表一个关于未知数 W 的方程，多个样本就代表关于 W 的方程组。根据数学知识，如果方程组的个数（即样本个数）小于未知数 W 的个数，那么方程可能有无穷多个解，训练结果可能就是其中的一个解，这个 W 的解完美地契合了这个方程组的一切，如图 1-10a 的曲线所示，学到的 W 使得以 X 为输入、以 Y 为输出的曲线刚好经过了每个小黑点样本，但是，由于太过完美地拟合了现有样本，反而偏离了 X 和 Y 之间真正的关系（真正关系类同图 1-10b 所示曲线），这样，当一个新的样本出现时，结果可能就会错得离谱，因为样本数量太少造成了过拟合，难以进行实际应用。如果方程组的个数（即样本个数）远超过未知数 W 的个数，那么方程组可能无解，这正是我

⊖　其实是梯度不稳定问题，因为 W 值较大还可能造成梯度爆炸问题。

们需要的，虽然方程组无解，但我们可以找到这样的 **W**，使得方程组中每个方程的左式的计算结果尽可能地接近右式的计算结果。这样找到的 **W** 确定的曲线如图 1-10b 所示，虽然其并不完美地经过每个小黑点，但由于受到诸多样本的约束，反而具有最多的鲁棒性和泛化能力。在互联网、移动互联网乃至物联网时代，每时每刻都有巨量的数据生成，另外，很多数据拥有者还会对外公开其标注后的数据集，例如，2009 年李飞飞公开发布了业界第一个数据集 ImageNet，由此而生的图像分类年度竞赛极大地推动了相关算法的发展，也被很多人认为是本次人工智能热潮的催化剂。困扰 20 世纪八九十年代神经网络研究者的样本问题在现在得到了极大缓解。

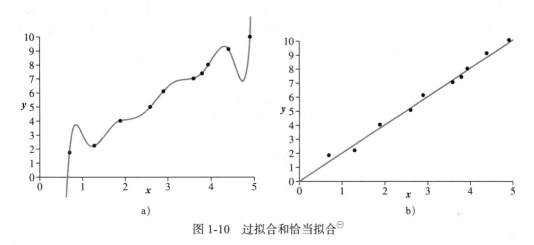

图 1-10　过拟合和恰当拟合[⊖]

GPU 本来用于 3D 图形的绘制，一开始主要用于游戏或者虚拟现实等领域，其特点是能并行地完成很多小任务，而且并行程度非常高。这刚好符合神经网络机器学习的特征，例如，在海量样本的训练过程中，对于相当一部分的步骤，样本之间是独立操作的，可以并行处理。在神经网络中单独一层的操作中，每个神经元间也是独立的，可以并行处理。再加上一些诸如模型并行或者数据并行等技巧，结合 GPU 强悍的并行算力，极大地缩短了深度神经网络的训练和推理所需的时间，从而提高了神经网络研究者的开发效率，可以迭代出更多更有效的研究成果。关于如何用好 GPU，本书后续会详细介绍。现在也有很多公司开始研究专门用于机器学习的专用硬件，如 Intel 公司推出的神经网络计算棒（本书后续章节也会介绍）。

此外，深度学习中还引入了非常重要的卷积神经网络（CNN），这部分将在第 2 章详细介绍。

1.2.3　破除神秘——神经网络是如何训练的

任何有监督学习都包括两个阶段。

图片来源 http://neuralnetworksanddeeplearning.com/chap3.html。

1）训练（train）阶段。根据样本集，以 X 和 Y 为已知数，以 W 为未知数，训练得到合适的 W 值，也可以称为 W 的学习阶段。

2）推理（inference）阶段。训练完成后，则可应用于实践中，这个阶段称为推理阶段，即以 W 为参数，以 X 为输入，计算得到 Y 值。

相对来说，训练过程远比推理过程复杂。本节接下来将在恰当的抽象层次介绍作为机器学习代表的神经网络是如何训练的，不会深入细节陷入数学的汪洋大海中，但会从数学角度来描述其关键所在。而推理阶段的数学逻辑非常清晰，就是一个常规的公式计算过程，本书 OpenCV 深度学习模块实现的内容就是推理过程。

再来重述一下训练的情况，存在 n 个样本的样本集 $\{(X_0, Y_0), (X_1, Y_1), \cdots (X_i, Y_i) \cdots (X_{n-1}, Y_{n-1})\}$，其中，$X_i$、$Y_i$ 都可以被认为是列向量（Y_i 可能是标量，作为列向量的特殊形式），利用该样本集来训练 $f(X, W)$ 中的 W 值，使得 $f(X_i, W)$ 尽量接近于 Y_i。什么是尽量接近？数学上用损失函数（loss function）、目标函数或者代价函数（cost function）等来定量表示，具体形式可以有很多，这里我们以比较常见的函数为例来定义损失函数，即通过计算两个向量 $f(X_i, W)$ 和 Y_i 之间的欧几里得距离来定义代价函数。

$$\text{cost} = \frac{1}{2n} \sum_i \| f(X_i, W) - Y_i \|^2$$

其中，$\|v\|$ 表示向量 v 的模，或者是向量的二阶范数，如下所示。

$$\| v \| = \| (v_0, v_1, \cdots)^\top \| = \sqrt{v_0^2 + v_1^2 + \cdots}$$

由于存在根号，所以，我们在定义代价函数的时候，加了一个平方操作，以方便后续的数学运算。从上述定义可以看出，代价函数是一个非负标量，而且是多个样本的累加平均值。具体使用的样本是样本集的全部样本还是部分样本，我们将在本节最后关于随机梯度下降部分介绍。

显然，我们可以将代价函数表示为 $C(W, X_0, Y_0, X_1, Y_1, \cdots)$，更进一步，可以表示为 $C(W)$，所以，训练过程就是要在符合样本集的条件下找到 W，使得 $C(W)$ 的值尽可能小，又因为 $C(W)$ 是非负值，所以，我们的目的就变成了找到 W，使 $C(W)$ 趋于 0。由于 $C(W)$ 的形式非常复杂，难以直接计算，所以在数学上一般采用梯度下降法用迭代的方法来求解。

如前所述，W 的数量很多，可能会达到数百万个乃至上亿个。这里，我们先假设 W 中的参数数量只有一个，即 w，先考察如何用迭代法求取 $C(w)=0$ 的近似解，再扩展到 W 是多维向量情况下的梯度下降法，再到机器学习中常见的随机梯度下降法。

求 $C(w)=0$ 的近似解，首先取一个随机的初始值，记为 w^0，如图 1-11 所示，求出此时的导数 $C'(w^0)$，如图 1-11 中斜线的斜率所示，此时斜率为正，表示在 w^0 附近，$C(w)$ 是一个递增函数，为了使得 $C(w)$ 减少，我们应该调整 w 的值，往 w 减少的方向调整，即和斜率相反的方向（很容易理解，如果该点的斜率为负，表示 $C(w)$ 在该点附近是一个递减函数，则需要往 w 增加的方向调整，才能使得 $C(w)$ 减少）。

　　调整幅度多大呢？这里用一个正数 η 来表示，这样可以得到一个新的值 w^1，然后用同样的方法从 w^1 得到 w^2，以此类推，可以得到如下迭代公式：

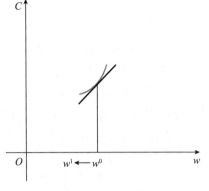

$$w^1=w^0-\eta*C'(w^0)$$

$$w^2=w^1-\eta*C'(w^1)$$

$$w^3=w^2-\eta*C'(w^2)$$

$$\cdots\cdots$$

图 1-11　迭代法

　　当迭代次数超过预先设置的次数时，即退出迭代，此时可能找不到一个合适的解；或者发现 C 值足够小的时候，也可退出迭代，此时找的解比较好；或者是 C 值持续一段时间没有大的变化，也可退出迭代，此时找到的可能是极值解，而不是最值解。

　　现在回到 W 是一个列向量的情况，求解方法也是非常类似的，首先设置初值 W^0，然后一步步地调整 W 值，只是调整的时候用的不再是导数值，而是梯度值，即 C 对 W 中每个元素的偏导数，用 ∇ 表示，并且用 $\nabla C(W^0)$ 表示在 W^0 附近 C 对 W 的梯度。数学上已经证明，函数在梯度方向的变化率是最大的，所以公式如下所示。

$$W^1=W^0-\eta*\nabla C(W^0)$$

$$W^2=W^1-\eta*\nabla C(W^1)$$

$$W^3=W^2-\eta*\nabla C(W^2)$$

$$\cdots\cdots$$

并且：

　　列向量 $W=[w_0, w_1, w_2,\cdots]^\mathsf{T}$

　　梯度 $\nabla C=[\partial C/\partial w_0, \partial C/\partial w_1, \partial C/\partial w_2, \cdots]^\mathsf{T}$

其中，η 称为学习速率，表示从样本学习得到 W 的速度，W 的初始值具体应该设置为何值已经有了一些研究成果，但还没有完善的理论支持，很多时候是依赖经验和尝试。

　　至此，我们发现机器学习的学习过程毫不神秘，只是约束条件下的优化求解问题。但是，每个迭代过程都要为数百万个参数求取偏导数，如果一个个分别计算的话，则这将是一件非常耗时的事情。幸亏有反向传播（Back Propagation，BP）算法来简化计算工作量，

只计算必须要计算的, 其理论基础是导数的链式规则⊖, 即

$$\frac{\partial C}{\partial w} = \frac{\partial C}{\partial a} \cdot \frac{\partial a}{\partial w}$$

cost 函数用于计算多个样本的累加平均值, 基于求导基本法则中的加法法则, 我们可以分别基于每个样本计算偏导数, 然后将基于多个样本的偏导数相加即可。反向传播算法就是从单个样本的 cost 函数出发来计算每个参数的偏导数的。我们以图 1-12 所示的 3 个隐含层的神经网络为例, 大致说明反向传播算法的基本思路, 为了简化描述, 每个隐含层只假设存在两个参数需要学习, 如隐含层 1 中的 w_0 和 w_1。

图 1-12   多个隐含层的神经网络

反向传播算法的大概过程如表 1-2 所示, 其中 r、s 和 t 可以理解为中间变量, 不必深究。

表 1-2   反向传播算法的大概过程

步骤	本步骤中间结果	本步骤最后结果
第 1 步	计算得到 $\partial C/\partial r$	从 $\partial C/\partial r$ 推出 $\partial C/\partial w_4$ 和 $\partial C/\partial w_5$
第 2 步	计算得到 $\partial r/\partial s$, 从而得到 $\partial C/\partial s$	从 $\partial C/\partial s$ 推出 $\partial C/\partial w_2$ 和 $\partial C/\partial w_3$
第 3 步	计算得到 $\partial s/\partial t$, 从而得到 $\partial C/\partial t$	从 $\partial C/\partial t$ 推出 $\partial C/\partial w_0$ 和 $\partial C/\partial w_1$

从表 1-2 可以看出, 应用反向传播算法首先得到的是最后一个隐含层相关参数的偏导数, 然后依次往前, 最后得到第一个隐含层相关参数的偏导数, 这也是反向传播算法中 "反向" 的由来。相应地, 神经网络正常的执行过程又称为前向 (forward) 过程。前面提到, 在计算相关偏导数的过程中, 每个样本之间是独立的, 相互之间没有任何依赖, 所以可以借助并行计算技术, 用反向传播算法并行计算多个样本的偏导数, 可以大幅提高效率, 大幅降低训练时间。

接下来回答之前的一个遗留问题, 即每次调整 W 参数, 需要样本集的多少样本参与? 首先, 样本被分成训练集、验证集和测试集, 训练集的样本用于训练学习 W 值; 验证集的样本用于找出最佳模型, 即训练阶段性结束的时候使用验证集来调整模型; 而所有训练结束后, 测试集的样本用于测评最后得到的模型, 测试集并不参与训练过程。在机器学习实践中, 训练集的样本被随机分成若干 batch (组), 对每个 batch 用梯度下降法来学习 W 值,

---

⊖ 说明, 为了避免太多细节, 这里略过了复合函数求导的链式规则的应用。

每组的样本个数称为 batch size，这种方法又称为 SGD（Stochastic Gradient Descent，随机梯度下降）。实践表明，SGD 法可以较好地学习得到 W。所有的训练集样本都参加过了一次训练，称为一个 epoch，需要很多个 epoch 才能完成阶段性训练工作。具体需要多少次epoch，则 batch size 设置为多少，学习速率 η 设置为多少，都没有完善的理论指导，主要依靠经验和试验，这些量又称为机器学习模型的**超参数**。在阶段性训练完成后，就可以根据验证集结果来调整这些超参数乃至网络模型结构，然后用训练集继续训练。训练过程的简要流程如下。

```
for epoch in xrange(max_epochs)
{
    # 将训练集随机重排
    random.shuffle(training_set)
    batches=training_set.size / batch_size
    for batch in xrange(batches)
    {
        # 得到每个 batch 的样本
        batch_data=training_set[batch * batch_size : (batch+1) * batch_size]

        # 在 SGD 函数中用反向传播算法为每个样本计算所有参数 W 的偏导数，然后累加平均
        # 可以借助并行计算技术同时计算所有样本的偏导数
        G=SGD(batch_data)

        # 迭代更新参数 W 值
        W=W - η * G
    }
    # 计算训练集（training_set）和验证集样本的 cost 和准确率等信息
    # 如果满足预设条件（如 cost 值足够小或者 cost 值变化不大等）则提前退出 epoch 循环
}
```

综上所述，当前机器学习的本质过程是一些数学处理过程，这能发展出真正的人工智能吗？这是见仁见智的问题，我们觉得真正的人工智能还有很漫长的路要走。目前有一种说法是，人工智能可分成弱人工智能阶段、强人工智能阶段和超人工智能阶段。强人工智能是指达到人类的智能。一旦进入强人工智能阶段，我们可以推演，经过很短暂的学习迭代时间后，就能马上进入超人工智能阶段。在超人工智能阶段，人工智能的智能远超人类，这会不会喧宾夺主？这也是很多人工智能威胁论持有者的一个立论前提。实际上，笔者认为这完全是杞人忧天，因为目前我们还处于弱人工智能阶段，而弱人工智能和强人工智能可能是两条完全不同的技术路线。本书笔者郭叶军在硕士毕业论文最后一段引用了一段类比，假如将真正的人工智能比作登月工程的话，现在弱人工智能的发展，可能只是登上了一座更高的山，爬上了一棵更高的树，虽然好像离月亮越来越近了，但是和建造"阿波罗"号实现登月工程，完全是风马牛不相及的两码事情。当然，现在弱人工智能还是能够发展出很多巧妙的技术，可以解决很多的实际问题，也会因此极其深刻地影响人类社会，所以仍然值

得我们去深入学习。

1.3　OpenCV 深度学习模块

深度学习模块是 OpenCV 为支持基于深度学习的计算机视觉应用所加入的新特性。OpenCV DNN 模块于 OpenCV 3.1 版本开始出现在 opencv_contrib 库中，从 3.3 版本开始被纳入 OpenCV 核心库。本节主要讲解 OpenCV 深度学习模块的实现原理和主要特性，通过这些内容，读者可以对 OpenCV DNN 有一个总体了解，并对 OpenCV 深度学习模块的应用代码有一个初步的印象。

作为计算机视觉领域的"标准库"，OpenCV 为用户提供深度学习的支持是题中应有之义。OpenCV 选择重新实现一个深度学习框架而不是直接调用现有的各种框架（如 TensorFlow、Caffe 等），有如下几点原因。

轻量：OpenCV 的深度学习模块只实现了模型推理功能，这使得相关代码非常精简，加速了安装和编译过程。

最少的外部依赖：重新实现一遍深度学习框架使得对外部依赖减到最小，大大方便了深度学习应用的部署。

方便集成：① 如果原来的应用是基于 OpenCV 开发的，通过深度学习模块可以非常方便地加入对神经网络推理的支持；② 如果网络模型来自多个框架，如一个来自 TensorFlow，一个来自 Caffe，则深度学习模块可以方便整合网络运算结果。

通用性：① 提供统一的接口来操作网络模型；② 内部所做的优化和加速对所有网络模型格式都适用；③ 支持多种设备和操作系统。

1.3.1　主要特性

OpenCV 深度学习模块只提供网络推理功能，不支持网络训练。像所有的推理框架一样，加载和运行网络模型是基本的功能。深度学习模块支持 TensorFlow、Caffe、Torch、DarkNet、ONNX 和 OpenVINO 格式的网络模型，用户无须考虑原格式的差异。在加载过程中，各种格式的模型被转换成统一的内部网络结构。深度学习模块支持所有的基本网络层类型和子结构，包括 AbsVal、AveragePooling、BatchNormalization、Concatenation、Convolution (with DILATION)、Crop、DetectionOutput、Dropout、Eltwise、Flatten、FullConvolution、FullyConnected、LRN、LSTM、MaxPooling、MaxUnpooling、MVN、NormalizeBBox、Padding、Permute、Power、PReLU、PriorBox、Relu、RNN、Scale、Shift、Sigmoid、Slice、Softmax、Split 和 Tanh。

如果需要的层类型不在这个支持列表之内，则可以通过脚注中的申请链接⊖来请求新的层类型的支持，OpenCV 的开发者们有可能会在将来加入对该层类型的支持。读者也可以自己动手实现新的层类型，并把代码反馈回社区，参与到深度学习模块的开发中来。我们会在第 2 章详细讲解如何实现一个新的层类型。除了实现基本的层类型，支持常见的网络架构也很重要，经过严格测试，深度学习模块支持的网络架构如表 1-3 所示。

表 1-3　深度学习模块支持的网络架构

图像分类网络	Caffe	AlexNet、GoogLeNet、VGG、ResNet、SqueezeNet、DenseNet、ShuffleNet
	TensorFlow	Inception、MobileNet
	Darknet	darknet-imagenet⊜
	ONNX	AlexNet、GoogleNet、CaffeNet、RCNN_ILSVRC13、ZFNet512、VGG16、VGG16_bn、ResNet-18v1、ResNet-50v1、CNN Mnist、MobileNetv2、LResNet100E-IR、Emotion FERPlus、Squeezenet、DenseNet121、Inception-v1/v2、ShuffleNet
对象检测网络	Caffe	SSD、VGG、MobileNet-SSD、Faster-RCNN、R-FCN、OpenCV face detector
	TensorFlow	SSD、Faster-RCNN、Mask-RCNN、EAST
	Darknet	YOLOv2、Tiny YOLO、YOLOv3
	ONNX	TinyYOLOv2
语义分割网络		FCN（Caffe）、ENet（Torch）、ResNet101_DUC_HDC（ONNX）
姿势估计网络		openpose⊜（Caffe）
图像处理网络		Colorization（Caffe）、Fast-Neural-Style（Torch）
人脸识别网络		openface⊗（Torch）

1.3.2　OpenCV DNN 图像分类举例（Python）

C++ 和 Python 是 OpenCV 应用开发的主要语言，1.1.2 节介绍了一个基于 C++ 语言的深度学习应用，本节继续介绍一个基于 Python 的图像分类示例。

首先引入必要的 Python 库：

```
import numpy as np # 引入 numpy 库
```

⊖　参见 https://github.com/opencv/opencv/issues/new。

⊜　参见 https://pjreddie.com/darknet/imagenet。

⊜　参见 https://github.com/CMU-Perceptual-Computing-Lab/openpose。

⊗　参见 https://github.com/cmusatyalab/openface。

```
import cv2 as cv # 引入 OpenCV 库，深度学习模块包含在其中
```

读入类别文件：

```
with open('synset_words.txt') as f:
    classes=[x[x.find(' ') + 1:] for x in f]
```

读入待分类的图片：

```
image=cv.imread('space_shuttle.jpg')
```

调用深度学习模块的 blobFromImage 方法将图片对象转换成网络模型的输入张量（tensor）。该张量的大小是 224×224，参数中的 (104,117,123) 表示需要从输入张量减掉的均值，它是从训练网络模型时用到的数据集计算出来的，这里直接使用即可。第二个参数"1"表示将 OpenCV 的默认通道顺序 BGR 转换成网络模型要求的 RGB 通道顺序。

```
input=cv.dnn.blobFromImage(image, 1, (224, 224), (104, 117, 123))
```

下面来加载 Caffe 网络模型。注意，相关的模型参数和配置文件可在 http://dl.caffe.berkeleyvision.org/bvlc_googlenet.caffemodel 和 https://github.com/opencv/opencv_extra/blob/4.1.0/testdata/dnn/bvlc_googlenet.prototxt 下载。

```
net=cv.dnn.readNetFromCaffe('bvlc_googlenet.prototxt',
                            'bvlc_googlenet.caffemodel')
```

设置网络模型输入：

```
net.setInput(input)
```

执行网络推理并得到输出结果：

```
out=net.forward()
```

从网络输出中获取最大的 5 个可能种类的索引值并输出类别名称和概率值：

```
indexes=np.argsort(out[0])[-5:]
for i in reversed(indexes):
    print ('class:', classes[i], ' probability:', out[0][i])
```

通过这个例子，我们可以看到一个基于深度学习模型的分类应用并不复杂，主要分 3 部分：模型导入、网络执行和结果解析。

1.4　本章小结

通过本章的学习，读者可以了解到 OpenCV 的主要组成部分，尤其是 OpenCV 深度学习模块的基本情况。基于 C++ 和 Python 的例子为读者展示了 OpenCV 深度学习应用的主要流程。本章还从数学角度对机器学习的原理进行了解释，并梳理了机器学习和深度学习的关系，以及神经网络训练的底层逻辑。

第 2 章

OpenCV 深度学习模块解析

在第 1 章中，我们了解了 OpenCV 的基本结构和深度学习的基本知识。读者对深度学习有了一些基本的概念认识，我们下一步需要深入到 OpenCV 内部，看一下深度学习模块是如何实现的。本章将从深度学习模块的整体架构出发，自上而下地逐步梳理整个深度学习模块，以期让读者在宏观结构层面有一个总体认识，为后续章节的学习起到提纲挈领的作用。

2.1 深度学习模块分层架构总览

在 1.3.2 节中，我们通过一个图像分类程序展示了 DNN 模块的简单用法。知其然还需知其所以然，我们不仅需要知道如何使用，而且需要知道这是如何实现的，以及具体的结构。这样，在做后期性能调优的时候，我们的盲点会更少，可以有的放矢，更进一步。OpenCV 深度学习模块的分层架构如图 2-1 所示。

第一层：Python 语言绑定层。它提供了 Python 语言的调用接口，使得基于 DNN 模块的应用开发更加快速、便捷，这也是学习 DNN 模块的很好切入点。处于同一层的组件还包括正确性测试、性能测试和示例程序。

1）正确性测试针对每个 DNN 层的实现进行单元测试，保证计算输出的正确性。

2）性能测试提供 DNN 模块使用各种加速后端运行各种网络模型的测试用例，最终给出运行时间数据。

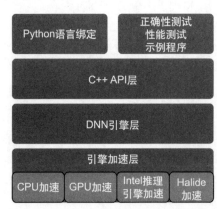

图 2-1 OpenCV 深度学习模块的分层架构

3）示例程序展示了使用 DNN 模块实现常见的深度学习计算机视觉应用的具体方法。

第二层：C++ API 层。OpenCV 提供了 C++ 语言编程接口，这也是 DNN 模块的原生接口。

注意 OpenCV 提供的是 C++ API。如果用户的应用程序是基于 C 语言的实现，需要在 C++ 语言之上加一层 C API 适配层。我们曾向 OpenCV 社区提过建议，增加 C 语言接口，社区表示正在计划中。另外，DNN 的接口数量并不多，按需由开发人员在应用程序中添加，也是可以接受的。

第三层：DNN 引擎层。这一层包括各种实现细节：如何导入一个深度学习的模型、如何管理数据对象、DNN 网络的内部表示、各种网络层类型的实现及层级别的优化等。我们会在 2.4 节展开分析。

第四层：引擎加速层。DNN 模块针对不同的硬件设备提供了不同的加速方案。任何软件都是运行在特定硬件上的，进行深度学习模型部署的时候，我们需要根据目标硬件合理地选择加速方案以达到最好的性能。引擎加速层主要有 CPU 加速、GPU 加速、Intel 推理引擎加速和 Halide 加速等。

读者可以通过阅读本章后续章节，进一步了解 OpenCV DNN 内部不同层次的实现细节。

2.2　语言绑定和测试层

一个工具库对于应用程序的兼容性，主要体现在对语言绑定的支持。OpenCV 广泛应用的原因之一是它对 Python、Java 等解释性语言的友好。在 OpenCV 深度学习模块中，整个架构的顶层是语言绑定模块、测试模块及示例程序。这 3 部分都会调用 DNN 引擎。

2.2.1　深度学习模块的 Python 语言绑定

OpenCV 的原生语言是 C++，与此同时，OpenCV 也提供 Python 语言的绑定。用户可以在 Python 环境中调用 OpenCV 的各种算法，这为原型开发带来了极大便利。下面是一个使用 OpenCV Python 模块显示图片的例子。

```
import cv2 as cv
img=cv.imread('lena.jpg',0)
cv.namedWindow('lena',cv.WINDOW_NORMAL)
cv.imshow('lena',img)
cv.waitKey(0)
cv.destroyAllWindows()
```

作为 OpenCV 的一个主要模块,深度学习模块通过 OpenCV 的 Python 绑定机制为用户提供 Python 调用接口。1.3.2 节给出的就是一个基于 Python 语言的 DNN 应用。下面仔细分析一下 OpenCV 的 Python 绑定机制。

所谓"OpenCV 的 Python 绑定",实际上就是为所有需要通过 Python 访问的 C++ API 实现一个封装器(wrapper)。手动实现这些封装器是一件既麻烦又耗时的事情。为了避免这些工程上的麻烦,OpenCV 采用脚本的方式来自动地为每个 C++ API 加上封装器。相关的脚本位于 modules/python/src2 目录下。下面介绍绑定机制的具体内容。

首先,实现自动化绑定是从 modules/python/CMakeLists.txt 开始的。这个文件是 OpenCV 编译 Python 模块的配置文件,其中指定了需要进行 Python 绑定的 OpenCV 模块,与这些模块相对应的 C++ 头文件将被记录下来。

然后,要用到绑定生成器脚本 modules/python/src2/gen2.py,以及同目录下的头文件解析脚本 hdr_parser.py。gen2.py 读取 C++ 头文件,并调用 hdr_parser.py 来解析这些头文件中的接口元素,包括类定义、函数定义、常量定义等。hdr_parser.py 用 Python 列表来描述这些元素。例如,C++ 头文件中的函数定义被转换成一个存储有函数名、输入参数类型、返回类型的 Python 列表数据结构。最终 hdr_parser.py 脚本将返回一个记录了 C++ 头文件中接口元素(类、函数、结构体、常量等)的巨大列表。gen2.py 脚本将为这些列表中的接口元素创建封装器。这些生成的封装器位于 build/modules/python/ 目录下,文件名是 pyopencv_generated_*.h。除了自动生成的封装器之外,还需要为 OpenCV 中的一些基本数据类型(如 Mat、Vec4i、Size 等)手动生成封装器。例如,Mat 类型在 OpenCV 的 Python 模块中对应的是 Numpy 数组类型,Size 类型则对应两个元素的元组(tuple)类型。另外,一些复杂的数据结构、类和函数接口定义也需要手动生成封装器。所有这些手写的封装器都位于 modules/python/src2/cv2.cpp。接下来就是将这些封装器编译成 OpenCV 的 Python 模块,最终生成 Python 模块文件 cv2。Python 模块 cv2 的生成过程如图 2-2 所示。

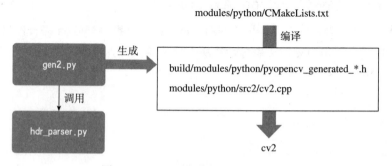

图 2-2　Python 模块 cv2 的生成过程

通过 Python 语言调用 cv2 模块中的某个函数,例如 1.3.2 节中的下面这行代码调用的是 DNN 模块下的 blobFromImage 函数:

```
# 注意：cv 是通过 "import cv2 as cv" 语句导入的 OpenCV Python 模块的别名
input=cv.dnn.blobFromImage(image, 1, (224, 224), (104, 117, 123))
```

输入 / 输出参数的转换过程如下：输入参数 image 是 Numpy 数组对象，运行时会被转换成 Mat 对象。（224,224）是两个元素的元组对象，被转换成 Size 对象，（104,117,123）是 3 个元素的元组对象，被转换成 Scalar 对象。输出则从 Mat 对象转换成 Numpy 数组对象。在函数内部则调用原生 C++ 实现，因此，OpenCV 的 Python 模块在性能上和 C++ 版本的是相当的。

2.2.2　深度学习模块的正确性测试和性能测试

OpenCV 的测试基于 Google Test[⊖] 框架，包括正确性测试和性能测试两个部分。OpenCV 的每个模块会编译出两个可执行文件，即 opencv_test_< 模块名 > 和 opencv_perf_< 模块名 >，分别对应两种测试。例如，深度学习模块的两个测试文件是 opencv_test_dnn 和 opencv_perf_dnn。它们位于编译目录的 bin 文件夹下。运行测试程序之前，需要准备好测试数据。

首先用以下命令来下载测试数据：

```
$ git clone git://github.com/opencv/opencv_extra.git
```

然后设置环境变量（以 Linux 系统为例）：

```
$ export OPENCV_TEST_DATA_PATH=/path_to_opencv_extra/testdata
```

1. 正确性测试

OpenCV 是一个非常活跃的开源项目，新的功能在不断地开发出来，老的功能也在持续完善，因此回归测试是非常必要的。另一个需要考虑的问题是，OpenCV 在不同软硬件平台上的运行结果必须保持一致，这对算法的可移植性是至关重要的。基于以上两个原因，OpenCV 提供了正确性测试框架，以方便 OpenCV 的开发者开发和维护单元测试用例。这些单元测试以不同的参数组合执行某个 OpenCV 函数，将结果和预设的正确结果相比较以确定测试是否通过。每个 OpenCV 模块都有相应的正确性测试用例，代码位于 modules/< 模块名称 >/test 目录下。例如，DNN 模块的正确性测试用例位于 modules/dnn/test 目录下。下面以 DNN 模块中 Reshape 层的正确性测试为例，讲解如何编写一个测试用例。

DNN 模块各个层类型的正确性测试用例在源代码 module/dnn/test/test_layers.cpp 中。注意，每个源代码文件都需要包含 test_precomp.hpp 头文件。Reshape 层测试用例代码如下：

⊖　参见 https://github.com/google/googletest。

```
1  TEST(Layer_Test_Reshape, Accuracy)
2  {
3      {
4          int inp[]={4, 3, 1, 2};
5          int out[]={4, 3, 2};
6          testReshape(MatShape(inp, inp + 4), MatShape(out, out + 3), 2, 1);
7      }
8      {
9          int inp[]={1, 128, 4, 4};
10         int out[]={1, 2048};
11         int mask[]={-1, 2048};
12         testReshape(MatShape(inp, inp + 4), MatShape(out, out + 2), 0, -1,
13                     MatShape(mask, mask + 2));
14     }
15     {
16         int inp[]={1, 2, 3};
17         int out[]={3, 1, 2};
18         int mask[]={3, 1, 2};
19         testReshape(MatShape(inp, inp + 3), MatShape(out, out + 3), 0, -1,
20                     MatShape(mask, mask + 3));
21     }
22 }
```

其中，TEST(Layer_Test_Reshape，Accuracy) 的第 1 个参数 Layer_Test_Reshape 代表测试用例名称，第 2 个参数 Accuracy 代表测试名称。运行 DNN 模块测试程序 opencv_test_dnn 时，可以在命令行参数中加入这两个名称来指定运行特定的测试用例。接下来的 3 个大括号组是 3 个具体的测试用例，下面以第 1 个大括号为例：

```
{
    int inp[]={4, 3, 1, 2}; // 定义输入层维度信息
    int out[]={4, 3, 2}; // 正确的输出层维度信息
    // 运行测试
    testReshape(MatShape(inp, inp + 4), MatShape(out, out + 3), 2, 1);
}
```

TestReshape 函数是测试主体，它执行层运算并将结果与事先给定的输出层维度信息做比较。具体代码和解释如下：

```
1  // 参数解释
2  // inputShape: 输入层维度信息
3  // targetShape: 正确的输出层维度信息
4  // axis: 第一个需要调整的维度
5  // num_axes: 需要调整的维度数
6  // mask: 维度调整方式
7  void testReshape(const MatShape& inputShape, const MatShape& targetShape,
8                   int axis=0, int num_axes=-1,
9                   MatShape mask=MatShape())
```

```
10  {
11      LayerParams params;  // 层参数
12      params.set("axis", axis); // 设置 axis 参数
13      params.set("num_axes", num_axes); // 设置 num_axes 参数
14      if (!mask.empty())
15      {
16          // 设置维度调整参数
17          params.set("dim", DictValue::arrayInt<int*>(&mask[0], mask.
                          size()));
18      }
19      // 准备输入 / 输出数据
20      Mat inp(inputShape.size(), &inputShape[0], CV_32F);
21      std::vector<Mat> inpVec(1, inp);
22      std::vector<Mat> outVec, intVec; // 注意, 这里的 intVec 是多余代码, 没有用到
23
24      // 创建一个 Reshape 类型的层
25      Ptr<Layer> rl=LayerFactory::createLayerInstance("Reshape", params);
26      runLayer(rl, inpVec, outVec); // 层运算
27
28      Mat& out=outVec[0]; // 获取输出数据
29      MatShape shape(out.size.p, out.size.p + out.dims); // 获取输出数据的维度
                                                            // 信息
30      EXPECT_EQ(shape, targetShape); // 与正确的维度信息相比较
```

以上代码定义了一个完整的测试用例, 最终会被编译进 opencv_test_dnn 可执行文件。除了上面这个测试用例之外, opencv_test_dnn 还包括 modules/dnn/test 目录下定义的其他测试用例。如果直接运行 opencv_test_dnn, 则所有测试用例都会执行一遍。我们可以用下面的命令指定运行 Layer_Test_Reshape 的 Accuracy 用例:

```
$(opencv 编译目录)/bin/opencv_test_dnn --gtest_filter=Layer_Test_Reshape.Accuracy
```

2. 性能测试

OpenCV 致力于提供高性能的计算机视觉算法, 因此性能的测试和评估是功能开发中的重要步骤。本节以 DNN 模块的性能测试为例, 讲解一个典型的性能测试用例的写法和用法。

DNN 性能测试源代码在 modules/dnn/perf/ 下, 我们以测试卷积计算性能的 perf_convolution.cpp 为例进行讲解, 对一个性能测试用例必备的组成部分进行梳理。完整的源代码见 perf_convolution.cpp[⊖]。

如下面代码所示, 首先是必要的头文件 perf_precomp.hpp, 所有 perf 测试都必须包含该文件。它的内部是一系列公用的头文件, 放在一起方便引用。shape_utils.hpp 提供了操作张量形状相关的函数。

```
#include "perf_precomp.hpp"
```

⊖ 参见 https://github.com/opencv/opencv/blob/4.1.0/modules/dnn/perf/perf_convolution.cpp。

```
#include <opencv2/dnn/shape_utils.hpp>
```

下面代码定义了 TestSize_ 结构，所有需要进行水平尺度和垂直尺度说明的变量都会用到它。

```
struct TestSize_ {
    int width, height;
    operator Size() const { return Size(width, height); }
};
```

以下代码定义了卷积参数结构 ConvParam_t。每个成员变量具体含义见代码注释。

```
struct ConvParam_t {
    struct TestSize_ kernel; // 卷积核尺寸
    struct BlobShape { int dims[4]; } shapeIn; // 输入张量的形状
    int outCN; // 输出张量的通道数
    int groups; // 输入张量在通道维度的分组组数
    struct TestSize_ stride;  // 每次运算的滑动距离
    struct TestSize_ dilation;  // 空洞大小
    struct TestSize_ pad; // 补边大小
    struct TestSize_ padAdjust; // 补边调整，只在反卷积中使用
    const char* padMode; // 补边模式
    bool hasBias; // 是否进行偏置运算
    double declared_flops; // 该卷积运算的浮点运算次数
};
```

以下代码定义了一组卷积参数，由于数目巨大，这里不一一列出。测试的时候会对每一个卷积参数定义的卷积运算进行性能测试。

```
static const ConvParam_t testConvolutionConfigs[]={
/* GFLOPS 10.087 x 1=10.087 */ {{3, 3}, {{1, 576, 38, 50}}, 512, 1, {1, 1},
                {1, 1}, {0, 0}, {0, 0}, "SAME", true, 10086963200.},
...
};
```

接下来对上面定义的卷积参数进行封装，让 OpenCV 的测试框架能够通过模板类调用，具体封装是通过 ConvParamID 结构体和静态模板函数 ::testing::internal::ParamGenerator<ConvParamID> all() 实现的。代码如下：

```
struct ConvParamID
{
    enum {
        CONV_0=0,
        CONV_100=100,
        CONV_LAST=sizeof(testConvolutionConfigs) /
                    sizeof(testConvolutionConfigs[0])
    };
```

```
        int val_;
        ConvParamID(int val=0) : val_(val) {}
        operator int() const { return val_; }
        static ::testing::internal::ParamGenerator<ConvParamID> all()
        {
#if 0
            enum { NUM=(int)CONV_LAST };
#else
            enum { NUM=(int)CONV_100 };
#endif
            ConvParamID v_[NUM]; for (int i=0; i < NUM; ++i) { v_[i]=
            ConvParamID(i); } // 考虑生成代码的长度，这里只使用了前 100 组卷积参数
            return ::testing::ValuesIn(v_, v_ + NUM);
        }
};
typedef tuple<ConvParamID, tuple<Backend, Target> > ConvTestParam_t;
typedef TestBaseWithParam<ConvTestParam_t> Conv;
```

接下来通过 PERF_TEST_P_ 宏生成测试用例。PERF_TEST_P_ 是由 OpenCV 测试框架提供的一个封装测试程序的宏。它的使用方法如下：

```
/* 第 1 个参数是测试大类名称，第 2 个参数是测试名称。一个测试大类可以包含多个测试 */
PERF_TEST_P_(Conv, conv)
{
    // 测试程序代码
}
```

接下来具体讲解测试程序代码部分。

首先，获取测试参数，包括 testConvolutionConfigs、Backend 类型和 Target 类型。代码如下：

```
int test_id=(int)get<0>(GetParam());
ASSERT_GE(test_id, 0); ASSERT_LT(test_id, ConvParamID::CONV_LAST);
const ConvParam_t& params=testConvolutionConfigs[test_id];
double declared_flops=params.declared_flops;
Size kernel=params.kernel;
MatShape inputShape=MatShape(params.shapeIn.dims, params.shapeIn.dims + 4);
int outChannels=params.outCN;
int groups=params.groups;
Size stride=params.stride;
Size dilation=params.dilation;
Size pad=params.pad;
Size padAdjust=params.padAdjust;
std::string padMode(params.padMode);
bool hasBias=params.hasBias;
Backend backendId=get<0>(get<1>(GetParam()));
```

```
Target targetId=get<1>(get<1>(GetParam()));
```

接下来，根据获取的测试参数设置卷积层对象的参数，创建并初始化输入张量，权重张量。具体代码如下：

```
int inChannels=inputShape[1]; // 输入张量通道数
Size inSize(inputShape[3], inputShape[2]); // 输入张量的宽和高

// 权重维度
int sz[]={outChannels, inChannels / groups, kernel.height, kernel.width};
Mat weights(4, &sz[0], CV_32F); // 创建权重对象
randu(weights, -1.0f, 1.0f); // 随机初始化权重值
int inChannels=inputShape[1]; // 输入张量通道数

/* 以下代码创建层参数对象，并设置每个参数 */
LayerParams lp;
lp.set("kernel_w", kernel.width);
lp.set("kernel_h", kernel.height);
lp.set("pad_w", pad.width);
lp.set("pad_h", pad.height);
if (padAdjust.width > 0 || padAdjust.height > 0)
{
    lp.set("adj_w", padAdjust.width);
    lp.set("adj_h", padAdjust.height);
}
if (!padMode.empty())
    lp.set("pad_mode", padMode);
lp.set("stride_w", stride.width);
lp.set("stride_h", stride.height);
lp.set("dilation_w", dilation.width);
lp.set("dilation_h", dilation.height);
lp.set("num_output", outChannels);
lp.set("group", groups);
lp.set("bias_term", hasBias);
lp.type="Convolution";
lp.name="testLayer";
lp.blobs.push_back(weights);
if (hasBias)
{
    Mat bias(1, outChannels, CV_32F);
    randu(bias, -1.0f, 1.0f);
    lp.blobs.push_back(bias);
}

/* 创建并随机初始化输入数据 */
int inpSz[]={1, inChannels, inSize.height, inSize.width};
Mat input(4, &inpSz[0], CV_32F);
randu(input, -1.0f, 1.0f);
```

　　然后，创建网络对象，进行第一次推理运算，输出网络运算量 flops（即浮点运算次数）。第一次推理运算不计入总的运算时间，因为很多具体的优化过程需要在运行期进行，而且只需要一次，导致第一次推理运算耗时较多，影响性能测试数据的准确性。代码如下：

```cpp
Net net; // 创建网络对象
net.addLayerToPrev(lp.name, lp.type, lp); // 添加层对象

net.setInput(input); // 设置网络输入张量
net.setPreferableBackend(backendId); // 设置后端类型
net.setPreferableTarget(targetId); // 设置运算设备类型

// warmup
Mat output=net.forward(); // 第一次网络推理运算

/* 获取网络运算量数据 */
MatShape netInputShape=shape(input);
size_t weightsMemory=0, blobsMemory=0;
net.getMemoryConsumption(netInputShape, weightsMemory, blobsMemory);
int64 flops=net.getFLOPS(netInputShape);
CV_Assert(flops > 0);

/ * 输出测试运算量信息 */
std::cout
    << "IN=" << divUp(input.total() * input.elemSize(), 1u<<10)
    << " Kb " << netInputShape
    << "    OUT=" << divUp(output.total() * output.elemSize(), 1u<<10)
    << " Kb " << shape(output)
    << "    Weights(parameters): " << divUp(weightsMemory, 1u<<10) << " Kb"
    << "    MFLOPS=" << flops * 1e-6 << std::endl;

TEST_CYCLE() // 进行多次推理运算
{
    Mat res=net.forward();
}
EXPECT_NEAR(flops, declared_flops, declared_flops * 1e-6);  // 运算量检查
SANITY_CHECK_NOTHING(); // 不做结果验证，直接返回 true
```

　　最后，通过 INSTANTIATE_TEST_CASE_P 宏注册测试用例。代码如下：

```cpp
INSTANTIATE_TEST_CASE_P(/**/, Conv, Combine(
    /* 该测试将运行于所有卷积参数、后端类型、目标设备类型的组合 */
    ConvParamID::all(),
    dnnBackendsAndTargets(false, false)  // defined in ../test/test_common.
                        hpp
));
```

　　至此，一个完整的性能测试用例就完成了。编译之后可通过以下命令来指定运行该测试：

```
$(opencv 编译目录 )/bin/opencv_perf_dnn --gtest_filter=Conv.conv
```

2.3 API 层

在 OpenCV 中，深度学习模块的原生接口基于 C++ 语言，用户通过 API 层可以创建新的层类型，构建神经网络结构，加载不同框架的模型，获取网络参数，执行网络推理，获取推理结果。C++ 程序需要包含 module/dnn/include/opencv2/dnn.hpp，它是对 module/dnn/include/opencv2/dnn/dnn.hpp 的封装，后者包含了 API 层的所有数据结构定义和函数声明，本节将讲解其中的关键类：Net、Layer、LayerParams，以及常用函数。

提示 在阅读 OpenCV 源码的过程中，经常会看到 cv2 或者 opencv2 的字样，这比较容易引起读者的困惑，这里做一下说明：2009 年 10 月发布的 OpenCV 第 2 版，原生 API 从 C 切换成了 C++，这是一次很大的版本改进，目录名也随之变成了 opencv2，之后这个目录名沿用至今；还有的地方用 cv2（例如，OpenCV 的 Python 模块的名字就是 cv2），也是出于这个原因。

2.3.1 Layer 类及如何定制一个新的层类型

Layer 类是所有层类型的父类，具体层类型在实现的时候需要继承该类。深度学习模块内置了 30 多种常用 Layer 类型的支持，但是在某些情况下，开发者为了运行自己设计的网络模型，需要针对性地定制自己网络中特有的 Layer 类型。下面以一个假设的 FooLayer 为例，讲解如何定制新的 Layer 类型。

第 1 步：在 all_layers.hpp[⊖]中定义新的 Layer 类型。以下代码定义了一个名为 FooLayer 的层类型：

```
Class CV_EXPORTS FooLayer : public Layer
{
  public:
  int param1 ;
  int param2 ;
  static Ptr<FooLayer> create (const LayerParams& params);
}
```

其中，CV_EXPORTS 是跨平台宏，表示后面的符号需要被动态库暴露出来。param1、param2 是 FooLayer 类型的属性，按实际需要定义。create 方法用来创建该类型的实例，每个定制 Layer 类型都要实现。

第 2 步：在 modules/dnn/src/layers 目录中创建 foo_layer.cpp 文件，实现基类定义的虚

⊖ 参见 https://github.com/opencv/opencv/tree/4.1.0/modules/dnn/include/opencv2/dnn/all_layers.hpp。

函数及 create 方法。必须实现的虚函数包括 forward 函数和 getMemoryShapes 函数。它们的原型如下面代码所示

```
virtual void forward(InputArrayOfArrays inputs, OutputArrayOfArrays outputs,
                     OutputArrayOfArrays internals);
virtual bool getMemoryShapes(const std::vector<MatShape> &inputs,
                             const int requiredOutputs,
                             std::vector<MatShape> &outputs,
                             std::vector<MatShape> &internals) const;
```

其中，forward 函数是定制 Layer 最核心的部分，用来实现层的推理运算。inputs 是输入数据。outputs 是输出数据，即运算结果。internals 是运算用到的中间数据。getMemoryShapes 函数根据输入 shape 计算输出 shape 和内部数据的 shape。DNN 引擎根据计算出的 shape 分配内存。参数 inputs 表示层输入的形状。requiredOutputs 表示该层输出张量对象的个数。outputs 表示层输出 shape。internals 表示内部数据的形状。另外一个比较重要的虚函数如下：

```
virtual void finalize(const std::vector<Mat*> &input,
                      std::vector<Mat> &output);
```

它的调用时机是 DNN 引擎分配好所有输入 / 输出内存之后，调用 forward 方法之前。可以通过这个函数做一些相关的初始化工作。例如，convolution 层用来计算 padding 的宽和高。这个函数是可选的，根据 Layer 的具体逻辑决定是否实现。

接下来需要实现 create 方法，函数接口定义如下：

```
static Ptr<FooLayer> create(const LayerParams& params);
```

create 的功能是创建 FooLayer 类型的对象，用智能指针保护，并返回智能指针。参数 params 表示层参数，具体定义如下：

```
class CV_EXPORTS LayerParams : public Dict
{
    public:
        std::vector<Mat> blobs; // 层的权重和偏置
        String name; // 层的名字
        String type; // 层的类型
};
```

第 3 步：在 init.cpp[⊖]中注册 FooLayer。具体做法是在函数 initializeLayerFactory 中加入下面的代码：

```
CV_DNN_REGISTER_LAYER_CLASS(Foo, FooLayer);
```

⊖　参见 https://github.com/opencv/opencv/tree/4.1.0/modules/dnn/src/init.cpp。

其中，Foo 表示层的名字，FooLayer 表示类型。

至此，定制一个新的 Layer 类型所需的最少步骤已经完成。如果要实现更丰富的功能，则可根据实际需要实现 Layer 基类中的其他虚函数。

2.3.2　Net 类

Net 类提供了一个创建和管理网络的接口，下面讲解它的主要成员函数。

（1）readFromModelOptimizer

函数原型：

```
CV_WRAP static Net readFromModelOptimizer(const String& xml, const String& bin);
```

函数功能：从 Intel 模型优化器格式的模型创建网络对象。2.3.3 节会介绍 readNet，那是一个更通用的加载各种类型网络模型的函数。

参数说明：

❏ xml：网络结构描述文件，采用的是 XML 格式。

❏ bin：训练好的网络权重值，采用的是二进制格式。

注意 Intel 模型优化器输出的网络模型包括两个文件，一个是 XML 格式的网络结构描述文件，另一个是二进制格式的权重文件。

（2）addLayer

函数原型：

```
int addLayer(const String &name, const String &type, LayerParams &params);
```

函数功能：向网络中添加一个层对象。

参数说明：

❏ name：层对象名字。

❏ type：层对象类型。

❏ params：层对象参数。

❏ 返回值：层对象 id，如果创建失败则返回 -1。

（3）connect

函数原型：该函数有两个版本，原型定义如下。

```
1    void connect(String outPin, String inpPin);
2    void connect(int outLayerId, int outNum, int inpLayerId, int inpNum);
```

1）void connect(String outPin, String inpPin)。

函数功能：连接层的某个输出和另一个层的某个输入。

参数说明：

❑ outPin：层的某个输出。

❑ inpPin：层的某个输入。

2）void connect(int outLayerId, int outNum, int inpLayerId, int inpNum)。

函数功能：连接层的某个输出和另一个层的某个输入。和上面 connect 函数的区别是，输入参数不同。

参数说明：

❑ outLayerId：输出层 id。

❑ outNum：输出层的输出端口 id。

❑ inpLayerId：输入层 id。

❑ inpNum：输入层的输入端口 id。

注意 每个层的输出端口可能有多个，用输出 id 来确定，多数情况下只用到第一个输出端口。每个层的输入端口可能有多个，用输入 id 来确定。

（4）addLayerToPrev

函数原型：

```
int addLayerToPrev(const String &name, const String &type,
                   LayerParams &params);
```

函数功能：向网络中添加一个层对象，并将它的第一个输入端口和前一层的第一个输出端口相连。这是 addLayer 函数和 connect 函数的结合，方便层对象的添加和连接。

参数说明：具体参数和返回值同 addLayer 函数。

（5）forward

函数原型：该函数有 4 个版本，原型定义如下。

```
1  CV_WRAP Mat forward (const String& outputName=String ());
2  CV_WRAP void forward (OutputArrayOfArrays outputBlobs,
                         const String& outputName=String());
3  CV_WRAP void forward (OutputArrayOfArrays outputBlobs,
                         const std::vector<String>& outBlobNames);
4  CV_WRAP_AS (forwardAndRetrieve) void forward (
                         CV_OUT std::vector<std::vector<Mat> >& outputBlobs,
                         const std::vector<String>& outBlobNames);
```

1）Mat forward (const String& outputName=String ())。

函数功能：网络计算进行到指定层。如果不指定层的名字，则计算整个网络。

参数说明：

❑ outputName：指定层对象的名字。

❑ 返回值：层对象第一个输出端口的输出数据。

2）void forward(OutputArrayOfArrays outputBlobs, const String& outputName=String())。

函数功能：网络计算到指定层，并返回该层的所有输出。如果不指定层的名字，则计算整个网络，返回最后一层的所有输出。

参数说明：

❑ outputBlobs：输出参数，存放层的所有输出数据。

❑ outputName：输出层的名字。

3）void forward (OutputArrayOfArrays outputBlobs, const std::vector<String>& outBlobNames)。

函数功能：网络计算到指定的一组层，并返回每个层的第一个输出端口数据。

参数说明：

❑ outputBlobs：输出参数，存放每个指定层的第一个输出端口数据。

❑ outBlobNames：一组输出层的名字。

4）void forward(CV_OUT std::vector<std::vector<Mat> >& outputBlobs,const std::vector<String>& outBlobNames)。

函数功能：指定的一组层，网络计算到这些层为止，并返回每个层的所有输出数据。

参数说明：

❑ outputBlobs：输出参数，存放每个指定层的所有输出端口数据。

❑ outBlobNames：一组输出层的名字。

（6）setPreferableBackend

函数原型：

```
CV_WRAP void setPreferableBackend(int backendId);
```

函数功能：设置后端类型。

参数说明：

❑ backendId：后端 id。下面代码段定义了 Backend 枚举类型，它给出了 DNN 支持的所有后端类型，每种后端的具体讲解请看 2.5.2 节。

```
enum Backend
{
      DNN_BACKEND_DEFAULT,
      DNN_BACKEND_HALIDE,
      DNN_BACKEND_INFERENCE_ENGINE,
      DNN_BACKEND_OPENCV,
      DNN_BACKEND_VKCOM
};
```

（7）setPreferableTarget

函数原型：

```
CV_WRAP void setPreferableTarget(int targetId);
```

函数功能：设置目标运算设备的类型。

参数说明：

❑ targetId：目标运算设备类型 id。定义如下。每种 Target 类型的具体讲解请参考 2.5.1 节。

```
enum Target
{
        DNN_TARGET_CPU,
        DNN_TARGET_OPENCL,
        DNN_TARGET_OPENCL_FP16,
        DNN_TARGET_MYRIAD,
        DNN_TARGET_VULKAN,
        DNN_TARGET_FPGA
};
```

（8）setInput

函数原型：

```
CV_WRAP void setInput(InputArray blob, const String& name="",
                      double scalefactor=1.0, const Scalar& mean=Scalar());
```

函数功能：设置网络输入。

参数说明：

❑ blob：网络输入数据，格式必须是 CV_32F 或者 CV_8U。

❑ name：输入层的名字。

❑ scalefactor：缩放因子，用于对输入数据进行缩放。

❑ mean：均值，用于对输入数据进行减去均值操作。

以上列出了 Net 类的常用成员函数，已经足够覆盖日常使用。完整接口定义请参考源代码 modules/dnn/include/opencv2/dnn/dnn.hpp。

2.3.3　常用函数

除了 Net 类提供的功能之外，DNN 还提供了一些常用函数以方便使用。

（1）模型导入函数

函数原型：

```
CV_EXPORTS_W Net readNet(const String& model, const String& config="",
                         const String& framework="");
```

函数功能：将不同深度学习框架训练的模型导入 DNN 模块的 Net 对象中，并返回 Net 对象。目前支持的模型格式有 Dartnet、TensorFlow、Caffe、Torch、ONNX 和 Intel OpenVINO。该函数的主要逻辑是根据模型参数文件或者模型描述文件推断出框架类型，调用相应的导入器加载网络模型。

参数说明：

❑ model：模型权重文件路径。

❑ config：模型配置文件路径。

❑ framework：DNN 框架，可省略，DNN 模块会自动推断框架种类。

（2）图片到模型输入的转化函数

函数原型：

```
void blobFromImage(InputArray image, OutputArray blob, double scalefactor,
                   const Size& size, const Scalar& mean, bool swapRB,
                   bool crop);
```

函数功能：将图片数据转化成神经网络的输入数据。

参数说明：

❑ image：输入的图像数据。

❑ blob：经过缩放、裁剪、去均值图之后的图像数据。它是一个 4 维数据，布局一般用 N、C、H、W 表示。其中，N 表示 batch size，即一次输入几张图片；C 表示图片通道数，如 RGB 图片通道数为 3；H 表示图片高度；W 表示图片宽度。

❑ scalefactor：对 mean 数据进行缩放的比例。具体运算是对 mean 的每个像素值乘以 scalefactor。

❑ size：模型输入数据的宽度和高度。

❑ mean：模型训练时用到的图像集的均值，可选。

❑ swapRB：是否需要将 mean 的 R 通道和 B 通道进行交换。当模型接受的通道顺序和 mean 的通道顺序不一致时，swapRB 需要设置成 true。

❑ crop：当 image 大小和 size 不一致时，是通过裁剪方式还是通过缩放方式对 image 数据进行调整。true 表示通过裁剪方式调整，false 表示通过缩放方式调整。

2.4　DNN 引擎层

DNN 引擎层对上实现了 API 层，包括 API 层常用函数的实现、Layer 类和 Net 类基础类型的实现，对下则提供一个架构，将 Layer 中的具体计算交给引擎加速层来完成。本节将首先介绍如何导入来自不同深度学习框架的模型，这些不同格式的模型最终会转化成 DNN 引擎定义的 Net 和 Layer 数据结构；然后以数据对象为切入点介绍 DNN 引擎的工作过程，其中包括网络在运行期的一些优化技术和典型层类型讲解。

2.4.1　模型导入

2.3.3 节讲述了可以用 readNet 来加载各种深度学习框架的模型，根据输入参数的不同，会在内部调用相应的模型加载函数，源代码逻辑非常简单，如下所示。

```
1 Net readNet(const String& _model, const String& _config,
              const String& _framework)
2 {
3     String framework=toLowerCase(_framework);
4     String model=_model;
5     String config=_config;
6     const std::string modelExt=model.substr(model.rfind('.') + 1);
7     const std::string configExt=config.substr(config.rfind('.') + 1);
8     if (framework=="caffe" || modelExt=="caffemodel" ||
          configExt=="caffemodel" ||
9         modelExt=="prototxt" || configExt=="prototxt")
10    {
11        if (modelExt=="prototxt" || configExt=="caffemodel")
12            std::swap(model, config);
13        return readNetFromCaffe(config, model);
14    }
15    if (framework=="tensorflow"|| modelExt=="pb" ||configExt=="pb" ||
16                    modelExt=="pbtxt" || configExt=="pbtxt")
17    {
18        if (modelExt=="pbtxt" || configExt=="pb")
19           std::swap(model, config);
20        return readNetFromTensorflow(model, config);
21    }
22    if (framework=="torch" || modelExt=="t7" || modelExt=="net" ||
23                         configExt=="t7" || configExt=="net")
24    {
25        return readNetFromTorch(model.empty() ? config : model);
26    }
```

```
27      if (framework=="darknet" || modelExt=="weights" ||
            configExt=="weights" ||
28          modelExt=="cfg" || configExt=="cfg")
29      {
30          if (modelExt=="cfg" || configExt=="weights")
31              std::swap(model, config);
32          return readNetFromDarknet(config, model);
33      }
34      if (framework=="dldt" || modelExt=="bin" || configExt=="bin" ||
35          modelExt=="xml" || configExt=="xml")
36      {
37          if (modelExt=="xml" || configExt=="bin")
38              std::swap(model, config);
39          return readNetFromModelOptimizer(config, model);
40      }
41      if (framework=="onnx" || modelExt=="onnx")
42      {
43          return readNetFromONNX(model);
44      }
45      CV_Error(Error::StsError,
                "Cannot determine an origin framework of files: " +
46          model + (config.empty() ? "" : ", " + config));
47  }
```

将上述代码整理为表格，如表 2-1 所示。

表 2-1　DNN 模块支持的深度学习框架及相应的模型加载函数

model 参数	config 参数	framework 参数	对应的处理函数
*.caffemodel	*.prototxt	caffe	readNetFromCaffe
*.pb	*.pbtxt	tensorflow	readNetFromTensorflow
*.t7	*.net	torch	readNetFromTorch
*.weight	*.cfg	darknet	readNetFromDarknet
*.bin	*.xml	dldt	readNetFromModelOptimizer
*.onnx	—	onnx	readNetFromONNX

其中 framework 参数列中的 dldt 指的是 Deep Learning Deployment Toolkit，也就是 Intel

公司推出的 OpenVINO 软件包。因为 dldt 加载的网络模型是经过 OpenVINO 软件包中的模型优化器（ModelOptimizer）组件处理后的输出，所以对应的处理函数中有 FromModel-Optimizer 字样。这个函数最终将调用 Net 类中的成员函数 Net::readFromModelOptimizer。

为了方便开发者使用，开发者调用 readNet() 时无须关心 model 参数和 config 参数的放置顺序，framework 参数也无须特别指定。readNet() 函数内部会自动推断 model 参数和 config 参数哪个在前哪个在后，然后根据 model 和 config 推断 framework 类型。

从磁盘上的模型文件到内存表示，再到 OpenCV 的内部模型表示（即 Net 类和 Layer 类等对象的组合），所有的模型加载函数都是一样的过程，只是因为具体格式的不同而处理代码也不同。具有共性的是 ONNX、Caffe 和 TensorFlow 的模型文件，它们都是用 Protobuf[⊖] 来保存的。Protobuf 适合数据存储、数据交换等场合，如图 2-3 所示，结构化数据可能是一个结构体的实例（以 C++ 为例，后续的讲述均以 C++ 为例），如果为每个结构体都实现相应的序列化函数和反序列化函数，则工作量非常大，而且结构体本身还可以发生增减变化，就算实现了，效率也不一定好。Protobuf 通过元编程的思想，巧妙地解决了这个问题，使得任何结构体的序列化函数和反序列化函数都可以自动生成。

使用 Protobuf 需要其提供的 3 部分内容，分别是编译器 protoc、头文件和库文件。可以从 Protobuf 源代码开始，编译后将这 3 部分内容安装到系统中。安装完成后，可以直接执行 protoc 命令，还可以用 pkg-config 命令来查询 Protobuf 对应的头文件和库文件。

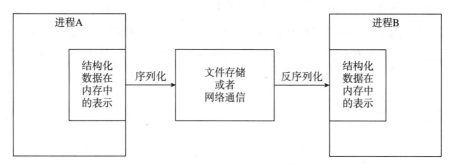

图 2-3 结构化数据存储和交换示意图

1）安装依赖库：

```
$ apt-get install autoconf automake libtool curl make g++ unzip
```

2）获取源代码：

```
$ git clone https://github.com/protocolbuffers/protobuf.git
$ cd protobuf
$ git submodule update --init --recursive
```

⊖ Protobuf 即 Protocol Buffers，是由 Google 公司提出的用于结构化数据序列化的机制，支持 C++、Java 和 Python 等多种语言，适合数据存储、数据交换等场合。

```
$ ./autogen.sh
```

3）编译 C++ 版本的 Protobuf：

```
$ ./autogen.sh
$ ./configure
$ make
```

4）再做一些检查，如果这个步骤发生错误，则只是表示某些功能无法使用，Protobuf 的主要功能还是可以正常使用的：

```
$ make check
```

5）安装到系统：

```
$ sudo make install
$ sudo ldconfig
```

6）对安装文件做一个简单的检查：

```
# protoc --version
libprotoc 3.11.0
# pkg-config --cflags --libs protobuf
-pthread -I/usr/local/include -L/usr/local/lib -lprotobuf
```

Protobuf 提供了一种描述结构体的方法，此描述的文件扩展名一般是 .proto。例如，下面的代码定义了一个结构体：

```
struct ABC
{
    int32 ii;
    float ff;
};
```

而这个结构体可以用文件 abc.proto 表示，内容如下：

```
syntax="proto2";
package mytry;
message ABC {
  optional int32 ii=1;
  optional float ff=2;
}
```

其中，optional 表示这个属性是可选的，是基于以后 Struct 数据成员增减兼容目的而引入的；而尾部的 =1 和 =2，是给每个数据成员属性赋予一个唯一的标识号，在 Protobuf 内部的编解码实现过程中会用到，在此不展开讲解。然后，使用 protoc 编译器执行命令 "protoc --

cpp_out=. abc.proto"，就会在当前目录下生成两个新文件，即 abc.pb.h 和 abc.pb.cc 文件，其中 abc.pb.h 的关键内容如下：

```
namespace mytry {
class ABC
:public ::PROTOBUF_NAMESPACE_ID::Messag{
Public:
    bool has_ii() const;
    ::PROTOBUF_NAMESPACE_ID::int32 ii() const;
    void set_ii(::PROTOBUF_NAMESPACE_ID::int32 value);
    float ff() const;
    void set_ff(float value);
private:
    ::PROTOBUF_NAMESPACE_ID::int32 ii_;
    float ff_;
};
}
```

从以上代码可以看出，struct ABC 中的数据成员在 class ABC 中继续存在，而且 class ABC 进行封装做了访问限制，使用成员函数的方法来获取数据成员，这样，原来程序需要用到 struct ABC 的地方都改用 mytry::ABC 即可，原有代码不需要做其他变化即可继续使用。另外，class ABC 继承了 ::PROTOBUF_NAMESPACE_ID::Messag，而 Message 又继承了 MessageLite，这个类在 Protobuf 头文件中定义，提供了序列化函数和反序列化函数。

```
class PROTOBUF_EXPORT MessageLite {
bool ParseFromIstream(std::istream* input);
bool SerializeToOstream(std::ostream* output) const;
};
```

将自动生成的这两个源文件加入我们的项目中，在编译、连接项目时增加 'pkg-config --cflags --libs protobuf' 的选项，在运行项目可执行程序的时候，还要确保 Protobuf 的库文件在系统中。使用 Protobuf 的完整流程如图 2-4 所示，其中写程序和读程序可以是同一个，也可以是不同的。

回到 OpenCV 源代码树，这是一个读取模型文件的过程，即反序列化的过程。我们可以在 modules/dnn/src/caffe、modules/dnn/src/onnx 和 modules/dnn/src/tensorflow 中找到相应的 .proto 文件，可以在 modules/dnn/misc/ 下的相应目录中找到对应的 .pb.h 和 .pb.cc 文件，这是因为开发者提前在本机用 protoc 编译器将 .proto 文件转换成了 .pb.h/cc 文件，然后将这些文件直接作为 OpenCV 源代码的一部分。

编译 OpenCV 和运行 OpenCV 的深度学习相关模块，都需要依赖 Protobuf 库文件，编译和运行会发生在不同机器系统上，而不同系统安装的库文件版本可能并不相同，不兼容问题会导致运行时 OpenCV 加载模型出错。为了解决这个问题，OpenCV 将 Protobuf 源代码也加到 3rdparty/protobuf 目录下，这个目录下的文件 CMakeLists.txt 中有如下代码：

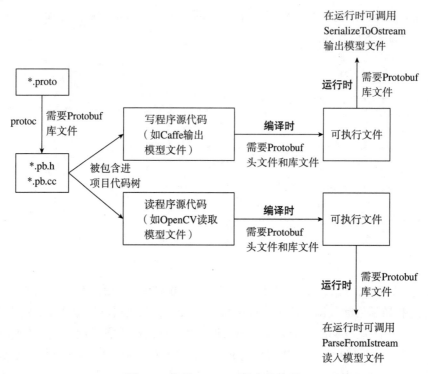

图 2-4　使用 Protobuf 的完整流程

```
add_library(libprotobuf STATIC ${Protobuf_SRCS})
```

它表示将 Protobuf 的源代码编译为一个静态库，名字为 liblibprotobuf.a，这个静态库将被包含到库文件 libopencv_dnn.so 中。所以，OpenCV 的编译和运行所需要的 Protobuf 支持是来自同一份源代码，而且已经被集成到了 libopencv_dnn.so 中，而不会使用系统中安装的 Protobuf 动态库文件，因此解决了可能存在的不匹配导致模型加载出错的问题。

如果对 OpenCV 如何加载模型文件有更多兴趣的话，则通过下面的代码，然后单步调试一步步地进去可以看到更多的细节，其中 tf.pb 文件是 TensorFlow 的模型文件，如何生成可以参考 7.2.1 节。

```
#include <stdio.h>
#include <opencv2/opencv.hpp>
#include <opencv2/dnn.hpp>
using namespace cv;
using namespace dnn;
int main()
{
    Net net=readNet("tf.pb", "", "tensorflow");
}
```

2.4.2　推理引擎数据对象管理

神经网络运算中需要用到大量的内存来存储模型参数、每一层的输入 / 输出及内部数据。DNN 模块通过分析每一层数据的生命周期，尽可能地复用前面层所分配的内存，从而大大节省神经网络运行时的整体内存消耗。DNN 模块的运算数据称为 blob（张量或数据对象），blob 实际上是一个 Mat 对象。DNN 模块在 allocateLayers() 函数中为神经网络的每一层分配合适大小的 Mat 对象⊖，下面分段讲解关键代码。

第 2293～2306 行，代码如下：

```
2293   ShapesVec inputShapes;
2294   for(int i=0; i < layers[0].outputBlobs.size(); i++)
2295   {
2296       Mat& inp=layers[0].outputBlobs[i];
2297       CV_Assert(inp.total());
2298       if (preferableBackend==DNN_BACKEND_OPENCV &&
2299           preferableTarget==DNN_TARGET_OPENCL_FP16)
2300       {
2301           layers[0].outputBlobs[i].create(inp.dims, inp.size, CV_16S);
2302       }
2303       inputShapes.push_back(shape(inp));
2304   }
2305   LayersShapesMap layersShapes;
2306   getLayersShapes(inputShapes, layersShapes);
```

上面这段代码的作用是从整个网络的输入开始，对每一层，根据输入数据的内存布局（inputShapes）计算输出数据和中间数据的内存布局（layersShapes）。内部具体调用的是 Layer::getMemoryShapes() 函数，该函数需要每个层类型根据自身运算特点单独实现。

第 2311～2322 行，为需要保留的 blob 和每一层的输入设置引用计数，为后续存储空间优化做准备：

```
2311   for (int i=0; i < layers[0].outputBlobs.size(); ++i)
2312       blobManager.addReference(LayerPin(0, i));
2313   for (it=layers.begin(); it !=layers.end(); ++it)
2314   {
2315       const LayerData& ld=it->second;
2316       blobManager.addReferences(ld.inputBlobsId);
2317   }
2318
2319   for (int i=0; i < blobsToKeep_.size(); i++)
2320   {
2321        blobManager.addReference(blobsToKeep_[i]);
2322    }
```

⊖　完整代码参见 https://github.com/opencv/opencv/blob/4.1.0/modules/dnn/src/dnn.cpp#L2284。

第 2324～2328 行，调用 allocateLayer() 为每一层分配输出和中间数据内存，代码如下：

```
2324   for (it=layers.begin(); it !=layers.end(); it++)
2325   {
2326       int lid=it->first;
2327       allocateLayer(lid, layersShapes);
2328   }
```

接下来详细讲解 allocateLayer() 函数⊖。在讲解代码之前，先大体说明一下神经网络计算中数据存储对象分配和引用的一般规则，方便理解后续代码。如图 2-5 所示（为简便起见没有画出层内部数据对象分配），神经网络的每一层是前后相连的，前面层的输出是后面层的输入，所以每一层只需要分配输出数据对象和内部数据对象，后一层的输入直接通过指针引用前一层的输出。

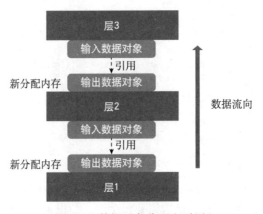

图 2-5　数据对象分配和引用

第 1859～1860 行，递归调用 allocateLayer() 自身，确保当前层之前的所有层都已经分配好内存：

```
1859   for (set<int>::iterator i=ld.inputLayersId.begin();
                           i !=ld.inputLayersId.end(); i++)
1860       allocateLayer(*i, layersShapes);
```

第 1873～1884 行，当前层引用前一层的输出作为本层的输入：

```
1873   {
1874       ld.inputBlobs.resize(ninputs);
1875       ld.inputBlobsWrappers.resize(ninputs);
1876       for (size_t i=0; i < ninputs; i++)
1877       {
1878           LayerPin from=ld.inputBlobsId[i];
```

⊖ 完整代码参见 https://github.com/opencv/opencv/blob/4.1.0/modules/dnn/src/dnn.cpp#L1825。

```
1879              CV_Assert(from.valid());
1880              CV_DbgAssert(layers.count(from.lid) && (int)layers [from.lid].
                            outputBlobs.size() > from.oid);
1881              ld.inputBlobs[i]=&layers[from.lid].outputBlobs[from.oid];
1882              ld.inputBlobsWrappers[i]=layers[from.lid].
                                        outputBlobsWrappers[from.oid];
1883        }
1884  }
```

第 1891～1893 行，调用 BlobManager::allocateBlobsForLayer( ) 函数为输出数据和内部数据分配内存。我们会在 allocateLayer( ) 函数讲解结束之后接着讲解 BlobManager::allocate BlobsForLayer( ) 函数。

```
1891  blobManager.allocateBlobsForLayer(ld, layerShapesIt->second,
                                        pinsForInternalBlobs,
1892      preferableBackend==DNN_BACKEND_OPENCV &&
1893      preferableTarget==DNN_TARGET_OPENCL_FP16);
```

第 1894～1903 行，将输出数据和内部数据封装到后端设备数据对象。DNN 模块定义了抽象类 BackendWrapper 来封装除 CPU 之外的其他运算设备上的数据对象，不同加速后端需要实现具体的封装类型（2.5 节会对各种加速后端进行介绍，第 4 章至第 6 章则会对加速后端的实现进行详细讲解）。

```
1894  ld.outputBlobsWrappers.resize(ld.outputBlobs.size());
1895  for (int i=0; i < ld.outputBlobs.size(); ++i)
1896  {
1897      ld.outputBlobsWrappers[i]=wrap(ld.outputBlobs[i]);
1898  }
1899  ld.internalBlobsWrappers.resize(ld.internals.size());
1900  for (int i=0; i < ld.internals.size(); ++i)
1901  {
1902      ld.internalBlobsWrappers[i]=wrap(ld.internals[i]);
1903  }
```

第 1905～1923 行，调用 Layer::finalize()。这个函数是一个虚函数，由每个层类型具体实现。在这个时点上，层的参数已经知道，输入、输出和内部数据对象也已经分配完成，但前向运算尚未开始。可以利用这个时点，做一些优化的事情。例如，convolution 层会在这个函数中对权重矩阵进行内存对齐处理，方便后续的 CPU 汇编指令优化。

```
1905  Ptr<Layer> layerPtr=ld.getLayerInstance();
1906  {
1907      std::vector<Mat> inps(ld.inputBlobs.size());
1908      for (int i=0; i < ld.inputBlobs.size(); ++i)
1909      {
1910          inps[i]=*ld.inputBlobs[i];
1911      }
```

```
1912      layerPtr->finalize(inps, ld.outputBlobs);
1913      layerPtr->preferableTarget=preferableTarget;
          // 这里省略了部分无用代码
1923   }
```

第 1926～1927 行，释放输入数据对象和内部数据对象的引用计数，之前在 allocateLayers() 代码的 2311～2322 行，增加了输入数据对象的引用计数，此处释放意味着该层的输入数据对象可以为后续层复用。

```
1926   blobManager.releaseReferences(ld.inputBlobsId);
1927   blobManager.releaseReferences(pinsForInternalBlobs);
```

第 1929 行，设置标志为 1，说明该层已经完成数据分配。

```
1929   ld.flag=1;
```

至此，allocateLayer() 函数解析完毕，下面对其调用的 BlobManager::allocateBlobsFor-Layer() 函数做进一步解释，因为该函数包含了数据对象分配和复用的核心逻辑。

BlobManager::allocateBlobsForLayer() 函数首先会尝试采用 inpalce 方式，代码段如下：

```
904    bool inPlace=false;
905    if (layerShapes.supportInPlace)
906    {
907        if (ld.inputBlobs.size()==1)
908        {
909            // Get number of references to the input memory.
910            int numRef=numReferences(ld.inputBlobsId[0]);
911            // If current layer is one and only customer of this blob.
912            inPlace=numRef==1;
913        }
914    }
```

inplace 复用方式如图 2-6 所示。

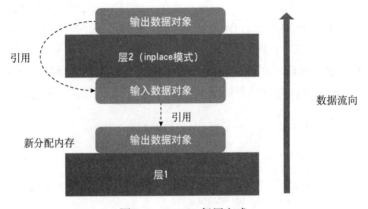

图 2-6　inplace 复用方式

　　inplace 复用的判断过程如下：如果层 2 支持 inplace 运算（inplace 运算是指每个输出数据可以直接覆盖输入数据而不影响下一个输出数据的计算），且只有一个输入，并且输入数据当前的引用计数为 1（意味着只有当前层在用），那么层 2 无须分配输出内存，直接引用输入内存即可。DNN 模块中所有按元素操作的层（elementwise layer），如 ReLU、Power 都属于这一类。

　　BlobManager::allocateBlobsForLayer() 函数中更一般的数据对象复用方法是基于引用计数的跨层复用，在 BlobManager::reuseOrCreate() 函数中实现。关键代码段：

```
         // 在 for 循环中遍历所有的已分配数据对象
851  for (hostIt=memHosts.begin(); hostIt !=memHosts.end();
         ++hostIt)
852  {
853      refIt=refCounter.find(hostIt->first);
854  // Use only blobs that had references before because if not,
855      // it might be used as output.
         // 856 行，如果引用计数为 0，则说明该数据对象已空闲，可以被复用
856      if (refIt !=refCounter.end() && refIt->second==0)
857      {
858          Mat& unusedBlob=hostIt->second;
             // 859～860 行找到符合要求的最小数据对象
859          if (unusedBlob.total() >=targetTotal &&
860              unusedBlob.total() < bestBlobTotal)
861          {
862              bestBlobPin=hostIt->first;
863              bestBlob=unusedBlob;
864              bestBlobTotal=unusedBlob.total();
865          }
866      }
867  }
```

　　图 2-7 形象地展示了复用算法：由于 DNN 运算是单线程顺序进行的，这意味着同一时刻只有一个层运算在进行。在层 3 进行运算时，层 1 和层 2 的运算已经结束，层 1 的输出（即层 2 的输入）不会再被用到，因此这块内存可供后续层使用。此例中，层 3 复用了层 1 的输出数据对象而无须自己分配。

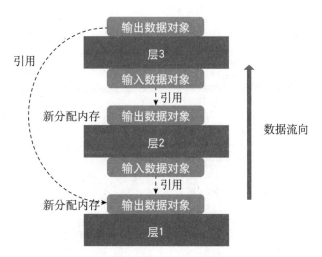

图 2-7　基于引用计数的数据对象复用

2.4.3　推理引擎重点层解释

　　在深度神经网络中，每一层对

应一个运算类型，多个层连在一起还可以进行合并优化。本节将介绍几个主要的运算类型：卷积、激活（如 ReLU）、池化和全连接。

1. 卷积运算

卷积是深度学习中最重要的奠基性操作之一，究其本质，其和传统数字图像处理中挖掘图像局部特征的算子一脉相承，就是一个过滤器（filter），也称作 kernel。kernel 本质上是一组参数值（也称为权重值），确定了这些参数值，就确定了卷积计算。在传统数字图像处理中，参数值一般是专家经过千锤百炼的尝试之后才找到的，而在卷积神经网络中，参数值则是基于样本数据进行有监督学习后，用机器学习的方法自动学习得到的。所以，接下来我们先从传统算子出发，探讨卷积的本质含义，再介绍卷积在深度学习中的发展。

不妨以 Sobel 算子为例，Sobel 算子包括水平方向和垂直方向，由于一个方向就可以说明问题，所以下面的 OpenCV 代码只用了 Sobel 算子水平方向的特性。

```c
#include <stdio.h>
#include <opencv2/opencv.hpp>
using namespace cv;
int main(int argc, char** argv)
{
    Mat image;
    image=imread(argv[1], IMREAD_GRAYSCALE);
    if ( !image.data )
    {
        printf("No image data \n");
        return -1;
    }

    imwrite("gray.bmp", image);
    imshow("original gray", image);

    Mat sobel;
    Sobel(image, sobel, CV_8U, 1, 0, 3, 1, 1, BORDER_REPLICATE);

    imwrite("sobel.bmp", sobel);
    imshow("sobel", sobel);

    waitKey(0);
    return 0;
}
```

其中，Sobel 的函数原型如下：

```c
void cv::Sobel(InputArray _src, OutputArray _dst, int ddepth, int dx, int
               dy,int ksize, double scale, double delta, int borderType )
```

在代码中，ksize=3 表示 kernel size 是 3×3，而 dx=0，dy=1 则表示使用水平方向的算

子，具体 kernel 数值如图 2-8a 所示；而如果 dx=1，dy=0，则对应的是竖直方向的算子，具
体 kernel 数值如图 2-8b 所示。

−1	0	1
−2	0	2
−1	0	1

a)

1	2	1
0	0	0
−1	−2	−1

b)

图 2-8　Sobel 算子的 3×3 kernel 的数值

另外，函数参数 scale=1，delta=1 表示对计算结果做 *1+1 的调整（这部分将在后面具
体介绍），而 borderType=BORDER_REPLICATE 则用于处理图像边界情况（这部分也会在
后面具体介绍）。

运行这个程序，以图 2-9 图片作为输入。

图 2-9　Sobel 函数输入图片

最终的输出如图 2-10 所示，可以看出，水平方向的边缘基本分辨出来了。

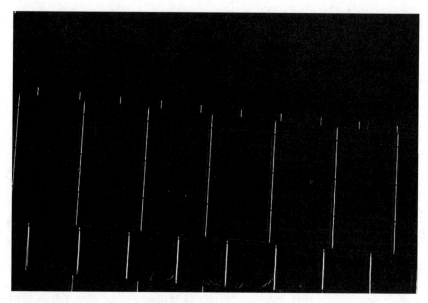

图 2-10　Sobel 函数输出图片

为了进一步理解 Sobel 水平算子背后发生了什么，我们设定特别的输入值，再查看相应的输出数值，以建立它们之间的联系。

代码一开始如下所示，主要包含头文件和 main 函数的开始。

```
#include <stdio.h>
#include <opencv2/opencv.hpp>
using namespace cv;
int main(int argc, char** argv)
{
    Mat image;
```

然后，以灰度形式读入图像数据：

```
image=imread(argv[1], IMREAD_GRAYSCALE);
if ( !image.data )
{
    printf("No image data \n");
    return -1;
}

for (int i=0; i < 4; ++i)
{
    image.at<uchar>(0,i)=i + i % 3 + 1;
    image.at<uchar>(1,i)=i * 5 + i % 2 + 2;
    image.at<uchar>(2,i)=i * 9 + i % 3;
    image.at<uchar>(3,i)=i * 17 + 7;
}
```

下面代码试着显示刚刚修改过左上角数值的灰度图：

```
imwrite("gray.bmp", image);
imshow("original gray", image);
```

接下来做 Sobel 处理，并且将处理前后图片的左上角数值输出：

```
Mat sobel;
Sobel(image, sobel, CV_8U, 1, 0, 3, 1, 1, BORDER_REPLICATE);

printf("input gray image top left corner:");
for (int j=0; j < 4; ++j)
{
    printf("%d %d %d %d\n", image.at<uchar>(j, 0), image.at<uchar>(j, 1),
            image.at<uchar>(j, 2), image.at<uchar>(j, 3));
}
printf("\nresult top left corner:");
for (int j=0; j < 3; ++j)
{
printf("%d %d %d\n", sobel.at<uchar>(j, 0), sobel.at<uchar>(j, 1),
        sobel.at<uchar>(j, 2));
}
```

下面把 Sobel 处理后的图像存储到 sobel.bmp，并且把图像显示出来。

```
    imwrite("sobel.bmp", sobel);
    imshow("sobel", sobel);

    waitKey(0);
    return 0;
}
```

运行上述程序，可以看到如下输出：

```
Input gray image top left corner:
1 3 5 4
2 8 12 18
0 10 20 27
7 24 41 58

result top left corner:
13 23 14
25 45 39
44 85 79
```

我们输出了作为 Sobel 算子输入的灰度图像的左上角 4×4 的 16 个像素值，如图 2-11 所示。

也输出了 Sobel 算子输出的灰度图像的左上角 3×3 的 9 个像素值，将这些数据整理排列后如图 2-12 所示。

　　因为我们这里设置的 Sobel 算子的 kernel size 为 3×3，所以输入图像中 3×3 个像素点，对应着输出图像中的 1 个像素点。例如，在输出图像坐标（1,1）处的值是 45，就是通过对输入图像左上角粗线矩形区域中的 3×3 像素，结合 Soble 算子水平方向的 3×3 kernel 数值的运算结果。

1	3	5	4	...
2	8	12	18	
0	10	20	27	
7	24	41	58	
...				

图 2-11　Sobel 函数输入数据

13	23	14	...
25	45	39	
44	85	79	
...			

图 2-12　Sobel 函数输出数据

1	3	5
2	8	12
0	10	20

*

−1	0	1
−2	0	2
−1	0	1

图 2-13　Sobel 函数运算过程

　　如图 2-13 所示，即 1×(−1)+3×0+5×1+2×(−2)+8×0+12×2+0×(−1)+10×0+20×1=44。从数学角度来看，可以认为此结果是两个矩阵相应元素相乘的和，此即卷积的最基本形式。再考虑代码中 Sobel 函数的参数，可得到最后结果：44*scale+delta=44×1+1=45。

　　将图 2-13 中的黑色粗线方框在输入图像中依次左、右、上、下逐像素滑动，针对每次滑动，都和算子的 kernel 数值做一次运算，其结果为输出图像中的一个像素值，滑动完成后可以得到输出图像的所有像素值。这里还需要考虑的是，输出图像边缘处的数值如何得到，因为此时粗线方框的一部分区域在图像之外，这部分在外区域用什么数值呢？这就是 borderType 的意义所在，其参数值决定了在外区域要填补的数值，然后正常运算即可。

回过头来，考虑 Soble 水平算子为什么可以检测到图中竖直的边界线呢。从图 2-13 的运算过程可以看出，假如某个像素左右两侧像素的灰度值相差越大，那么运算结果绝对值也越大；如果左右两侧像素的灰度值非常接近，那么运算结果就会接近于 0。在输出图片中，运算结果在 0 附近的以黑色呈现，而较大的数值在输出图中以灰白色呈现，自然地就构成了图中的白色边界线。

至此，我们已经明白了在传统数字图像处理中卷积的含义，如果用二维矩阵 P 来表示输入图像的像素值，用二维矩阵 Q 来表示输出图像的像素值，用二维矩阵 W 来表示算子的 kernel 参数，不考虑 Sobel 函数中额外的 scale 和 delta 值，用 $\otimes$ 来表示卷积过程，我们可以得到如下数学公式：

$$P\otimes W=Q \qquad\qquad (2\text{-}1)$$

其中，矩阵 P 和 Q 的行列数相同（为讨论简单，这里暂时只考虑相同的情况，不同的情况将在后面讲述），对应着输入图像和输出图像的尺寸，即输入图像和输出图像的尺寸是相同的。而 W 的行数和列数对应着卷积核，一般是远小于矩阵 P 的行数和列数，是一个小矩阵。一般来说，W 是一个方阵，所以其中的数值有 kernel_size * kernel_size 个。

在卷积神经网络中，W 不再由专家事先研究给出，而是通过机器学习的方法，通过大量的样本学习得到。毕竟，人类专家能够给出的 W 数量终究很少，而万事万物需要的 W 各不相同，需要大量的 W 以适用于不同的任务，现代机器学习方法较好地解决了这个问题，可根据具体的任务（数据集）学到最佳的 W，从而更好地获取图片特征，为深度学习打下最坚实的基础。

为什么可以从样本学到 W 呢？这里做一个最简单的思路介绍。一旦样本确定，其中的输入 P 和输出 Q 就变成了常量，W 成了要求解的未知量，loss fuction（损失函数）成为 W 的函数，不妨记为 $f(W)$，我们的目标就变成了求解方程 $f(W)=0$，这就可以用数值计算方法中的梯度下降法来求解了（在神经网络中的传统做法是 SGD，即随机梯度下降法）。如果 W 是一个标量，那么就是牛顿迭代法，每次迭代 w 都向导数的相反方向做一个变化。而对于多变量 W，每次迭代时，W 向梯度的相反方向做一个变化即可。当然，具体变化多大，涉及学习速率等训练时要考虑的超参数选择的问题。这也是深度神经网络学习所有模型参数的基本思想。

卷积层的输入图像并不限定于灰度图，也就是说，可能是具有红、绿、蓝三通道的彩色图片，那么，式（2-1）可以扩展为：

$$P_1\otimes W_1+P_2\otimes W_2+P_3\otimes W_3+b=Q \qquad\qquad (2\text{-}2)$$

其中，二维矩阵 P_1 对应红色分量，二维矩阵 P_2 对应绿色分量，二维矩阵 P_3 对应蓝色分量；而 3 个小矩阵 W_1、W_2 和 W_3 则分别对应红、绿、蓝 3 个分量进行卷积的 kernel 参数。

在式（2-2）中，符号 $\otimes$ 的意义和式（2-1）中的完全相同，前两个加号是矩阵间对应元素的相加，最后一个加号是矩阵中每个元素都加上一个标量 b。分别对每个通道分量进行卷积，然后将所有卷积结果矩阵的对应元素相加，最后为结果矩阵中的每个元素都加上标量 b，得到最终结果，这就是深度学习卷积层操作的最基本定义。

为什么需要增加偏差 b？是因为累加后数值可能会过大或者过小，通过增加偏差 b 使得数值回归，当使用 sigmoid 函数作为激活函数的时候，这么做有较大的作用。其思路和 Sobel 函数中的 delta 参数是一致的，在深度学习卷积层操作中，对应着 bias 的概念。随着多种不同激活函数的应用，有时候不再需要 bias。

式（2-2）还可以进一步地简单表示为

$$(\boldsymbol{P}_1,\ \boldsymbol{P}_2,\ \boldsymbol{P}_3)\otimes(\boldsymbol{W}_1,\ \boldsymbol{W}_2,\ \boldsymbol{W}_3,\ b)=\boldsymbol{Q} \qquad (2\text{-}3)$$

在深度学习中，将 $(\boldsymbol{W}_1,\ \boldsymbol{W}_2,\ \boldsymbol{W}_3,\ b)$ 称为一个滤波器（filter），其参数值一共有 kernel_size * kernel_size * 3 + 1 个，因为有 3 个 $\boldsymbol{W}_i$ 矩阵，每个 $\boldsymbol{W}_i$ 矩阵的行列都是 kernel_size。所以，式（2-3）还可以再进一步地简单表示为

$$(\boldsymbol{P}_1,\ \boldsymbol{P}_2,\ \boldsymbol{P}_3)\otimes\text{filter}=\boldsymbol{Q} \qquad (2\text{-}4)$$

式（2-4）可用图 2-14 所示示意图表示。

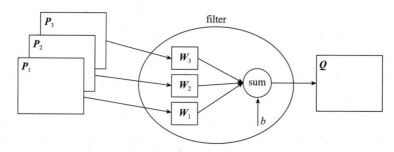

图 2-14　三通道卷积过程

在深度学习中，二维矩阵 $\boldsymbol{Q}$ 称为特征图（feature map），通过 filter 运算可以得到一张特征图，在解决实际问题时，一个 filter 远远不够，因此，需要支持多个 filter 以生成多个特征图，假如使用两个 filter，则可以用下面的数学公式来表示：

$$(\boldsymbol{P}_1,\ \boldsymbol{P}_2,\ \boldsymbol{P}_3)\otimes(\text{filter}_1,\ \text{filter}_2)=(\boldsymbol{Q}_1,\ \boldsymbol{Q}_2) \qquad (2\text{-}5)$$

展开表示为

$$(\boldsymbol{P}_1,\ \boldsymbol{P}_2,\ \boldsymbol{P}_3)\otimes\text{filter}_1=\boldsymbol{Q}_1 \qquad (2\text{-}6)$$

$$(\boldsymbol{P}_1,\ \boldsymbol{P}_2,\ \boldsymbol{P}_3)\otimes\text{filter}_2=\boldsymbol{Q}_2 \qquad (2\text{-}7)$$

实际上，卷积层的输出可以作为下个卷积层的输入，因此，卷积输入并不限于灰度这 1 个通道或者红、绿、蓝 3 个通道，完全可以是多个通道，所以，式（2-5）更完整的数学表达是

$$(P_1, P_2, \cdots, P_m) \otimes (\text{filter\_1, filter\_2}, \cdots, \text{filter\_}n) = (Q_1, Q_2, \cdots, Q_n) \qquad (2\text{-}8)$$

其中，作为机器学习目标的所有 filter 参数值的个数，和 P 矩阵的行列数目无关，也和 Q 矩阵的行列数目无关，其个数为 kernel_size * kernel_size * m * n + 需要 bias ? n : 0（其中，m 是矩阵 P 的个数，n 是矩阵 Q 的个数）。所以，在卷积层操作中，网络模型和输入图像的尺寸无关，即可以处理任意尺寸的图像。这就是很多深度学习算法无须为不同尺寸的输入图像提供不同网络模型的基础所在。

式（2-8）对应的卷积层运算示意图如图 2-15 所示。

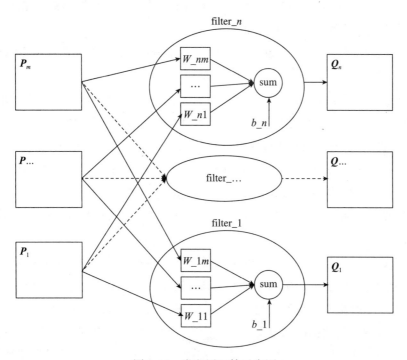

图 2-15　卷积层运算示意图

接下来讨论卷积层的可选设置，包括 stride、padding、dilation 和 data_format。了解后即可理解 keras.layers.Conv2D 中相关函数参数的意义。Keras 是一个被广泛使用的开源 Python 深度学习库，已被集成到 TenserFlow 中。keras.layers.Conv2D 原型如下：

```
keras.layers.Conv2D(filters, kernel_size,
                    strides=(1, 1), padding='valid',
                    data_format=None, dilation_rate=(1, 1),
```

```
activation=None, use_bias=True,
kernel_initializer='glorot_uniform',
bias_initializer='zeros', kernel_regularizer=None,
bias_regularizer=None, activity_regularizer=None,
kernel_constraint=None, bias_constraint=None)
```

之前提到，粗线方框逐像素地向上、下、左、右滑动，此时对应的 strides 为（1,1），如果粗线方框每次滑动时向右移动 2 像素，或者向下移动 3 像素，那么对应的 strides 就是（2,3）。之前还提到，当粗线方框在图像的边缘处滑动时，粗线方框的部分区域会落在图像之外。这种情况的处理由 padding 参数决定：如果 padding 参数是 same，那么落在图像之外的区域用 0 来填充；如果 padding 参数是 valid，那么直接忽略这种情况，即这种部分方框落在图像之外的情况，不产生卷积输出，此时输出矩阵 Q 的行列数就会小于输入矩阵 P 的行列数，也就是说，输出矩阵 Q 中每个元素的数值都来自输入矩阵的正常元素，而没有额外添加填充元素，即所谓的有效（valid）。

综合 stride 参数和 padding 参数，以及 filter 的 kernel_size，假如输入矩阵的行数为 size（列数也是相同的算法），则输出矩阵的行数如下。

- padding 参数是 same：ceil（size/stride），其中 ceil 为天花板函数，向上取整。只要存在像素没有被 stride 除尽，就可以通过补 0 达到卷积的尺寸，因此是向上取整。当 stride 为 1 时，输入矩阵的行数与输出矩阵的行数相同，这是 same 的含义所在。
- padding 参数是 valid：ceil（(size-kernel_size + 1) / stride），其中 ceil 为天花板函数，向上取整。因为 size 先行减去了（kernel_size-1），因此，只要存在像素没有被 stride 除尽，加回之前被减去的（kernel_size-1），就可以构成一个完整有效的卷积区域，因此，也是向上取整。

kernel_size 决定了输入矩阵中多少元素参与单个卷积过程。如果 kernel_size 过大，会导致 kernel 参数的个数过多，从训练角度来说，这增加了训练的复杂性，要求有更多的训练样本，而且，参数更多的模型的泛化能力往往相对较弱。如果 kernel_size 过小，则输入矩阵中参与单次卷积的数据区域范围过小，使得输出结果难以提取恰当特征，这可以由多个卷积层用 dilation 的概念来一起巧妙解决。如图 2-16a 所示，9 个元素值紧凑地排在一起，此时 dilation_rate 为 1；假如 dilation_rate 为 2，如图 2-16b 所示，可以将 filter 理解为 5×5 的尺寸，9 个元素值处于 "*" 号处，中间无 "*" 号的值可以理解为 0。

采用这个方法，在 filter 参数个数保持不变的情况下，更大范围的像素值被考虑被卷积，即拥有了更大的感受野（在卷积输出矩阵中，任意一个元素的值，和原始输入图像的哪个区域的像素值相关，这个区域即称为感受野）。

最后，我们看一下卷积层的输入 / 输出数据在内存的布局，在 Caffe 中，默认布局是

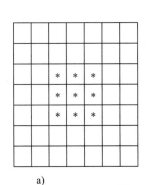
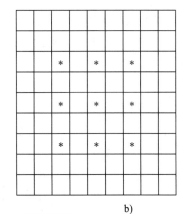

图 2-16　dilation_rate 作用示意

<N, C, H, W>，而在 TensorFlow 中，默认布局是 <N, H, W, C>。其中，N 是 number，在推理时候不考虑并行加快速度的时候，一般用 1；H 是 height，W 是 width，对应式（2-8）中矩阵 P_i 和 Q_j 的行数和列数；C 是 channel，即矩阵 P_i 和 Q_j 的个数。举例来说，要表示 4 张 1920×1080 的彩色（红、绿、蓝）图像，则 N=4，H=1080，W=1920，C=3。内存数据本质上是依次排列的一维数组，第一个数据对应着（N=0, H=0, W=0, C=0）的数值，那第二个数据呢？在 <N, H, W, C> 布局下，第二个数据对应着（N=0, H=0, W=0, C=1）的数值，就相当于彩色图像中每个像素的颜色三通道的数据是依次放在一起的；而在 <N, C, H, W> 布局下，第二个数据对应着（N=0, C=0, H=0, W=1）的数值，就相当于我们将彩色图像的 R、G、B 3 个通道分拆，先存储该图像的 R 通道的全部数据，再存放 G 通道的全部数据，然后存放 B 通道的所有数据。所以，data format 的取值可能是 channels_last（即 NHWC）或者 channels_first（即 NCHW），对应着 channel 在数据结构中的不同位置。

卷积在深度学习中有很多变形，其中一个很重要的变形是深度可分离卷积（depthwise separable convolution），即将一个完整的卷积运算分解为两步进行，即 Depthwise Convolution 与 Pointwise Convolution。Depthwise Convolution 的一个卷积核负责一个通道，一个通道只被一个卷积核卷积，如图 2-17 所示。Depthwise Convolution 完成后的特征图数量与输入层的通道数相同，无法扩展特征图。另外，这种运算对输入层的每个通道独立进行卷积运算，没有有效地利用不同通道在相同空间位置上的特征信息，因此需要 Pointwise Convolution 来将这些特征图进行组合以生成新的特征图。

Pointwise Convolution 运算与常规卷积运算非常相似，它的卷积核尺寸为 1×1×m，其中 m 为上一层的通道数。所以这里的卷积运算会将上一步的特征图在深度方向上进行加权组合，生成新的特征图，有几个 filter 就有几个输出特征图。如图 2-18 所示，其中 W_{ij} 是一个标量，表示 kernel size 是 1×1。

　　卷积层在深度学习中还有更多的变形，在此不展开叙述。

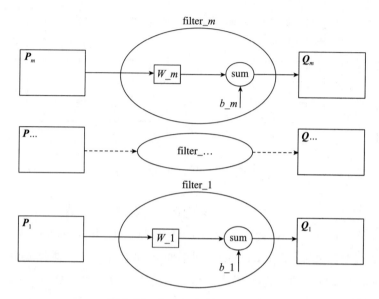

图 2-17　Depthwise Convolution

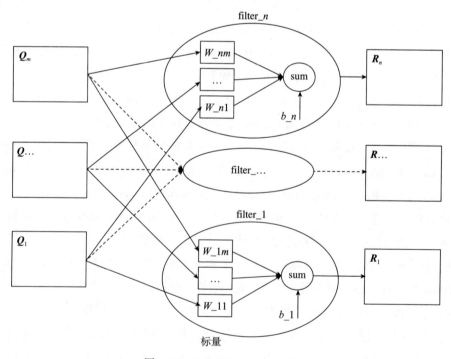

图 2-18　Pointwise Convolution

2. 激活运算

激活函数用于对卷积运算之后的特征值进行非线性运算，常见的激活函数有 sigmoid 和 ReLU 等。

在神经网络的雏形——感知器出来的时候，受真实人脑的神经元研究的影响，一个神经元接受和它的输入相连的神经元的信号，如果此信号超过阈值，则该神经元处于激活状态，继续向和它的输出相连的神经元传递信号，否则处于非激活状态。所以，感知器的激活函数是 0-1 的阶跃函数，或者输出 1 表示被激活状态，或者输出 0 表示非激活状态。但是，阶跃函数的数学性质不好，难以使用梯度下降算法进行机器学习。所以，阶跃函数被光滑化为 sigmoid 函数（见图 2-19），同时产生了诸如 tanh 函数等变种。但是从图 2-19 可以看出，当 x 值较大（正数）或者较小（负数）时，其导数值趋于 0，在梯度下降算法中体现为梯度消失问题，使得对参数的学习没有效果，因为梯度为 0，那么参数也就无从改变了。所以，现在 ReLU 激活函数的应用开始广泛起来。

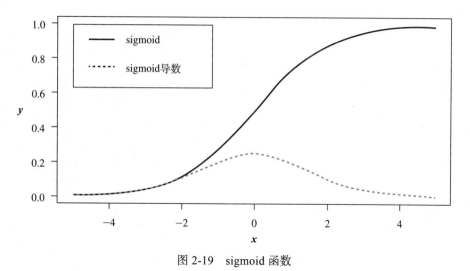

图 2-19　sigmoid 函数

ReLU 公式是 **Output**=Max（zero，**Input**）。如果特征值大于 0 则被激活，否则特征值归 0。如图 2-20 所示，左边是卷积结果，右边是经过激活函数 ReLU 之后的特征值。

15	20	-10	35
18	-110	25	100
20	-15	25	-10
101	75	18	23

15	20	0	35
18	0	25	100
20	0	25	0
101	75	18	23

图 2-20　ReLU 运算

3. 池化运算

在通过卷积运算取得特征图之后，池化运算将特征图按照局部区域进行聚合，从而得到更小的特征图。更小的特征图意味着后续更少的计算量。池化根据聚合方式不同分为最大值池化（max pooling）和平均值池化（average pooling）。如图 2-21 所示，特征图局部区域大小为 2×2，即每个 2×2 区域聚合成一个输出值，因此 4×4 大小的输入特征图被池化之后得到 2×2 的特征值。最大值池化取 4 个值中最大的一个作为输出值，平均值池化取 4 个值的平均值作为输出值。

4. 全连接运算

全连接运算将前一层输出的所有值进行加权和运算得到一个输出值（卷积运算是对前一层输出的局部区域的值进行加权和运算）。如图 2-22 所示，左边列是前一层的特征值，右边列是全连接运算结果。全连接一般用做神经网络的最后一层，每个输出值对应某个分类的置信值。

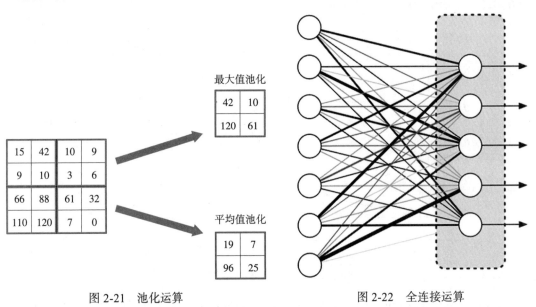

图 2-21　池化运算　　　　　　　　　　图 2-22　全连接运算

数学上，我们还可以将全连接层看作一种特殊的且 bias 为 0 的卷积层。如果全连接层的上一层是卷积层，则不妨假设卷积层输出为 a 个 $e×f$ 的特征图，而全连接层一共有 b 个神经元，那么就有 b 个 filter，每个 filter 的 kernel size 为 $e×f$，用式（2-8）可以表示为

$$(\boldsymbol{P}_1,\ \boldsymbol{P}_2,\ ...,\ \boldsymbol{P}_a)\otimes(\text{filter\_1},\ \text{filter\_2},\ \cdots,\ \text{filter\_b})=(\boldsymbol{Q}_1,\ \boldsymbol{Q}_2,\ \cdots,\ \boldsymbol{Q}_b)$$

且

$$\text{filter\_}i=(\boldsymbol{W}\_i1,\ \boldsymbol{W}\_i2,\ \cdots,\ \boldsymbol{W}\_ia)$$

其中，$\boldsymbol{P}_j$ 的行列数分别为 e 和 f；$\boldsymbol{W}\_ij$ 的行列数分别为 e 和 f；$\boldsymbol{Q}_i$ 的行列数都为 1，是一个标

量。该运算过程可以用图 2-23 来直观表示。

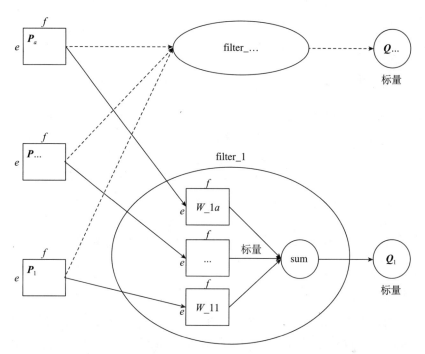

图 2-23　前一层为卷积层的全连接层的卷积角度示意图

　　如果此全连接层的上一层也是全连接层，假设上一全连接层有 a 个神经元，本全连接层有 b 个神经元。如果将上一层的输出看成 a 个 1×1 的特征图，那么这种情况就和上一种情况相同。如果将上一层的输出看成 1 个 $a\times1$ 的特征图，那么用式（2-8）可以表示为

$$(\boldsymbol{P})\otimes(\text{filter\_1}，\text{filter\_2}，\cdots，\text{filter\_}b)=(Q_1，Q_2，\cdots，Q_b)$$

且

$$\text{filter\_}i=(W\_i)$$

　　其中，$\boldsymbol{P}$ 是 a 行 1 列的二维矩阵，即列向量；W_i 是长度为 a 的列向量；Q_i 是一个标量。该运算过程可以用图 2-24 来直观表示。

　　实际上，不少的计算操作都可以从卷积角度来实现，因此当我们设计出新的模型算法后，并不一定需要马上定制一个新层，有时候可以借用已有的卷积层来实现，如注意力图卷积的实现。

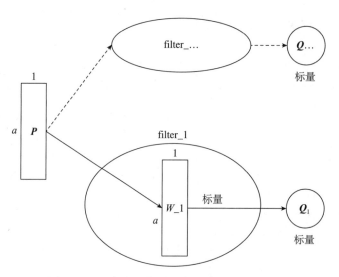

图 2-24 两个全连接层相接的卷积角度示意图

2.4.4 层的合并优化

深度学习由多个不同的层组成，这些层前后相连，进行一层接一层的运算。那么，很自然的想法就是把不同的层融合起来，根据算法的理论依据进行合并，这样既可以达到更好的执行效率，也不会有数学上的遗漏。层合并（layer fusion）就是一种将若干层合并成一层从而减少网络运算步骤的优化方法。在 OpenCV 源代码中，文件 modules\dnn\src\dnn.cpp 中第 1938 行开始的 fuseLayers 函数完成这项优化工作，主要有以下 3 种类型。

1. BatchNormalization 层的合并优化

当出现连续的卷积层、批归一化（BatchNormalization）层、比例（scale）层和激活函数层的时候，可以将这 4 层合并到一个卷积层中，这种网络子结构随着批归一化层（Batch Normalization，BN）的提出而出现，常见于 ResNet 类网络。

批归一化层希望解决输入数据的分布变化，因为当机器学习通过样本数据进行有监督学习时，学到的参数除了和模型本身相关外，还与样本数据本身的分布有关。所以，假如样本数据的分布不停发生变化，则训练会非常困难，这种情况发生在神经网络中的每一个隐含层，因为每调整一次参数，隐含层的输入数据的分布都会因为前一层网络参数的变化而变化，这称为 Internal Covariate Shift，也是批归一化层希望解决的问题。实际上，批归一化层还无法从理论上来完美解释是如何解决这个问题的，只是将输入数据归一化到正态分布 $N(0,1)$，数学公式如下所示：

$$\hat{x} = \frac{x - E[x]}{\sqrt{\text{Var}[x] + \varepsilon}}$$

其中，ε 可以近似当作 0 看待

　　另外，考虑到这样的归一化可能是不恰当的，在某些情况下不利于参数的学习，因此，批归一化层又增加了数据的缩放平移功能，可以将数据还原恢复到归一化之前的输入，当然，通过训练学习得到的缩放平移参数，也可能会将数据缩放平移到另外一种更加合适的分布。在训练时，对每个 batch 的所有数据进行归一化，也就是说，公式中的均值 E 和方差 Var 是基于 batch 数据得到的，这也是批归一化层名称中 batch 的来源；而在推理时，则根据所有的训练数据进行归一化，也就是说，此时公式中的均值和方差是来自所有样本数据的无偏估计。在 OpenCV DNN 中，对应着 Btach Normalization 层和比例层，在推理阶段，这些层的参数都是常数。未经合并的各层数据的处理过程如图 2-25 的左半部分所示。

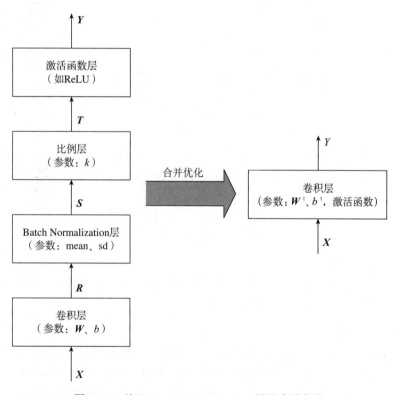

图 2-25　基于 Batch Normalization 层的合并优化

　　输入数据是 X，经过卷积层后的数据用 R 表示，这里的卷积层是指纯粹的卷积，不包括激活函数，OpenCV DNN 模块加载模型文件后，就会得到这样的卷积层。所以，对于 R 中的每一个元素 r，它是来自 X 中部分数据的加权和，具体是哪部分的数据，是由卷积层的参数（诸如 kernel size 等）决定的，这里简单地用 $f(X)$ 表示，并且，在数学上，假设 $f(X)$ 是一个行向量，卷积层参数 W 是一个列向量，卷积层参数 b 是一个标量，那么 r 可以表示为

$$r=f(\boldsymbol{X}) \cdot \boldsymbol{W}+b$$

经过 Batch Normalization 层，输出数据为 $\boldsymbol{S}$，其每一个元素 s 可以表示为

$$s=(r-\text{mean}) / \text{sd}$$

其中，mean 和 sd 是样本的均值和标准差。

在经过比例层，输出数据为 $\boldsymbol{T}$，其每个元素 t 可表示为

$$t=ks$$

最后经过激活函数层输出的数据为 $\boldsymbol{Y}$，其每个元素 y 可以表示为

$$y=\text{activation}(t)$$

综上所述，可以得到 y 和 $f(\boldsymbol{X})$ 之间的关系为

$$y=\text{activation}(k \cdot (f(\boldsymbol{X}) \cdot \boldsymbol{W}+b-\text{mean}) / \text{sd})$$
$$=\text{activation}(f(\boldsymbol{X}) \cdot (k/\text{sd}) \cdot \boldsymbol{W}+k \cdot (b-\text{mean}) / \text{sd})$$

所以，令

$$\boldsymbol{W}'=(k/\text{sd}) \cdot \boldsymbol{W} \qquad \text{表示 } \boldsymbol{W} \text{ 中每个元素都乘以 } k/\text{sd}$$
$$b'=k \cdot (b-\text{mean})/\text{sd} \qquad \text{式中的每个符号都是标量}$$

就可以得到一个新的卷积层，即

$$y=\text{activation}(f(\boldsymbol{X}) \cdot \boldsymbol{W}' + b')$$

也就是图 2-25 右半部分所示。

所以，通过事先调整卷积层的 $\boldsymbol{W}$ 和 b 参数，可以实现将连续的卷积层、批归一化层、比例层和激活函数层合并到一个卷积层的效果。

2. Elewise 层的合并优化

多个卷积层通过 Elewise 层相加的结构，可以合并优化为两个卷积层，如图 2-26 所示，这种网络子结构常见于 ResNet 类网络。

在图 2-26 上部分的原始计算过程中，$\boldsymbol{X}_1$ 和 $\boldsymbol{X}_2$ 分别经过不包括激活函数的卷积层，得到 $\boldsymbol{Z}_1$ 和 $\boldsymbol{Z}_2$，然后 $\boldsymbol{Z}_1$ 和 $\boldsymbol{Z}_2$ 的相应元素相加，得到 $\boldsymbol{Z}$，再经过激活函数层，得到最终结果 $\boldsymbol{Y}$，这个计算过程一共涉及 4 个层。经过合并优化后，对 $\boldsymbol{X}_2$ 卷积得到 $\boldsymbol{Z}_2$ 保持不变，同时，原来的卷积层 1 进行了扩展，不再是标准的卷积层，而是扩展了一个输入，用来接受 $\boldsymbol{Z}_2$，而且将最后的激活函数层也吸收合并进来，从而构成了卷积层 1 扩展，这样，整个计算过程只涉及两个层即可。

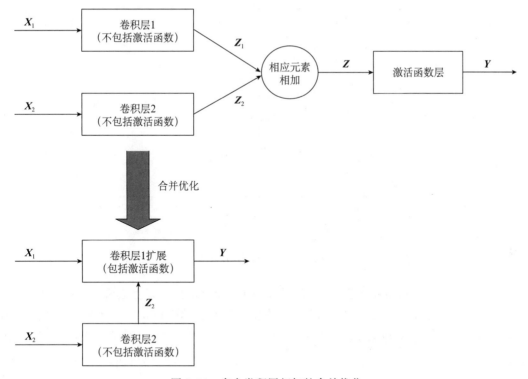

图 2-26　多个卷积层相加的合并优化

3. Concat 层的合并优化

对于多个层通过 Concat 层进行连接的情况（基于第一维度的连接），在用 OpenCL 作为后端的时候，可以将 Concat 层从网络中剔除，直接将前面的多个层（如图 2-27 中的层 1、层 2 和层 3）的输出写到后续层（如图 2-27 中的层 4）的输入上。这种网络结构常见于 MobileNet 网络。

如图 2-27 所示，Concat 层的输入是 Z_1、Z_2 和 Z_3，输出则是 Z，这意味着这时候有 4 块内存空间，分别存储着 Z_1、Z_2、Z_3 和 Z，如图 2-28 所示。

Concat 层要做的事情就是将 Z_1、Z_2 和 Z_3 复制到 Z 对应的内存空间的合适区域。显然，这里有两个问题，一是内存空间消耗，二是复制动作影响性能。

能否只分配一片对应 Z 的内存空间，然后层 1、层 2 和层 3 直接写到相应的内存位置呢？

如果以 CPU 为后端，那么改动比较大，需要这些层知道这些信息，才能写入相应的位置。如果以 OpenCL 为后端，借用 sub buffer 的概念，就可以使这些信息对所有层都是透明的，所有层的实现还是如常进行。

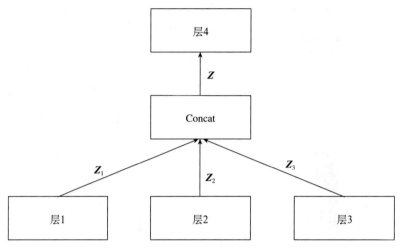

图 2-27　Concat 层示意图

在以 OpenCL 为后端的实现中，首选调用 clCreateBuffer 为 Z 生成所需要的 buf，然后调用 clCreateSubBuffer 在 buf 的基础上，依次生成 buf1、buf2 和 buf3，分别作为 Z_1、Z_2 和 Z_3 的存储空间。而根据 OpenCL 的特性，buf1、buf2、buf3 是与 buf 共享存储的，如图 2-29 所示。

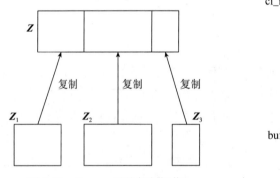

图 2-28　Concat 层的复制操作

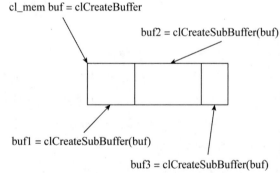

图 2-29　基于 clCreateSubBuffer 的合并优化

因此，这种方法既节约了存储空间，也避免了复制操作，从而提高了性能。而对于层 1、层 2、层 3 和层 4 来说，其输入 / 输出数据的存储空间都是由 cl_mem 来封装的，而 buf、buf1、buf2 和 buf3 都是 cl_mem 类型，因此对这些层的实现来说并无区别，无须特殊处理、特别对待。

2.5　引擎加速层

网络的计算性能至关重要，DNN 模块通过引擎加速层来充分利用各种运算设备的加速能力。具体来说，DNN 模块定义了 Backend（后续行文中称为加速后端）和 Target（后续行文中称为目标设备）来管理不同的加速方式。本节主要讲解 DNN 模块中都有哪些加速后端和目标设备、它们之间的组合关系，以及如何选择加速方式。第 4 章、第 5 章和第 6 章将详细讲解各种加速方式的运行环境的搭建和实现细节。

2.5.1　深度学习模块支持的运算目标设备

深度神经网络模型的部署环境多种多样，涉及的运算目标设备种类繁多，DNN 模块充分考虑了这种多样性，支持多种运算设备。DNN 模块中的 Target 枚举类给出了它所支持的运算设备类型，定义如下：

```
// Target 表示算法的运行设备
enum Target
{
    DNN_TARGET_CPU,          // CPU 设备
    DNN_TARGET_OPENCL,       // 数据类型为 fp32（32 位浮点）的 OpenCL 设备
    DNN_TARGET_OPENCL_FP16,  // 数据类型为 fp16（16 位浮点）的 OpenCL 设备
    DNN_TARGET_MYRIAD,       // VPU（Vision Processing Unit）设备
    DNN_TARGET_VULKAN,       // Vulkan 设备
    DNN_TARGET_FPGA          // FPGA 设备
};
```

各种目标设备类型对应到市场上的实际产品，大致可分为云端设备（Cloud）、边缘端设备（Edge）和终端设备（Devices），如图 2-30 所示。

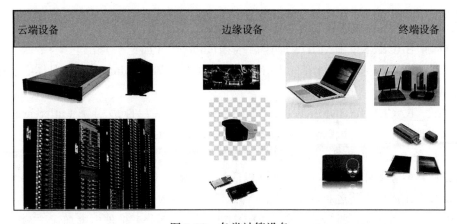

图 2-30　各类计算设备

在云端，以 Intel 2019 年 9 月在市场上的产品为例，CPU 设备方面包括 Xeon 的 E3、E5、E7、Scalable Processor（如 Gold 6148、Platinum 8180）、第二代 Xeon Scalable Processors（如 Gold 6268、Platinum8280）等，它们对应的 Target 类型是 DNN_TARGET_

CPU。由于 FPGA 在灵活性、性价比方面的优势，用 FPGA 设备搭建云端推理服务也是一种常见的方案，对应的目标设备类型是 DNN_TARGET_FPGA。在边缘端，既可以选用云端处理器产品，也可以选择性能较强的桌面版 Core 处理器，如 i7 和 i9。在终端，常用的计算设备是移动级 CPU。针对深度学习推理任务，一些系统会选择使用协处理器来加速推理运算，如大疆无人机采用的 Movidius VPU。VPU 对应的 Target 类型为 DNN_TARGET_MYRIAD。GPU 设备则存在于云端到终端的各种计算场景，通过 OpenCL 和 Vulkan 提供加速能力，对应的 Target 类型是 DNN_TARGET_OPENCL、DNN_TARGET_OPENCL_FP16 和 DNN_TARGET_OPENCL_VULKAN。

2.5.2　深度学习模块支持的加速后端

除了目标设备类型之外，为了更好地组织各种加速体系和方法，DNN 模块还定义了加速后端类型，这也是一种枚举类型，其定义如下：

```
// Backend 对应一种加速体系或方法
enum Backend
{
    DNN_BACKEND_DEFAULT, // 默认后端，即 DNN_BACKEND_INFERENCE_ENGINE
    DNN_BACKEND_HALIDE,  // 基于 Halide 语言的加速后端
    DNN_BACKEND_INFERENCE_ENGINE, // 基于 Intel 推理引擎的加速后端
    DNN_BACKEND_OPENCV, // OpenCV 自带的加速后端
    DNN_BACKEND_VKCOM
    // 基于 vkcom 库的加速后端。vkcom 库是一个使用 Vulkan 技术的深度学习加速库
};
```

下面逐一讲解各种加速后端的类型。

1）DNN_BACKEND_HALIDE 加速后端：Halide 语言加速后端。它提供了一种通过 Halide 语言对 DNN 模块推理计算的支持。我们将在 6.2 节对 Halide 后端的具体实现进行详细讲解。

2）DNN_BACKEND_INFERENCE_ENGINE 加速后端：推理引擎（inference engine）加速后端，使用 Intel 公司发布的 OpenVINO 软件库来加速。OpenVINO 提供了一整套在 Intel 计算设备上完成深度学习推理计算的解决方案，它支持 Intel CPU、GPU、FPGA 和 Movidius 计算棒等多种设备。OpenVINO 包括模型优化器（model optimizer）和推理引擎两部分。模型优化器负责将各种格式的深度神经网络模型转换成统一的自定义格式，并在转换过程中进行模型优化。推理引擎是专门做推理运算的部分。推理引擎加速后端用到的是 OpenVINO 中的推理引擎部分。推理引擎加速后端的详细讲解参见 6.3 节。

3）DNN_BACKEND_OPENCV 加速后端：OpenCV 原生加速后端。这是 DNN 模块自带的加速实现，不依赖第三方加速库，可以做到开盒即用（out-of-box）。它支持 CPU 和 GPU 上的加速。CPU 加速实现参见 6.1 节，GPU 加速参见第 5 章。

4）DNN_BACKEND_VKCOM 加速后端：2018 年 11 月发布的 OpenCV 4.0 正式版包含的一个新的后端类型，该后端由本书作者吴至文贡献。VKCOM 是 Vulkan Compute Library 的缩写，它使用 Vulkan compute shader 来对 DNN 的运算进行 GPU 加速。相关的代码位于 OpenCV 主仓库[⊖]。该后端的具体实现参见第 4 章。

5）DNN_BACKEND_DEFAULT 加速后端：系统默认加速后端，OpenCV 4.1 中系统默认的加速后端是 Intel 推理引擎后端。

2.5.3　加速方式的选择

加速后端和目标设备的不同组合对应了不同的加速方式。DNN 模块支持的组合形式如表 2-2 所示。

表 2-2　DNN 模块支持的组合形式

加速后端 ＼ 目标设备	CPU	OPENCL	OPENCL_FP16	MYRIAD	VULKAN	FPGA
OPENCV	√（1）	√（2）	√	×	×	×
HALIDE	√	√	×	×	×	×
INFERENCE_ENGINE	√（3）	√（4）	√	√（5）	×	√（6）
VKCOM	×	×	×	×	√（7）	×

注：√表示存在这种组合，×表示不存在这种组合。

从表 2-2 可看到，DNN 模块提供了丰富的加速方式，使用者可以根据自己的具体运行环境选择合适的加速路径。这里我们给出一些建议，如表 2-3 所示。

表 2-3　加速方式选择建议

适用场景	表 2-2 中的组合号
性能要求一般的原型开发、快速验证	（1）
有一定性能要求，设备带有 Intel 集成显卡，希望分担 CPU 的运行负载，却不想引入过多的第三方依赖	（2）
性能要求高，希望利用最新的 Intel CPU 硬件特性	（3）
性能要求高，设备带有 Intel 集成显卡，希望分担 CPU 的运行负载	（4）
任务确定（如只做对象识别、人脸比对等），CPU 较弱，需要控制成本	（5）
低延时，高性能，有 Intel FPGA 设备	（6）
对 Vulkan 加速深度学习任务有兴趣的研究者	（7）

⊖　参见 https://github.com/opencv/opencv/tree/4.1.0/modules/dnn/src/vkcom。

2.6　本章小结

本章介绍了 DNN 模块的整体架构，包括语言绑定、测试、模块接口、DNN 引擎及加速框架。其中，语言绑定提供了应用开发的便利性。测试部分为有兴趣参与 DNN 模块开发的读者编写测试用例提供帮助。模块接口帮助读者从使用者角度了解 DNN 模块。DNN 引擎部分则展示了一个推理引擎需要考虑哪些实现细节，可以有哪些优化手段，这部分知识比较通用，对深度学习推理引擎的理解很有帮助。加速框架展示了 DNN 模块所具有的多种加速能力，可以适应多种多样的部署环境。读完本章，读者可以对 DNN 模块的整体工作机制有比较清晰的认识。

第 3 章

并行计算与 GPU 架构

深度学习模型的训练和推理需要大量的算力支持，而以 GPU 为代表的并行计算则提供了强大的计算能力。深度学习和并行计算相辅相成，相互促进，最终达到了深度学习当前的繁荣局面。虽然现在出现了很多用于深度学习的专用硬件，但是基于 GPU 的 Vulkan 和 OpenCL 等业界标准在深度学习中还是扮演着极其重要的角色，为深度学习提供着强大的算力支持。

所以，本章首先将简要介绍并行计算的发展和基本概念，然后介绍 Intel GPU 的计算架构，以及在深度学习的加速实现中比较常用的 cl_intel_subgroups 在 Intel GPU 上的参考实现。

3.1 并行计算浅谈

早期的计算机系统，任务只能依次串行执行。随着计算机技术的发展，操作系统开始引入进程和线程的概念，此时，虽然任务在 CPU 上还是按时间顺序串行执行的，从用户角度来说，任务已经可以被并发地处理。所以，提高 CPU 性能的一个非常重要的方法就是提高处理器的时钟频率，只要频率能大幅增加，处理器在单位时间内就可以执行更多的指令，从而处理器性能就自然而然地大幅度提高了，但是，随着物理极限的临近，这种方法开始受到限制。另一个方法是指令的多段流水线执行，通过将一条指令的执行过程拆分成多个阶段，如取指、译码、执行、访存和写回阶段，从而实现同时执行多个指令的不同阶段的并行效果，但是，由于指令间的依赖关系，以及条件分支等指令的存在，不可能通过无限制地拆分流水线来提高性能。于是，为了持续地提高计算能力，诸如超线程、多核处理器和向量化指令等支持并行计算的更多技术逐渐发展起来了。

大致来说，所谓并行计算，就是将一个任务拆成多个子任务，然后这些子任务可以在同一时刻被计算执行。一个典型的例子就是 GPU 中 3D 图像的顶点着色（vertex shader）和片段着色（fragment shader）。在顶点着色中，每个顶点被独立地计算处理；而在片段着色中，每个像素也是相互独立的，可以同时计算处理。所以，GPU 自从引入了可编程模块后，就自然地支持了并行计算。因此，GPU 一开始就成为深度学习模型训练的首选硬件平台。

并行计算大致可以分成以下几类。

1. 分布式并行

任务分解后，通过网络将子任务分配给多台计算机同时执行。例如，寻找梅森素数（MersennePrimes）[一]就是一个这样的例子。假设 p 是一个素数，记 $Mp=2^p-1$，如果 Mp 也是一个素数，则称其为梅森素数。很多数学家都投身于梅森素数的寻找中，为了在互联网时代更好地寻找更多的梅森素数，提出了 GIMPS（Great Internet Mersenne Prime Search，梅森素数互联网大搜索）计划。只要进入 GIMPS 网站，下载 Prime 95 软件包，解压后在自己机器上运行，就可以贡献一份个人的力量。每台机器都会被分配不同的 Mp 数值，全球参与计划的机器以数据并行的方式进行分布式合作，以完成搜索目标。

2. 多处理器并行

一台机器可能存在多个处理器。例如，一台服务器可能有多个 CPU Socket，可以插入多个 CPU 处理器；也可能是一台机器存在 CPU、GPU、FPGA 和 DSP 等多种处理器，任务被分配到这些不同类型的处理器上同步进行。这种基于不同类型处理器的并行计算称为异构并行计算。

OpenCL 是一个针对异构计算而提出的通用计算 API，支持不同类型的计算设备，向上层软件开发者提供可移植的高效接口。OpenCL 用平台（platform）的概念来表示这样的一台机器系统，包括 host 设备和若干计算设备。host 设备可以理解为正运行着操作系统的 CPU，可用于分配任务；而计算设备则包括 CPU、GPU 和 DSP 等计算资源。OpenCL 用 DeviceID 来抽象表示这些计算设备，而用 device_type 来表示设备的类型。为了从 host 端将任务传送到计算设备中，OpenCL 为 DeviceID 抽象了命令队列（command queue）的概念，这样，任务命令可以被 host 发到这个队列中，而计算设备则从队列中获取命令再执行。为了多个命令在 API 层的同步，OpenCL 还提出了事件（event）的概念。针对最重要的计算命令，OpenCL 用 OpenCL 核函数（kernel）和 OpenCL 程序（program）进行抽象，kernel 会被发送到命令队列中，再被相应的计算设备执行。最后，计算设备要访问的存储空间被抽象为 Buffer（缓存区对象）和 Image（图像对象），并用 Sampler（采样器）对 Image 进行采样。

目前，一个 OpenCL 实现（即硬件设备加上配套的 OpenCL 软件驱动程序，包括 OpenCL kernel 编译器等）往往只支持一种计算设备，即使系统中存在多个不同类型的计算

〇 参见 https://www.mersenne.org/。

设备。一个可能的解决方法是，在 platform 层加载各种计算设备的 OpenCL 接口，而且，每个计算设备都汇报自己的计算能力，使得用户可以将任务分解并将其分配到最合适的计算设备上，从而最有效地利用整个系统的计算能力。

3. 多核并行

多核一般是针对 CPU 而言的，在服务器上比较常见，如一个 CPU 可能有多个逻辑核心。只有在多 CPU 多核的前提下，进程（线程）才能真正地并行执行，因为不同的线程可以被分配在不同的核上，每个线程可以独占一个 CPU 核。一般来说，每个线程应该尽量被分配在一个 CPU 核上不再切换，如果发生切换，则会影响性能。在 Linux 中，可以用 taskset 命令将某个进程绑定到某个 CPU 核上，也可以在代码中用 setaffinity 系列函数将进程或线程绑定到某个 CPU 核上。第 6 章会有更多关于多线程和 CPU 指令的介绍。

在多核环境下，如果程序性能不佳，则首先要检查所有 CPU 核的使用情况，可以用第 7 章介绍的 top 和 VTune 等工具查看是否所有 CPU 核都已被有效地利用上了。

4. 指令级并行

指令级并行发生在处理器核的内部。指令有多种类型，如访存指令、计算指令和分支指令。在 Intel GPU 中，这些指令是由物理上不同的指令部件实现的，这样，多个不同类型的指令就可以并行执行。对于同一类型的指令，还可以用流水线技术，将指令的完成过程分解为多个阶段，以实现同时执行多个指令的效果。另外一个重要做法，是指令的向量化，即用一条指令来处理多个数据，即用 SIMD（Single Instruction Multiple Data，单指令多数据）的方法来达到并行的效果。

一个 SIMD 部件的简单示意如图 3-1 所示，这里展示的是 SIMD-8，即 SIMD 部件可以同时处理 8 路数据。在图 3-1 中，正在执行的指令是 "add c,a,b"，这是一条单指令，a、b 和 c 是操作数（这里省略了数据类型），在实际指令中可能分别对应着一个长度为 256bit 的寄存器（256bit 可以保存 8 个 float 型数值），为了描述简单，不妨将它们分别看作一个长度为 8 的数组。SIMD 部件在执行这条指令时，会对数组中的所有元素（多数据）同时做加法操作。所以，长度为 8 的两个数组对应元素相加再存入第三个数组相应位置，

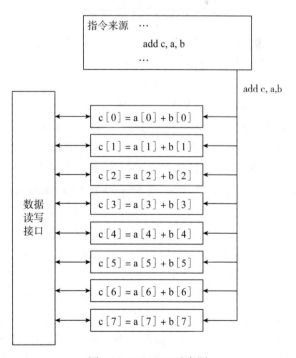

图 3-1　SIMD-8 示意图

用一条 SIMD-8 的加法指令，就可以并行地完成了。要用好 SIMD 指令，就需要准备好向量化的操作数，而如何构成这样的操作数，到底是用户在写代码的时候就要准备好，然后编译器进行协助，还是用户无须关注，完全由编译器来完成，这涉及 AOS（Array Of Struct，结构体数组）和 SOA（Struct Of Array，数组结构体）这两种不同的思路，此部分内容将在后面详细介绍。

3.2　Intel GPU 架构及其在并行计算中的应用

本节将介绍 Intel GPU 硬件的计算架构及其在并行计算中的应用，中间会穿插介绍 OpenCL 的实现手段和优化建议。希望读者有一定的 OpenCL 基础，可以先看一下 5.1 节，了解工作项（work item）和工作组（work group）的概念，知道共享本地存储（shared local memory）、全局存储（global memory）和私有存储（private memory）等概念。

我们首先介绍 Intel GPU 计算架构，然后介绍 AOS 和 SOA 这两种不同内存布局下的并行计算思路，解释 OpenCL 是如何在 Intel GPU 上以 SOA 方式实现的，并简要分析其特点；最后，在上述知识的基础上，介绍机器学习中很常用的 OpenCL 扩展 subgroup 在 Intel GPU 上是如何实现的，以帮助读者更好地理解 GPU 的工作过程，有助于理解基于 OpenCL 的 OpenCV 深度学习模块的加速实现。

3.2.1　Intel GPU 的计算架构

从 20 世纪的 3D 加速卡开始，显卡芯片经过了爆炸性发展，NVIDIA 公司将芯片命名为 GPU（Graphics Processor Unit，图形处理单元），而 ATI 公司（后被 AMD 公司收购，拉开了将 CPU 和 GPU 集成到一个芯片的序幕）则将芯片命名为视觉处理单元（Visual Processor Unit，VPU），最终 GPU 这个名称胜出。传统上，一个 GPU 芯片包括显示引擎（display engine）、三维引擎（3D engine）、二维引擎（2D engine）和视频编解码（video codec）部分。其中，显示引擎用于连接显示器，将帧缓存（frame buffer）中的数据传给显示器；三维引擎则用于三维图形的渲染，并逐渐发展出可编程模块，如 OpenGL 中的 GLSL（OpenGL Shading Language）和 Direct3D 中的 HLSL（High Level Shading Language）等；二维引擎则用于二维图像（诸如菜单等）的绘制，随着 Windows Vista（内部代号 Longhorn）的新设计出现，二维菜单可以直接用三维引擎来完成，因此二维引擎已逐渐被舍弃；视频编解码部分是视频处理模块，包括固定管线的硬件设计，也包括使用可编程单元来进行编解码工作。

更进一步地，可编程模块被用于更多的计算领域，也引出了 GPGPU（General Purpose Computing GPU，通用计算 GPU）的概念，如 NVIDIA 公司推出的 CUDA、Khronos 组织在维护的业界标准 OpenCL 等。而最近人工智能浪潮的发展表明，GPU 的并行计算特性很好地契合了深度学习的训练和推理过程的数学计算，使 GPU 成为机器学习加速的最重要的硬件平台。

1. CPU 和集成显卡之间的联系：SoC

Intel GPU 和 CPU 被集成在一个片上系统（System-on-a-Chip，SoC）中，以经典的第六代酷睿 Skylake 为例（公开的 GPU 资料最为详细），如图 3-2 所示。整个 SoC 叫作 Intel Core Processor，包括系统代理（System Agent）、CPU、GPU（Intel Processor Graphics Gen9）、LLC（Last Level Cache，最末级缓存）和片上系统环连接（SoC Ring Interconnect）。其中，环连接（Ring Interconnect）是一个双向环形总线，用于连接其他各组成部分；系统代理包括 display 模块、内存控制单元、PCIe 总线控制器等 I/O 接口；CPU 部分可以扩展多个 CPU 核心形成多核 CPU；所占面积比例最大的是 GPU，即图 3-2 中左侧的 Intel Processor Graphics Gen9。Gen9 是内部开发代号，表示第 9 代（generation）的意思，Intel 用简单的 Gen8、Gen9、Gen9.5、Gen9 LP（Low Power）和 Gen11 等内部代号指代各种 GPU 型号，最后对应着市场上诸如 HD Graphics 530、Intel Iris Graphics 等各种 GPU 产品。说明，这里的第几代是 GPU 内部代号，和酷睿第几代没有直接关系，第 X 代酷睿中可能集成的是第 Y 代 GPU（即 GenY）。

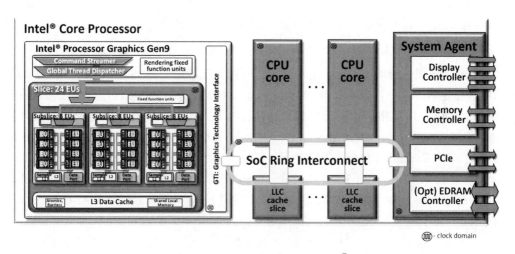

图 3-2　Intel SoC 各组成部分示意[⊖]

从图 3-2 可以看出，Intel GPU 中并没有片内存储（on chip memory，或者 local video memory，也就是俗称的显存），GPU 所有的访存操作都依次经过图形技术接口（Graphics Technology Interface，GTI）和环连接（SoC Ring Interconnect）再经过系统代理（System Agent）中的存储管理器（Memory Controller），最终访问内存（DRAM，即俗称的插在主板上的内存条）；而 CPU 核心的访存操作也经过了环连接，再经过系统代理中的存储管理

⊖　图 3-2～图 3-5，及图 3-8 的图片均来源于 https://software.intel.com/sites/default/files/managed/c5/9a/The-Compute-Architecture-of-Intel-Processor-Graphics-Gen9-v1d0.pdf。

器，最终访问内存，这使得 Intel GPU 可以很方便地和 CPU 共享物理内存，即统一内存架构（Unified Memory Architecture，UMA）。对于给定的物理内存，通过 CPU 存储管理器（Memory Management Unit，MMU）可以映射为 CPU 地址，通过 GPU 类似部件可以映射为 GPU 地址。不同的 CPU 地址和 GPU 地址因此被映射到同一块物理内存，这样无须拷贝，即可实现 CPU 和 GPU 之间的内存共享，因此这项技术也称作零拷贝（zero-copy）技术。在 OpenCL 中，可通过传入标志 CL_MEM_USE_HOST_PTR 或 CL_MEM_ALLOC_HOST_PTR 来创建支持零拷贝的 buffer。

这种技术进一步发展，也可以使得 CPU 地址和 GPU 地址相同，从而使得 CPU 和 GPU 可以共享具有更加复杂数据结构（如链表）的数据，此即 OpenCL Spec 2.0 中提出的共享虚拟内存（Shared Virtual Memory，SVM），一种可能实现手段就是在内核态为 CPU 和 GPU 的 MMU 配置相同的虚拟地址到物理地址的映射关系，从而实现相同的 CPU 地址和 GPU 地址。CPU/GPU 访问内存时，还可以缓存到 LLC 中，LLC 不只是在存储器结构层次中增加了一层，也为 CPU 和 GPU 共享内存发挥了作用，LLC 存在于大部分产品中，但有些硬件平台（如 Baytrail）不存在 LLC，存储读写性能因此有所影响。这种没有显存、使用系统内存的区别于独立显卡的技术，在 GPU 被集成在主板芯片组中时，被称为集显（集成显卡），在 GPU 和 CPU 一起集成在 SoC 中时，被称为核显（核心显卡）。

2. GPU 的分片结构：Slice 和 Subslice

下面从计算架构的角度，看一下 GPU 的内部组成。如图 3-3 所示，这是一个基于 Gen9 的衍生产品规格，其中，Command Streamer 读取并分析来自驱动软件的命令缓存，然后将命令传送给 GPU 内部相应的硬件模块，对计算相关的工作负载，则通过全局线程分发器（global thread dispatcher）被送至 Slice 中，再通过 Subslice 中的 local thread dispatcher 传送到最终的 EU（Execution Unit，执行单元）中，成为 EU 中的硬件线程（hardware thread，后面偶用线程来简述）。图 3-3 中有 2 个 Slice，每个 Slice 由 3 个 Subslice 组成，而每个 Subslice 包括 8 个 EU，每个 EU 可以支持 7 个硬件线程，而且 EU 中的 ALU（Arithmetic Logic Unit，算术逻辑单元）由 SIMD 构成。通过配置不同数量的 Slice，调整 Slice 中的 Subslice 数量、Subslice 中的 EU 个数及 EU 中的线程数量，可以衍生出覆盖从低端到主流再到高端的全系列 GPU 配置，如 GT2、GT3、GT4e（e 表示配置了 EDRAM）等，数字越大表示性能越强。

继续深入 Slice 和 Subslice 的内部，如图 3-4 所示，L3 Data Cache 除了作为正常的缓存使用外，还包括 Atomics、Barriers 和 SLM（Shared Local Memory，共享本地存储）等功能，对应着 OpenCL 中工作组相关的概念。Atomics 可以支持 OpenCL 内核中 atomic_add/sub 等函数的实现，如果参数是 global memory，还需要 GTI 的支持。Barrier 和 SLM 被分配到每个 Subslice 中，不同 Subslice 中的 Barrier 和 SLM 是相互独立的。所以，如果在 OpenCL 内核中用到了 Barrier 或者 local memory，则一个工作组中的所有工作项必须被分配（dispatch）到同一个 Subslice 中，不允许跨 Subslice 存在。

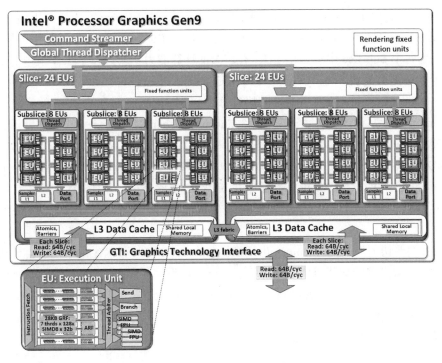

图 3-3　GPU 的内部组成

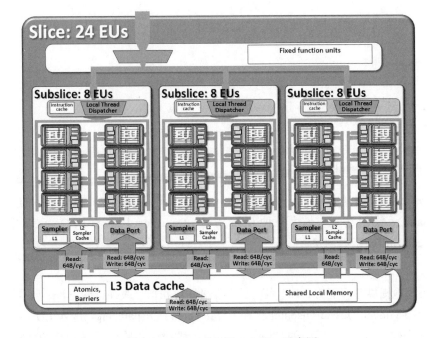

图 3-4　GPU Slice 和 Subslice 示意图

在 Gen9 中，每个 Subslice 有 16 个 Barrier，因此，如果 OpenCL 内核中用到了 Barrier，则每个 Subslice 中最多可以被分配 16 个工作组，因为 Barrier 是从属于工作组的同步方法。当然，因为每个 Subslice 中有多个 EU，有较大的计算能力，所以每个工作组中的工作项不应该太少，否则会浪费 Subslice 的算力。在 Gen9 中，每个 Subslice 有 64KB 的专用 SLM，OpenCL 中 local memory 的大小不可以超过每个 Subslice 所能拥有的 SLM 的容量。在关于 local memory 的读写设计上，由于其在 L3 Cache 中以 bank（没有统一的中文翻译，因此后续继续使用 bank 这个英文单词）的形式组织，所以还要考虑 bank 冲突问题。SLM 以 4B（DWORD）的粒度为单位进行存储（banked），一共有 16 个 bank。例如，第 1 个 DWORD 被存储在 bank0，第 2 个 DWORD 被存储在 bank1，依此类推，第 16 个 DWORD 被存储在 bank15；然后，第 17 个 DWORD 又被存储在 bank0，第 18 个 DWORD 被存储在 bank1，依此类推。

如果我们要访问的 local memory 出现在同一个 bank 中，那就存在冲突，会导致读写性能变差，一些常见例子如代码清单 3-1 所示。可以在看完 3.2.2 节了解工作项如何被映射到 SIMD 中后（即一个工作项被映射到 SIMD 的一个 lane 上），再回头来看这些例子，就能更好地理解。如果我们可以用好 local memory，在多个工作项间共享数据，则可以节约内存总线的带宽，这对于 I/O 敏感的任务特别有效。

代码清单 3-1   使用 local memory 的一些常见例子

```
__local uint *buffer;

// 没有 bank 冲突
uint x=buffer[get_local_id(0)];

// 没有 bank 冲突
uint x=buffer[get_local_id(0) + 1];

// work item (id) 和 (id + 8) 冲突, 浪费一半的带宽
uint x=buffer[get_local_id(0) * 2];

// 最差情况, 所有被访问数据都在一个 bank 里, 浪费了 15/16 的带宽
uint x=buffer[get_local_id(0) * 16];
```

在 Subslice 中，还有 Sampler 和 Data Port：Sampler 用来存取 OpenCL 中的 image（由 clCreateImage 函数创建），支持各种 filter 方法；Data Port 用来存取 OpenCL 中的 buffer（即由 clCreateBuffer 函数创建）。

3. EU

为了更好地提供并行能力，EU 实现了线程级并行和指令级并行的方法，如图 3-5 所示。线程依次经过 Global Thread Dispatcher 和 Local Thread Dispatcher 后进入 EU，Gen9 的 EU 可以容纳 7 个硬件线程，EU 中的 Thread Arbiter（线程仲裁器）选择就绪的线程，进入右

侧的 4 个指令部件（发送 Send、分支 Branch 和两个独立的 SIMD 浮点计算单元 FPU）中执行，这 4 个指令部件可同时执行来自 4 个线程的指令。当指令部件上的某线程处于等待状态时，其就会被 Thread Arbiter 换成另一个就绪线程，这个思路和操作系统中的进程 / 线程管理是类似的。

Send 部件用来发送消息（send message）到 GPU 的其他模块，主要完成诸如访存、Sampler 等耗时的操作。Branch 部件用来处理跟踪指令中的分支（divergence）和汇合（convergence）。SIMD FPU 的宽度为 4（即 SIMD 有 4 个 lane，可记为 SIMD-4，为避免混淆，后文我们将直接使用 lane 这个英文单词），每个 lane 每个 cycle（机器周期）可以完成一次 float32 的 MAD（乘法和加法）操作。所以，理论上，每个 EU 每个 cycle 可以完成 2（MAD 包括乘法和加法两个操作）×4 个 lane×2 FPU=16 次浮点操作（即 16 FLOP/cycle）。两个 SIMD FPU 还支持整数操作，其中一个 SIMD FPU 还支持诸如 sin、cos 等复杂数学运算和 double 操作。

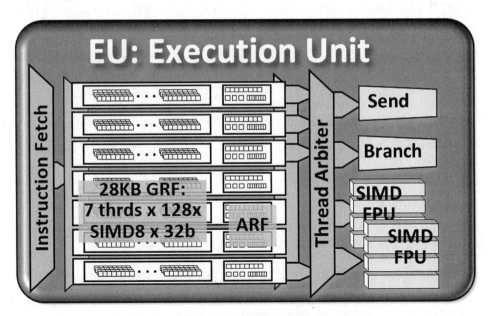

图 3-5　EU 结构示意图

在 EU 中，每个硬件线程都有两类寄存器，即 ARF（Architecture Register File，架构寄存器）和 GRF（General Register File，通用寄存器），不同线程之间的寄存器相互独立，各司其职。ARF 保存线程的运行状态，如当前执行到了哪条指令（instruction pointer）；GRF 是通用寄存器，在 OpenCL 内核编译器生成的指令中会用到。在 Gen9 中，每个线程有 4KB 的 GRF（也就是说，每个 EU 一共有 4KB×7 个线程 =28KB（4KB×7 个线程）的通用寄存器），每个通用寄存器是 256bit，所以一共有 128 个 (4K×8bit/256bit) 通用寄存器，记为 g0、g1、g2……g127。寄存器支持多种数据类型（如 unsigned byte、int32、half float、

float 和 double 等），通过增加后缀表示寄存器中数据的数据类型，例如，g1:D 表示 r1 寄存器中的内容被解析为 8 个 DWORD，g5:DF 表示 r5 寄存器被解析为 4 个 double 型数据，而 g100:F 则表示 g100 中有 8 个 float32 的数据。通用寄存器的访问非常灵活，通过更多的标记手段，可以支持多个寄存器组成位数更宽的寄存器，甚至支持多个寄存器组成块，并按块和外部存储器交换数据，这方面的细节比较烦琐，而且对理解 Intel GPU 计算架构的帮助并不是很大，所以省略。我们只需记住通用寄存器的访问方式非常灵活即可。

EU 的硬件指令部件 FPU 的 SIMD 宽带为 4，但是对外（对驱动软件、编译器等）能提供多种 SIMD 宽度，如 SIMD-1、SIMD-2、SIMD-4、SIMD-8、SIMD-16 和 SIMD-32 等，EU 内部硬件会自动转换到硬件 SIMD-4 中执行，当然实际需要的 cycle 数量会相应变化。对于编译器来说，就好像 EU 直接提供了 SIMD-n（宽度为 n，一共有 n 个 lane）的指令部件，而且 EU 也在逻辑上直接提供了 SIMD-n 的线程支持。所以，当我们继续后续讨论的时候，除非特意说明这是物理上的硬件指令部件，将假设认为硬件中存在 SIMD-n 指令部件，以方便简化讨论，而且事实上也确实可以基于这个抽象层次来理解。从裸机到操作系统再到应用程序，就是一层层的抽象，抽象是非常强大的工具，可以帮助我们屏蔽暂时无关的细节，只需关注相应抽象层的接口，以更好地理解世界。在这里，SIMD-n 就是一个恰当的抽象级别。

一个 SIMD-8 的半精度（half float）加法的汇编指令（GPU 的汇编指令，不是 CPU 的汇编指令）如下表示。

```
add(8)  g7:HF, g2:HF, g8:HF
```

> **注意** 通用寄存器的表示方法比较复杂，这里的表示方法省略了很多必备元素，只是一个简单示意，后文我们也将采用这种简单示意的方法。

其中，add 表示加法指令，后面的括号表示 SIMD 的宽度为 8（对应着 lane0～lane7）；:HF 表示寄存器的数据类型都是 16bit 的 half float（半精度浮点数，或者称为 half precision）。所以，这条指令用于将寄存器 g2 中的低 128bit 中的 8 个 float16 数值，加上 g8 中的低 128bit 中的 8 个 float16 数值，放到 g7 的低 128bit 中，如图 3-6 所示。

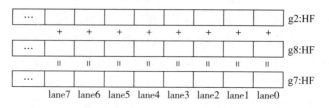

图 3-6　SIMD-8 半精度加法指令示意图（低 128bit）

做一个简单扩展，用下面的汇编指令实现寄存器高 128bit 的加法。

```
add(8)  g7.8:HF, g2.8:HF, g8.8:HF
```

其中，.8 表示起始的 offset，从此寄存器的第 8 个 HF 开始，如图 3-7 所示。在上一个例子中，g7:HF 可以理解为 g7.0:HF，由此也可以看出寄存器的访问是非常灵活的。当然，这里的寄存器表示方法也只是一个简单示意，并非正式写法。

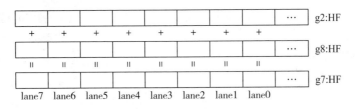

图 3-7　SIMD-8 半精度加法指令示意图（高 128bit）

4. GPU 存储层次

下面介绍一下 Gen9 中的存储层次结构，如图 3-8 所示。在 EU 内部，FPU 和通用寄存器之间的传输速度最快，每个 cycle 可以读 96B、写 32B。EU 中有两个 SIMD FPU 指令部件，每个 FPU 的 SIMD 宽度为 4，每个 cycle 可以执行一次 MAD 操作，所以，EU 在每个 cycle 可以执行 2 个 FPU 部件 ×4 个 lane=8 次 MAD 操作，而 MAD 操作有 3 个源操作数、1 个目标操作数。以典型的浮点操作为例，每个操作数是 float 型（占 4B），所以每个 cycle 需要读取 8 次 MAD 操作 ×3 个源操作数 ×4 B=96B，每个 cycle 需要写 8 次 MAD 操作 ×1 个目标操作数 ×4B=32B，这和 FPU 与寄存器的读写性能刚好是一致的。再往外是 L1 Cache、L2 Cache 和 L3 Cache，每个 cycle 都可以读 64B、写 64B；然后是 LLC（Last Level Cache）和 EDRAM（Embedded DRAM）。EDRAM 是可选项，仅在某些高端型号才有，如 Intel Iris Pro 6200 中就配置了 128MB 的 EDRAM，在计算架构下，EDRAM 可以被用作 Cache 缓存。再来看 GPU 和 System DRAM 之间的速度，支持双通道，每通道每个 cycle 只有 8B 的读写速度，所以，对于 I/O 密集型任务，要仔细调整算法来利用好 Cache。如果能让 SIMD-n 中所有 lane 访问的数据在同一个 Cache line 上，则这对提高性能具有重要的作用。

除了要用好 Cache 外，在 OpenCL 内核中，global memory 的数据类型的选择也非常关键。一般来说，几乎所有硬件为了更快地访问内存，都会对要访问的内存首地址有对齐的建议。Intel GPU 也不例外，其对系统内存的访问根据首地址是否 DWORD 对齐分成两种方法：不对齐情况下的访问速度非常差；对齐情况下的读写方法速度较快，每次最多可以读写 4DWORD。OpenCL 编译器就是根据 __global gentype *p 中的数据类型 gentype 来判断是否 DWORD 对齐的。例如，char、char2、short 等都无法保证 DWORD 对齐，所以按照不对齐的假设来读写，读写效率会受较大影响。遇到首地址不对齐而又读取连续一段数据的情况，如果数据足够多，那么推荐使用 OpenCL 的 vload16/vload8 等函数，可以一次性读取多个数据，编译器内部可能会做优化。如果 gentype 是 uchar4、int、float2 和 short8 等类型，那么隐含保证了 p 是 DWORD 对齐的，此时，尽量考虑使用 uchar16/ushort8/uint4 等数据类型以每次都可以读 4DWORD。

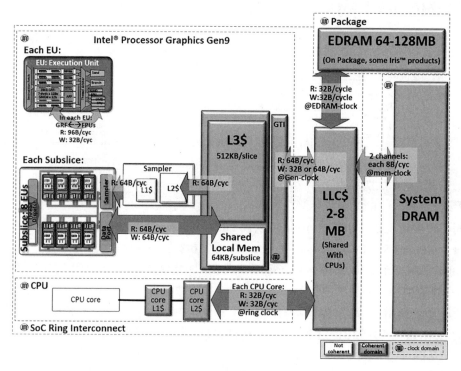

图 3-8　Intel GPU 存储层次结构图

3.2.2　两种不同的 SIMD 使用思路——AOS 和 SOA

3.1 节介绍了并行计算及 SIMD。SIMD 有两种使用思路，分别为 AOS 和 SOA。AOS 即 Array of Struct，首先是一个数组，然后每个数组元素（array element）是一个结构体；而 SOA 则是 Struct of Array，首先是一个结构体，然后结构体中的每个数据成员是一个数组。我们将首先用 C 语言来介绍两者的具体区别，然后将其应用到硬件寄存器级别，并从中衍生出两种不同的并行计算思路，最后更加深入地分析基于 SOA 的 OpenCL 实现有什么特点。

假设要表示某个高维空间中的一些点（point）的信息，每个点的属性信息由 a、b、c 和 d 这 4 个变量来表示。在如代码清单 3-2 所示的 AOS 内存布局中，某一个点的全部属性被放在一起，然后是下一个点的全部属性。

代码清单 3-2　C 语言的 AOS 形式

```
// AOS 方式
struct Point {
    float a;
    float b;
    float c;
    float d;
};

Point points[512];

// 访问数据的典型应用场景是获取某个点的全部属性值
for (int i=0; i < 512; ++i) {
    printf("%f, %f, %f, %f\n", points[i].a, points[i].b, points[i].c,
            points[i].d);
}
```

在如代码清单 3-3 所示的 SOA 内存布局中，所有点的某个属性被放在一起，然后是所有点的下一个属性值。

代码清单 3-3　C 语言的 SOA 形式

```
// SOA 方式
struct Points {
    float a[512];
    float b[512];
    float c[512];
    float d[512];
};

Points points;

// 访问数据的典型应用场景是获取全部点的单一属性值
for (int i=0; i < 512; ++i) {
    printf("%f\n", points.a[i]);
}
```

AOS 和 SOA 的内存布局并不存在哪个更优哪个更差，只是使用场景不同。如果一旦要访问一个点的某个属性，就会同时访问该点的全部属性，那么应该采用 AOS 内存布局，可能读取一次内存到 cache line 中就足够了。同样道理，如果一旦要访问一个点的某个属性，就会访问所有点的该属性，那么应该采用 SOA 内存布局。

从 C 语言的变量内存布局，到 GPU 硬件中的寄存器数据布局，其实并没有什么不同，只要将 GPU 中的 128 个寄存器看作一维的连续存储单元的组合就可以了，就好像内存的组成一样。为描述简单，我们假设有 4 个点（记为 p_0、p_1、p_2 和 p_3）的信息要放在 4 个寄存器中（g_0、g_1、g_2 和 g_3），而且每个寄存器可以容纳 4 个浮点数，那么，寄存器的数据布局如图 3-9 所示，其中左侧是 AOS 内存布局，每个点的所有属性依次填入寄存器，右侧则是 SOA 内存布局，先把所有点的 a 属性填入寄存器 g0，然后把所有点的 b 属性填入寄存器 g1，以此类推。

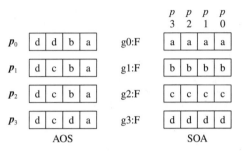

图 3-9　寄存器的数据布局

从 C 代码到硬件寄存器，虽然数据布局的概念没有什么变化，但是，由于应用场合的不同，如何利用这样的数据布局，并行计算和上述的 C 语言代码还是有区别的。对于 AOS 结构的并行计算思路，逻辑非常直截了当。AOS 下内核伪代码和生成的汇编指令如代码清单 3-4 所示。

代码清单 3-4　AOS 下内核伪代码和生成的汇编指令

```
// 内核伪代码
vector<float, 4> p0, p1, p2;
...
p2=p0 + p1;
...
------------------------------------------
// 编译器生成的 SIMD-4 指令
add(4)  g2:F, g0:F, g1:F
```

然后生成 SIMD-4 的指令，向量 p_0 的 4 个元素被填入寄存器 g0，向量 p_1 的 4 个元素被填入寄存器 g1，向量 p_2 的 4 个元素被填入寄存器 g2。指令执行结果如图 3-10 所示。

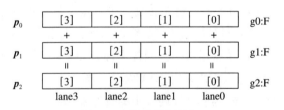

图 3-10　指令执行结果

注：假设每个寄存器可以容纳 4 个浮点数，图中的 [i] 表示相应向量的第 i 个元素

可以看出，这个思路最关键的是在写代码的时候，要尽量多利用向量（或者矩阵等类

似的概念），然后编译器也会尽量地将数据组合成向量形式，再将向量形式的代码翻译为
SIMD 指令，这样，一条代码就意味着一个指令多个数据，从而从 SIMD 指令中获益。这
种思路的例子有 CPU 上的 SSE/AVX 指令、Intel 的 CMRT⊖（C for Media Run Time，将 Intel
GPU 计算架构直接暴露给用户使用的库）等，难点在于对写内核代码的程序员要求比较高，
需要用好向量，对编译器的要求也比较高，需要将代码中的标量数据尽量组合为向量。假
如代码写得不好，或者编译器优化不佳，最后得到的硬件指令只是一些标量运算，那就极
大地浪费了 SIMD 中的并行运算性能了。基于 SOA 结构的 OpenCL 可以较完美地解决这些
问题。

　　OpenCL 内核代码是基于单个工作项而写，而且可以任意地使用标量计算，在写内核
的时候，无须有向量化的思维。这是因为，每个工作项被映射到 SIMD-n 的一个 lane 上，
每个 lane 执行的本质就是一个标量运算。图 3-11 展示了 n 是 4 的情况（即 lane0、lane1、
lane2 和 lane3），图中 wi 是工作项的缩写，为了表述方便，不管实际上是几维的工作项
（是指由 clEnqueueNDRangeKernel 函数参数 work_dim 决定的维数），都从逻辑上将所有工
作项按一维从 0 开始重新排序，为每个工作项赋予一个唯一的标识符，即 wi_x 表示一个标
识序号是 x 的工作项。根据工作项的总量和工作组的大小（假设工作组包括 m 个工作项），
GPU 会创建出足够数量的 SIMD-4 硬件线程，然后每个 lane 执行一个工作项，最终完成所
有的任务。

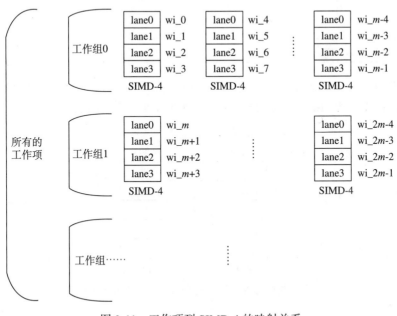

图 3-11　工作项到 SIMD-4 的映射关系

⊖　参见 https://github.com/intel/cmrt。

　　由于每个 SIMD 模块对应着 Intel GPU 的 EU 中的一个硬件线程,所以在 Gen9 中,如果采用宽度为 n 的 SIMD 指令,每个 EU 可以同时容纳的工作项的最大数目是 $7n$ 个,因为每个 EU 最多有 7 个硬件线程。如果工作项之间是独立的,那么理论上 OpenCL 可以支持任何数量的工作项,只要将线程持续往 EU 中送即可,EU 做完一个线程就可以做下一个新的线程。在 Gen9 中,每个 Subslice 有 8 个 EU,所以每个 Subslice 可同时容纳的工作项的最大数量是 $56n$ 个,如果工作组中存在 barrier 或者 local memory,则工作组必须要被限定在单个 Subslice 范围内,那么一个工作组可以包含的工作项的最大数量就是 $56n$ 个。

　　回过头来,OpenCL 是如何应用 SOA 的呢? 从前面 C 语言的例子出发,需要有一个概念转换,即需要将前面讨论的高维空间中的点换成工作项。所以,在图 3-9 中,p_0 要转换成 wi_0(work item0),p_1 要转换成 wi_1(work item1),p_2 要转换成 wi_2(work item2),p_3 要转换成 wi_3(work item3)。假如,OpenCL 内核代码中有 4 个浮点变量 a、b、c 和 d,那么,4 个工作项中的 a 变量被放入寄存器 g0,b 变量被放入寄存器 g1,c 变量被放入寄存器 g2。SOA 下内核伪代码和生成的汇编指令如代码清单 3-5 所示。

代码清单 3-5　SOA 下内核伪代码和生成的汇编指令

```
// 内核伪代码
float a, b, c;
...
c=a + b;
...
-----------------------------------------
// 编译器生成的 SIMD-4 指令
add(4)  g2:F, g0:F, g1:F
```

　　指令的执行结果如图 3-12 所示,4 个工作项中的变量 a 和另一个变量 b 相加,结果存到变量 c 中,这样一条 SIMD-4 的 add 指令就完成了 4 个工作项的加法操作。

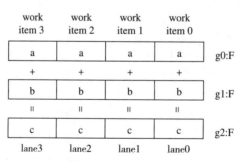

图 3-12　指令的执行结果(假设每个寄存器可以容纳 4 个浮点数)

　　从硬件角度来看,SOA 的指令和指令执行结果和 AOS 的并无不同,区别在于开发者写的代码,也因此造成了指令执行结果所代表的物理意义不同,这里的物理意义就是 4 个工作项通过 SIMD-4 指令并行地完成了任务。

不管是基于 AOS 还是 SOA 衍生的并行计算方法，它们将任务分解为多个线程进行并行处理的思路是一样的，区别在于如何用好 SIMD-n 的并行指令。在 AOS 中，需要开发者明确写出可以被并行执行的代码（部分借助编译器的优化），才能用好 SIMD-n 指令；而在 SOA 中，开发者无须介入，编译器只需按照直截了当的逻辑来组合工作项，就可以生成 SIMD-n 指令。

在 OpenCL 中，一个工作项被映射到 SIMD 的一个 lane 上，多个工作项被组合到一条 SIMD-n 指令中，形成一个 SIMD 硬件线程，而此线程只有一个指令指针（保存在 ARF 中的指令指针中）指出当前指令运行到了哪里，这意味着所有的 lane 共用一个指令指针，所以任何一个 lane 要执行的指令，其他 lane 必须也要一起执行。如果遇到条件分支，则其内核伪代码如代码清单 3-6 所示。

代码清单 3-6　条件分支的内核伪代码

```
if (cond)
    do_something_a();
else
    do_something_b();
```

在一个 SIMD 线程中，如果有些工作项的 cond 变量的值是 true，而其他工作项的 cond 变量的值是 false，也就意味着，有些 lane 只需执行 do_something_a()，有些 lane 只需执行 do_something_b()。但是在实际执行时，条件分支的执行如图 3-13 所示。

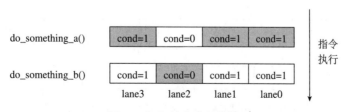

图 3-13　条件分支的执行

所有的 lane 都会进入 do_something_a()，只是逻辑上 cond 的值为 0 的 lane 并不会执行；而且，所有的 lane 也都会进入 do_something_b()，cond 的值为 1 的 lane 也不会真正执行。这种情况下，因为 SIMD-n 中存在无须执行指令的空闲 lane，所以，SIMD 并行的最佳性能未能发挥出来。假如一个 SIMD 线程中所有工作项的 cond 变量的值都是 1，那么，没有任何一个 lane 需要去做 do_something_b()，这样，线程将只做 do_something_a()，而不会进入 do_something_b()，从而可以提高并行性能；假如 cond 变量的值都是 0，同样的道理，线程将只做 do_something_b()，而不会进入 do_something_a()。所以，在算法设计的时候，就应想好 SIMD 宽度，分析好每个 SIMD 硬件线程中所有工作项的情况，使得每个线程中所有工作项的 cond 变量的值或者全为 1，或者全为 0，从而充分利用 SIMD 中所有的 lane；或者，在算法设计的初始就明确要尽量少用条件分支、嵌套循环等。

　　OpenCL 的一个工作项被映射到一个 lane 上，单个 lane 其实就是一个标量运算器，所以，基于单个工作项的内核，其代码也应该以标量运算为主。假如代码中存在向量情况，编译器怎么处理呢？一般会对代码进行标量化处理，如 short2 vload2(size_t offset, const __global short *p) 会拆成两个 vload 函数，如代码清单 3-7 所示。

代码清单 3-7　vload2 函数调用和编译器标量化代码

```
// 内核伪代码
...
// const __global short *p
short2 s2=vload2(offset, p);
...
--------------------------------------------
// 经过编译器标量化后的伪代码
...
short s2_x=vload(offset*2, p);
short s2_y=vload(offset*2 + 1, p);
short2 s2=(short2)(s2_x, s2_y);
...
```

　　vload2 寄存器分配情况如图 3-14 所示（这里 g2、g5 只是示例，也可能分配到其他寄存器中），假如 SIMD 宽度为 16，每个寄存器是 256bit，那么 16 个工作项中的 s2_x 变量被分配到 g2 寄存器，而且 16 个工作项中的 s2_y 变量被分配到 g5 寄存器。接下来基于 g2 或 g5 的全寄存器操作，就是针对这 16 个工作项的并行操作。

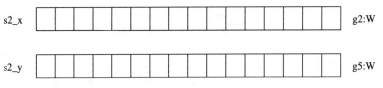

图 3-14　vload2 寄存器分配情况（解释代码清单 3-7）

　　特殊情况下，如可以直接用硬件特性进行优化解决，那就不进行标量化拆分处理，如 int4 vload4(size_t offset, const __global int *p)。所以在写内核的时候，应该尽量地利用 built-in 函数，而不要自己手写实现，因为 built-in 函数有更大的优化可能。

　　讲到这里，我们可以想到 SOA 也不是完美的，因为，假如一个工作项内部需要对两个向量求内积，SOA 就难以高效解决，这也是目前 AOS 和 SOA 两种思路并存的原因。

　　OpenCL 内核代码不可避免地需要从 DRAM 中读写数据（如读取 global memory 和 constant memory），和 EU SIMD 指令的执行速度相比，从系统内存读取数据的速度非常慢，我们应该尽量地利用 Cache 来提高效率，在 Intel GPU 中，一条 cache line 的大小是 64B，所以，对于 OpenCL 内核读取 global/constant memory，有如下的优化建议。

　　// 假定数据是 Cache line 对齐的 global/constant memory，在 SIMD16 模式下

```
// 最佳，只读一行 cache line，没有带宽浪费
uint x=data[get_global_id(0)];

// 不好，跨 2 行 cache line，浪费了一半的带宽
uint x=data[get_global_id(0) + 1];

// 最差，跨 16 行 cache line，浪费了 15/16 带宽
uint x=data[get_global_id(0) * 16];
```

最后，简单提一下 OpenCL 中 private memory 的情况，private memory 属于工作项的私有存储，但是，EU 中 SIMD 的 lane 并没有配备存储单元，所以，对于有限个数的 private 变量、不存在动态索引的 private 数组，编译器会进行优化，将其编译为寄存器；但是，如果 private 变量太多，或者数组存在动态索引等情况，则 private memory 只能由系统内存来提供，此时会非常影响性能。

3.2.3　cl_intel_subgroups 在 Intel GPU 上的参考实现

在前面的两节中，我们了解了 GPU 的结构，以及不同的并行计算思想，本节介绍 OpenCL 扩展 cl_intel_subgroups[一]在 Intel GPU 上的参考实现。

在机器学习计算任务的优化中，OpenCL 的半精度浮点数（half float）和 subgroup（一个 OpenCL 扩展，名称为 cl_intel_subgroups）被频繁用到，半精度浮点数的实现逻辑比较简单，因为指令本身对各种数据类型是通用的，所有半精度浮点数的实现主要在于分配好寄存器，然后在指令操作数中使用以 HF 为数据类型的寄存器，这在之前的例子已有涉及。subgroup 则和 GPU 硬件密切相关，我们将在本节详细讨论。

OpenCL 的工作项可以被分划为若干工作组，而每个工作组中的工作项可以被进一步分化为 subgroup。实际上，subgroup 对应着一个 SIMD 硬件线程，被映射到同一个 SIMD 线程的工作项就组成了一个 subgroup。接下来介绍 subgroups 中定义的 built in 函数在 Intel GPU 上的参考实现[二]，参考实现中的方法只是一种实现手段，不一定是最优的。

1. 查询函数

查询 subgroup 中工作项个数的函数原型如下所示：

```
uint get_sub_group_size( void )
uint get_max_sub_group_size( void )
```

因为一个 subgroup 对应一个 SIMD 线程，所以，如果编译器选用 SIMD 指令的宽度是 n，那么，get_max_sub_group_size 的返回值也是 n。考虑到工作组中工作项的数量可能不是 n 的整数倍，那么，几乎所有 SIMD 线程中的工作项数量都是 n，但是最后一个 SIMD 线程

[一]　参见 https://www.khronos.org/registry/OpenCL/extensions/intel/cl_intel_subgroups.html。

[二]　参考实现详见 https://www.freedesktop.org/wiki/Software/Beignet/。

的工作项数量会小于 n，get_sub_group_size 就返回每个线程上映射的工作项的真实数量。

所有的 subgroup 从 0 开始编号，返回当前 subgroup 的编号的函数原型如下：

```
uint get_sub_group_id( void )
```

在每个 subgroup 中，一个工作项被映射到 SIMD 的一个 lane 上（lane 编号为 $0\sim n-1$），下面函数返回当前工作项对应的 lane 的编号。

```
uint get_sub_group_local_id( void )
```

2. 同步函数

在 subgroup 中进行同步的函数原型如下。

```
void sub_group_barrier( cl_mem_fence_flags flags )
```

在 Intel GPU 实现中，因为 subgroup 对应的 SIMD 线程中的每个 lane 都同步执行指令，所以本函数实现无须做任何事情。

3. 条件组合函数

针对 subgroup 级别的条件组合函数的原型如下。

```
int sub_group_all( int predicate )
int sub_group_any( int predicate )
```

如果 subgroup 中所有工作项的 predicate 变量都为 true，则 sub_group_all 返回 1，否则返回 0。如果 subgroup 中存在任何一个工作项的 predicate 变量为 true，则 sub_group_any 返回 1，否则返回 0。以 sub_group_all 为例，其调用和生成的汇编指令如代码清单 3-8 所示。

代码清单 3-8   sub_group_all 函数调用和生成的汇编指令

```
// 内核伪代码
...
// int predicate;
int result=sub_group_all(predicate);
---------------------------------------------
// 生成的硬件指令（简化描述，有所调整）
// 假设：使用 SIMD-16 指令，而且 predicate 变量被分配到寄存器 g16 和 g17 中

// 将寄存器 g18 和 g19 中的 16 个 Unsigned DWORD（UD）值置为 1（0x1UD）。
// 其中 <1> 表示从 g18 最低位开始，一个挨一个地依次写入 UDORD 值，因为 SIMD 的宽度为 16，
// 所以，16 个 UDWORD 就依次地也写到了 g19 中。（每个寄存器 256bit，即 8 个 DWORD 值）
mov(16)              g18<1>:UD        0x1UD

// 16 个工作项中的 predicate 变量被分配在寄存器 g16 和 g17 中，
// 其中 <8,8,1> 表示从 g16 最低位开始，数出 16 个 DWORD 值，限于篇幅，具体不展开解释。
// 这条命令，将 g16 开始的 16 个 DWORD 值和 0 做不相等（ne）比较，结果写入 flag 寄存器
```

```
       f0.1 中
cmp.ne.f0.1(16)   null:F      g16<8,8,1>:D    0x0UW

// 首先将 flag 寄存器 f0.1 中的 16 个值做 all16h，如果全 1，则返回 1，否则返回 0。
// 如果返回 1，则将 g18/g19 中的 16 个值（全是 1）写入 g20/g21 中，
// 如果返回 0，则将 0 写入 g20/g21 中。
// g20/g21 中的 16 个 DWORD 值，即对应着 16 个工作项中的变量 result 的值
(+f0.1.all16h)    sel(16)        g20<1>:D    g18<8,8,1>:UD    0x0UW

// 如果是 sub_group_any 的话，简单地将上述最后一条指令变为如下指令即可
// (+f0.1.any16h)    sel(16)        g20<1>:D    g18<8,8,1>:UD    0x0UW
```

4. 广播函数

广播函数是将某一个工作项中的变量的值，广播给 subgroup 中所有的工作项知晓的函数，其函数原型如下所示。函数参数 sub_group_local_id 决定的工作项中的变量 x 的值，作为函数返回值赋给所有的工作项。根据 sub_group_local_id 是编译期常量还是变量，分成两种实现方法。

```
gentype sub_group_broadcast( gentype x, uint sub_group_local_id )
```

如果在编译时发现 sub_group_local_id 是一个确定的值，如 7，内核伪代码如下所示。

```
// 内核伪代码
...
int y=sub_group_broadcast(x, 7);
```

以 SIMD-16 为例，假设 16 个工作项的变量 x 的值被保存在寄存器 g14/g15 中，函数返回值 y 被保存在 g16/g17 中，那么，上述代码的最终执行效果如图 3-15 所示，SIMD-16 的第 7 个 lane（lane7）的 x 值（对应着寄存器 g14.7），被赋给了所有 lane 中的 y 值（对应着寄存器 g16/g17）。

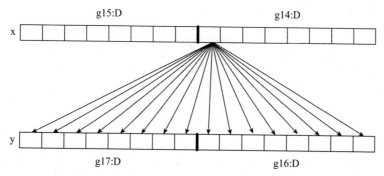

图 3-15　lane7 的 x 值，赋给了所有 lane 中的 y 值

对应生成的硬件指令非常简单，只有一条 mov 指令，如下所示。

```
// 其中，g14.7<0,1,0> 表示持续读取 g14.7 处的一个 DWORD 值作为源操作数
mov(16)          g16<1>:D          g14.7<0,1,0>:D
```

如果 sub_group_local_id 不是编译期常量，则其内核代码如代码清单 3-9 所示，变量 from_id 是内核函数的一个参数，虽然其值在各个工作项中都是相同的，但是要等到运行时才能确定。

代码清单 3-9　sub_group_broadcast(变量) 函数内核代码

```
// 内核代码
kernel void compiler_subgroup_broadcast_int(global int *src,
                                             global int *dst,
                                             uint from_id)
{
  uint index=get_global_id(0);
  int val=src[index];
  int bval=sub_group_broadcast(val, from_id);
  dst[index]=bval;
}
```

还是以 SIMD-16 为例，假如变量 val 最终被保存在寄存器 g16/g17 中，而且 from_id 运行时的值是 9，那么可以构成一个数 548（通过 16<<5 + 9<<2 计算得到）被放入 a0 寄存器中。a0 寄存器是 EU 中用于寻址的一个特殊寄存器，其格式是基址左移 5 位再加上偏移量左移 2 位，所以，a0 中的 548 将被解释为从 g16:D 开始的第 9 个元素，即 g17.1:D，然后 g17.1:D 将被广播到寄存器 g20/g21（即变量 bval）中，如图 3-16 所示。

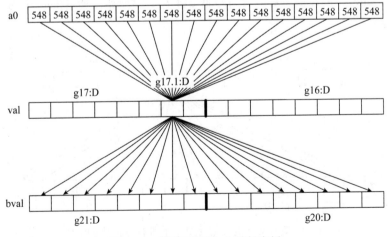

图 3-16　借用寄存器 a0 进行广播

如果对生成的具体硬件指令感兴趣的话，可以继续阅读代码清单 3-10，也可以直接略过。

代码清单 3-10 sub_group_broadcast(变量) 函数调用生成的硬件指令

```
// 生成的部分硬件指令，为简化描述，略有调整

// from_id 被保存在 g1.6<0,1,0> 中，这是一个 UDWORD 值，因为其在 subgroup 的所有工作项
// 中的值是相同的
// 左移 2 位，是为了符合后续 a0 的格式要求，a0 寄存器由 16 个 UW 值组成
// 结果是 16 个相同的值 (UD 类型 )，放在寄存器 g18/g19 中
shl(16)              g18<1>:UD        g1.6<0,1,0>:UD   0x2UD

// 这里省略了用 send 指令将数据从 global memory 读入 val 中，具体在寄存器 g16/g17 中，
// 根据 a0 的格式要求，要将 g16/17 的寄存器编号填入 a0 中，所以这里要加 0x200 ( 即 16<<5 )，
// 之前知道，g18/g19 中保存和 from_id 相关的 16 个 UD 值，取其低字节部分，形成 16 个 UW 值，
// 最终 add 指令，将结果填入 a0 寄存器的 16 个 UW 中。
add(16)              a0<1>:UW         g18<16,8,2>:UW   0x200UW

// 假如 from_id 运行时的值是 9，那么 a0 中的 16 个数值都是 9 << 2 + 0x200=548，
// 将 128 个寄存器从 r0 开始依次按字节从 0 开始排序，共有 128×32 字节，
// 第 548 个字节就对应着 g17.1:D,
// 所以，这条指令将 g17.1:D 重复 16 次，放入寄存器 g20/g21 中，对应着 bval 变量
mov(16)              g20<1>:D         g[a0]<VxH,1,0>:D
```

5. 洗牌函数

shuffle 有洗牌的意思，我们可以将一张牌看作一个数据，当前所有牌的叠放次序决定了每一张牌属于哪个工作项的数据，经过洗牌后，牌还是那些牌，但是叠放次序发生了变化，也就是说，牌和工作项的对应关系发生了变化，这张牌被洗过后很可能就属于另外一个工作项了。subgroup 中的洗牌函数则是将牌限制在了一个 subgroup 中，函数原型如下所示。

```
gentype intel_sub_group_shuffle(gentype data, uint c)
gentype intel_sub_group_shuffle_down(gentype current, gentype next, uint delta)
gentype intel_sub_group_shuffle_up(gentype previous, gentype current, uint
                                   delta)
gentype intel_sub_group_shuffle_xor(gentype data, uint value)
```

sub_group_broadcast 广播函数是将 subgroup 中某一个工作项中的变量 x，广播给了该 subgroup 中所有的工作项；而不仅包括了这样的广播功能，而且允许不同工作项之间相互赋值，实现了将数据在不同的工作项中进行交换，从而可以减少 I/O 读取次数。在实现上，intel_sub_group_shuffle 和 sub_group_broadcast 非常类似，只是寄存器 a0 中的值不再是 16

个相同的值（继续以 SIMD-16 为例），而是 16 个各异的值，从而达到 shuffle 的目的。假如函数的输入变量 val 对应着寄存器 g16/g17，函数返回值存放的变量 bval 对应寄存器 g20/g21，如图 3-17 所示，借助特殊寄存器 a0，实现 g16/g17 到 g20/g21 的 shuffle 功能。例如，a0.6 中的数值是 548，而 548 表示对应源操作数是 g17.1:D，这个源操作数将被写入目标寄存器 g20.6:D 中，即 a0.x 所对应的源操作数，将被放入目标寄存器的第 x 个分量中。加了 down/up/xor 的后缀后，从实现上来说，也是类似的，只是填入 a0 寄存器中的数值需要根据函数后缀增加一些计算指令和条件判断指令来进行相应的调整。

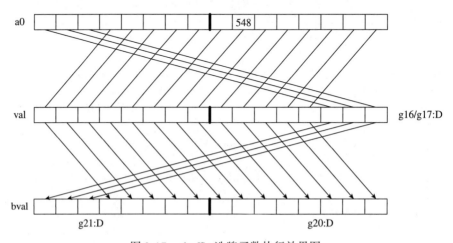

图 3-17　shuffle 洗牌函数执行效果图

6. reduce 函数

一般来说，map-reduce 中的 map 是指将任务分解执行，而 reduce 则是将分解的结果进行整合，形成一个最终的单一结果。这里的 reduce 函数也具有类似的功能，可将一个 subgroup 中的各个工作项中变量 x 的值，做 add/min/max 运算进行整合，得到的结果（一个值）作为所有工作项中的函数返回值。原型如下所示。

```
gentype sub_group_reduce_add( gentype x )
gentype sub_group_reduce_min( gentype x )
gentype sub_group_reduce_max( gentype x )
```

接下来以 float y=sub_group_reduce_add(float x) 为例说明实现方法。其使用 SIMD-16 指令宽度生成的硬件指令如代码清单 3-11 所示，这只是一种参考实现，其中的硬件指令大量使用了标量运算，虽然性能不高，还存在很多优化空间，但是逻辑简单、清晰，作为参考是最合适的选择。

代码清单 3-11　sub_group_reduce_add 函数使用 SIMD-16 指令宽度生成的硬件指令

```
// 生成的指令如下所示（简化描述），这只是一种参考实现，还可以优化实现
```

```
// 变量 x 被保存在寄存器 g14/g15 中，可以依次用 g14<0,1,0>:F, g14.1<0,1,0>:F, ……,
//g15.6<0,1,0>:F, g15.7<0,1,0>:F 来得到所有工作项的 x 变量值。

// 将这些变量依次相加，每次只是一个标量处理，所以，指令的（）里面的数字是 1
// 当 SIMD 宽度为 16 时，我们可以使用宽度小于 16 的 SIMD 指令，当然这有些浪费并行能力了
// 具体每条指令的解释，可参看相应的图示化过程
mov(1)              g20<1>:F            g14<0,1,0>:F
add(1)              g20<1>:F            g20<0,1,0>:F            g14.1<0,1,0>:F
add(1)              g20<1>:F            g20<0,1,0>:F            g14.2<0,1,0>:F
add(1)              g20<1>:F            g20<0,1,0>:F            g14.3<0,1,0>:F
add(1)              g20<1>:F            g20<0,1,0>:F            g14.4<0,1,0>:F
add(1)              g20<1>:F            g20<0,1,0>:F            g14.5<0,1,0>:F
add(1)              g20<1>:F            g20<0,1,0>:F            g14.6<0,1,0>:F
add(1)              g20<1>:F            g20<0,1,0>:F            g14.7<0,1,0>:F
add(1)              g20<1>:F            g20<0,1,0>:F            g15<0,1,0>:F
add(1)              g20<1>:F            g20<0,1,0>:F            g15.1<0,1,0>:F
add(1)              g20<1>:F            g20<0,1,0>:F            g15.2<0,1,0>:F
add(1)              g20<1>:F            g20<0,1,0>:F            g15.3<0,1,0>:F
add(1)              g20<1>:F            g20<0,1,0>:F            g15.4<0,1,0>:F
add(1)              g20<1>:F            g20<0,1,0>:F            g15.5<0,1,0>:F
add(1)              g20<1>:F            g20<0,1,0>:F            g15.6<0,1,0>:F
add(1)              g20<1>:F            g20<0,1,0>:F            g15.7<0,1,0>:F

// 将计算结果存入寄存器 g16/g17 中，作为 subgroup 中 16 个工作项的 y 变量值
mov(16)             g16<1>:F            g20<0,1,0>:F
```

其中，函数的输入变量 x 被保存在寄存器 g14/g15 中，一共 16 个浮点数，对应着 subgroup 中 16 个工作项的变量 x，不妨记为 a、b、c、d、…、l、m、n、o 和 p，如图 3-18 所示，第一条指令将 a 移入寄存器 g20 的最低位分量中；第二条指令是加法指令，将 g20 中的最低分量（已经有值 a）和 b 相加，并且结果继续放入 g20 的同一位置；如此一直执行到倒数第二条指令，将 $a+b+c+\cdots+p$ 的结果存入寄存器 g20 的最低位分量中；最后一条指令则是将最终的累加结果移入寄存器 g16/g17 中，对应着 16 个工作项的变量 y 的值。由此也说明了 16 个工作项中的函数返回值都是相同的。

7. scan 函数

之前介绍的 reduce 函数考虑了 subgroup 中所有工作项的情况，最后返回一个值。对于其他情况，例如，要统计 2 岁以内所有儿童的最高身高，统计 3 岁以内的所有儿童的最高身高，直到统计 17 岁以内所有儿童的最高身高，16 个任务有所重叠又有所区别，将这 16 个任务分配到一个 subgroup 中的 16 个工作项中完成的话，就需要 scan 系列函数来完成。做一个粗略通俗的类比解释，如果统计 x 岁以内所有儿童的最高身高的时候，包括了 x 岁的儿童，那么函数名应该含有 inclusive 字样，如果不包括 x 岁的儿童，则应使用含有 exclusive 字样的函数名。函数原型如下所示。

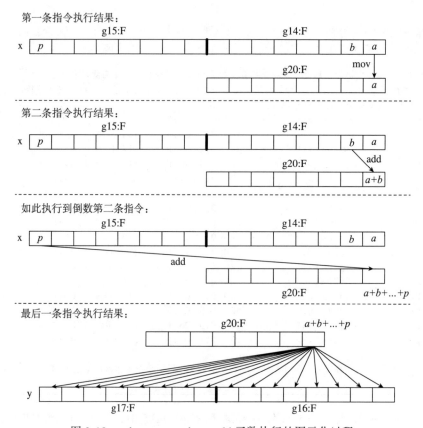

图 3-18   sub_group_reduce_add 函数执行的图示化过程

```
gentype sub_group_scan_exclusive_add( gentype x )
gentype sub_group_scan_exclusive_min( gentype x )
gentype sub_group_scan_exclusive_max( gentype x )
gentype sub_group_scan_inclusive_add( gentype x )
gentype sub_group_scan_inclusive_min( gentype x )
gentype sub_group_scan_inclusive_max( gentype x )
```

这批函数在 subgroup 中对有选择性的工作项做相应的 add/min/max 操作，每个工作项得到不同的函数返回值。接下来以 float y=sub_group_scan_inclusive_add(float x) 为例详细介绍函数的功能和实现手段。其使用 SIMD-16 指令宽度生成的硬件指令如代码清单 3-12 所示，这也只是一种参考实现。

代码清单 3-12   sub_group_scan_inclusive_add 函数使用 SIMD-16 指令宽度生成的硬件指令

```
// 生成的硬件指令，简化描述

// 变量 x 被保存在寄存器 g14/g15 中，最后结果在寄存器 g20/g21 中
// 相关指令前面已经介绍过，这里不再赘述
```

```
mov(1)      g20<1>:F      g14<0,1,0>:F
add(1)      g20.1<1>:F    g20<0,1,0>:F    g14.1<0,1,0>:F
add(1)      g20.2<1>:F    g20.1<0,1,0>:F  g14.2<0,1,0>:F
add(1)      g20.3<1>:F    g20.2<0,1,0>:F  g14.3<0,1,0>:F
add(1)      g20.4<1>:F    g20.3<0,1,0>:F  g14.4<0,1,0>:F
add(1)      g20.5<1>:F    g20.4<0,1,0>:F  g14.5<0,1,0>:F
add(1)      g20.6<1>:F    g20.5<0,1,0>:F  g14.6<0,1,0>:F
add(1)      g20.7<1>:F    g20.6<0,1,0>:F  g14.7<0,1,0>:F
add(1)      g21<1>:F      g20.7<0,1,0>:F  g15<0,1,0>:F
add(1)      g21.1<1>:F    g21<0,1,0>:F    g15.1<0,1,0>:F
add(1)      g21.2<1>:F    g21.1<0,1,0>:F  g15.2<0,1,0>:F
add(1)      g21.3<1>:F    g21.2<0,1,0>:F  g15.3<0,1,0>:F
add(1)      g21.4<1>:F    g21.3<0,1,0>:F  g15.4<0,1,0>:F
add(1)      g21.5<1>:F    g21.4<0,1,0>:F  g15.5<0,1,0>:F
add(1)      g21.6<1>:F    g21.5<0,1,0>:F  g15.6<0,1,0>:F
add(1)      g21.7<1>:F    g21.6<0,1,0>:F  g15.7<0,1,0>:F
```

其中，函数的输入变量 x 被保存在寄存器 g14/g15 中，一共 16 个浮点数，对应着 subgroup 中 16 个工作项的变量 x，不妨记为 a、b、c、d、…、l、m、n、o 和 p，如图 3-19 所示。

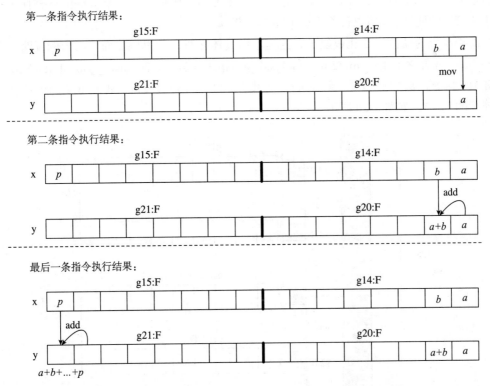

图 3-19　sub_group_scan_inclusive_add 函数执行的图示化过程

第一条指令将 *a* 移入寄存器 g20 的最低位分量中；第二条指令是加法指令，将 g20 中的最低分量（已经有值 *a*）和 *b* 相加，并且结果继续放入 g20 中的次低位分量中；如此一直执行到最后一条指令，将 *a*+*b*+*c*+…+*p* 的结果存入寄存器 g21 的最高位分量中。寄存器 g20/g21 对应着 16 个工作项的变量 y 的值，由此也说明了 16 个工作项中的函数返回值各不相同。

8. 块读写函数

这批函数是为了 Intel GPU 硬件功能而专门提出的，分为读写 buffer 和读写 image 两部分。读写 buffer 的函数原型如下所示。

```
uint    intel_sub_group_block_read( const __global uint* p )
uint2   intel_sub_group_block_read2( const __global uint* p )
uint4   intel_sub_group_block_read4( const __global uint* p )
uint8   intel_sub_group_block_read8( const __global uint* p )
void    intel_sub_group_block_write( __global uint* p, uint data )
void    intel_sub_group_block_write2( __global uint* p, uint2 data )
void    intel_sub_group_block_write4( __global uint* p, uint4 data )
void    intel_sub_group_block_write8( __global uint* p, uint8 data )
```

在以往的 OpenCL 操作中，在读写 global memory 的时候，SIMD 线程中每一个 lane 都有自己要读写的地址值，而在这批函数中，一个 SIMD 线程作为一个 subgroup 整体，只有一个要读写的地址 p，所以被称为块（block）操作。

由于相应的硬件指令比较复杂，这里不做具体介绍，这里以下面代码为例说明指令的执行结果是怎么样的。uint2 u2=intel_sub_group_block_read2(const __global uint* p) 对于 SIMD16 指令，每个工作项读取 uint2，一共有 128B（16×2×4），即从 p 指向的内存中读取连续的 128B，如图 3-20 所示。

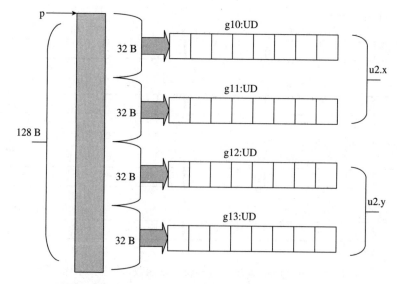

图 3-20　以块的方式读取连续 128B 到 uint2 变量中

假设 uint2 u2 变量被分配了寄存器 g10/g11/g12/g13，从 g10 开始将 4 个寄存器以字节为单位按地址从低到高排列，可以形成一段连续地址空间。指令的执行结果是将 p 指向的 128B 的数据，直接复制到这段地址空间上。根据 SOA 数据布局的特点，16 个工作项中的 u2.x 存放寄存器 g10/g11 中，而 u2.y 则存放在寄存器 g12/g13 中。从中可以看出，同一个工作项中的 u2.x 和 u2.y 在 global memory 中，差了 64B，即 16 个 uint，这也是在定义中提到的 p[sub_group_local_id + max_sub_group_size] 中 max_sub_group_size 的由来。对于 vload2 函数，假设返回值变量是 s2，那么同一个工作项中的 s2.x 和 s2.y 来自 global memory 的连续地址空间，这是和本批函数最大的不同之处。

以 image 为读写目标的函数原型如下所示。

```
uint     intel_sub_group_block_read(image2d_t image, int2 byte_coord)
uint2    intel_sub_group_block_read2(image2d_t image, int2 byte_coord)
uint4    intel_sub_group_block_read4(image2d_t image, int2 byte_coord)
uint8    intel_sub_group_block_read8(image2d_t image, int2 byte_coord)
void     intel_sub_group_block_write(image2d_t image, int2 byte_coord, uint
                data)
void     intel_sub_group_block_write2(image2d_t image, int2 byte_coord, uint2
                data)
void     intel_sub_group_block_write4(image2d_t image, int2 byte_coord, uint4
                data)
void     intel_sub_group_block_write8(image2d_t image, int2 byte_coord, uint8
                data)
```

这批函数和刚介绍的函数相比，只是函数参数不同，global gentype *p 换成了 image2d_t image，这也是为了 Intel GPU 硬件的专门功能而提出的函数扩展。一个 SIMD 线程作为一个 subgroup 整体，只有一个要读写的 image2d 和坐标值 int2 byte_coord，所以也被称为块（block）操作。由于涉及的硬件指令比较复杂，而且存在可能的指令拆分和寄存器重排等情况，在此不做具体介绍，仅以下面代码为例说明指令的执行结果是怎么样的。

```
uint4 u4=intel_sub_group_block_read4(image2d_t image, int2 byte_coord)
```

如图 3-21 所示，byte_coord 指出了要读取 image 的起始位置，宽度 16 来自 SIMD 的宽度，高度 4 来自 uint4 中的 4，第 1 行被读入寄存器 g20/g21 中，对应着 16 个工作项的 u4.x 变量，第 2 行被读入 g22/g23 中，对应着 16 个工作项的 u4.y 变量，以此类推。

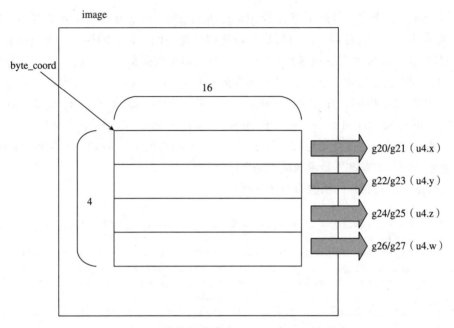

图 3-21   以块的方式读取 image 到 uint4 变量中

3.3   本章小结

本章首先介绍了并行计算的历史和分类，并且在指令级并行中重温了 SIMD 的概念，SIMD 也是 Intel GPU 的基本计算单元；然后从 SoC 开始介绍 Intel GPU 计算架构，逐步深入到 Slice、Subslice、执行单元和存储层次，中间穿插介绍了基于 Intel GPU 的 OpenCL 的优化建议；接下来从 AOS 和 SOA 两个不同角度，介绍了 SIMD 指令的使用思路；最后介绍了 cl_intel_subgroups 这个在深度学习中比较常见的 OpenCL 扩展在 Intel GPU 上的参考实现，希望通过对这部分内容的学习，读者可以加深对 Intel GPU 计算架构的理解，也可以更好地理解 OpenCV 深度学习模块中基于 OpenCL 加速的具体实现手段。

第 4 章

基于 Vulkan 的加速实现

计算机图形图像标准化组织 Khronos Group⊖发布过多种用于 GPU 加速的 API，如 OpenGL/OpenGL ES 及用于通用计算的 OpenCL，它们在工业界的应用有着久远的历史。随着 GPU 硬件的发展及软件生态的演进，老的 API 标准需要革新以适应更广的产业生态，例如，Google 的生态（以 Android 为例）对 OpenCL 并不友好，种种原因促使 Khronos Group 推出了一种更高效的 GPU 加速 API——Vulkan。OpenCV 从 4.0 版本开始加入基于 Vulkan 的深度学习模块加速后端，本章讲解 Vulkan 加速后端的原理和实现。

4.1 初识 Vulkan

Vulkan 是 Khronos Group 在 2015 年提出的新一代、低开销、跨平台图形渲染和通用计算 API，旨在代替 OpenGL 成为下一代图形标准 API。Vulkan 的典型应用场景是高性能实时 3D 图形应用，如跨平台的视频游戏、互动媒体等。跟 OpenGL 和 Direct3D 等传统的图形 API 相比，Vulkan 有以下优势。

- ❑ 通过一套 API 同时支持高端桌面级 GPU 和移动 GPU，这为应用开发和跨平台带来了极大方便。OpenGL 则针对移动 GPU 额外定义了 OpenGL ES。
- ❑ 支持所有主流操作系统，包括 Android、Linux、Windows 7/8/10、macOS 和 iOS。
- ❑ 具有更低的 CPU 开销。通过两方面实现：一是更简单的驱动架构；二是通过批处理方式让 CPU 可以更高效地工作。
- ❑ 支持更好的多核 CPU 扩展能力。
- ❑ 将 shader 编译器和驱动解耦。OpenGL 驱动需要为 GLSL 提供编译器，而 Vulkan 采

⊖ 参见 https://www.khronos.org/。

用更接近硬件描述的中间格式 SPIR-V 作为 shader 格式，省去了很多编译器工作，使得驱动可以专注于机器代码的生成和优化。另一个好处是，SPIR-V 作为预编译过的二进制 shader，在运行期的载入速度更快，能够提供更好的应用体验。

❑ 对通用计算核和图形 shader 进行统一管理。这给同时使用图形渲染和通用计算的应用提供了便利。

OpenCV DNN 模块的 Vulkan 后端使用 Vulkan 的通用计算 API 实现常见的深度网络算子。

4.2　使用 Vulkan 加速

在深入实现细节之前，本节先介绍 Vulkan 加速后端的使用方法，让读者对其有一个感性认识。

使用 Vulkan 加速后端需要做一些准备工作，包括安装 Vulkan 运行环境、重新编译安装 OpenCV[⊖]、改写应用程序代码。下面基于 Ubuntu OS 进行说明。

1. 安装 Vulkan 运行环境

首先安装 Vulkan 加载器。安装方法有两种，一种方法是安装 Vulkan SDK[⊜]。运行如下命令进行解压。

```
$ mkdir ~/vulkan_sdk
$ tar zxf vulkansdk-linux-x86_64-1.1.85.0.tar.gz -C ~/vulkan_sdk
```

如果一切正常，则加载器文件将位于 $HOME/vulkan_sdk/1.x.x.x/x86_64/libvulkan.so.1。另一种方法是直接通过 apt 安装：

```
$ sudo apt-get install libvulkan1
```

采用这种方式安装后，加载器位于 /usr/lib/x86_64-linux-gnu/libvulkan.so.1。

然后安装 Vulkan 驱动，这里只针对 Intel 和 AMD 的 GPU。一种方法是自己手动编译和安装 Mesa 库，编译安装步骤可以参考 Mesa 官网指导[⊜]。需要注意的是，在配置编译环境时，要加上 "--with-vulkan-drivers=intel"（Intel GPU）或者 "--with-vulkan-drivers=radeon"（AMD GPU）。

⊖ 编译过程参考附录 A，唯一的不同是，为了打开 Vulkan 加速支持，需要在 cmake 阶段加上 -DWITH_VULKAN=ON 选项。

⊜ 下载地址：https://vulkan.lunarg.com/sdk/home#sdk/downloadConfirm/1.1.85.0/linux/vulkansdk-linux-x86_64-1.1.85.0.tar.gz。

⊜ https://www.mesa3d.org/install.html。

另一种方法是通过 apt 安装：

```
$ sudo apt-get install mesa-vulkan-drivers
```

为了验证 Vulkan 环境是否安装成功，需要安装 Vulkan 工具集（这一步不是必需的）。可以通过 apt 安装：

```
$ sudo apt-get install vulkan-utils
```

如果 Vulkan 环境是通过 Vulkan SDK 安装的，则工具集已经包含在内，无须额外安装，但是运行前需要设置环境变量：

```
$ source $HOME/vulkan_sdk/1.x.x.x/setup-env.sh
```

工具安装好之后运行：

```
$ vulkaninfo
```

如果在输出中看到 GPU id : 0 Intel(R) 类似字样，则说明安装成功。

2. 改写应用程序代码

只需要在原来的代码中加入以下设置加速后端和目标设备类型的代码即可。其中，net 是 dnn:Net 类型的对象。

```
net.setPreferableBackend(DNN_BACKEND_VKCOM);
net.setPreferableTarget(DNN_TARGET_VULKAN);
```

3. 运行 DNN 模块测试程序

如果 Vulkan 加载器是通过 Vulkan SDK 形式安装的，首先要设置环境变量：

```
export OPENCV_VULKAN_RUNTIME=\
$HOME/vulkan_sdk/1.x.x.x/x86_64/libvulkan.so.1
```

然后运行编译好的测试程序：

```
$ OPENCV_BUILD_DIR/bin/opencv_test_dnn -gtest_filter=*Fused_Concat*
```

这里命令行参数 –gtest_filter=*Fused_Concat* 的意思是只测试名称中含有 Fused_Concat 字符串的测试用例。因为这几个测试用例无须事先下载网络模型，所以直接运行即可。如果一切顺利，结果将如图 4-1 所示。其中第 5 行最后的 "VKCOM/VULKAN" 表示加速后端是 DNN_BACKEND_VKCOM，目标设备是 DNN_TARGET_VULKAN。

```
Note: Google Test filter = *Fused_Concat*
[==========] Running 2 tests from 1 test case.
[----------] Global test environment set-up.
[----------] 2 tests from Test_Caffe_layers
[ RUN      ] Test_Caffe_layers.Fused_Concat/0, where GetParam() = VKCOM/VULKAN
[       OK ] Test_Caffe_layers.Fused_Concat/0 (2 ms)
[ RUN      ] Test_Caffe_layers.Fused_Concat/1, where GetParam() = OCV/CPU
[       OK ] Test_Caffe_layers.Fused_Concat/1 (0 ms)
[----------] 2 tests from Test_Caffe_layers (2 ms total)

[----------] Global test environment tear-down
[==========] 2 tests from 1 test case ran. (2 ms total)
[  PASSED  ] 2 tests.
```

图 4-1　DNN 模块测试程序运行结果（打开 Vulkan 加速的情况）

4.3　Vulkan 后端加速过程解析

　　OpenCV DNN 模块定义了 **BackendWrapper** 和 **BackendNode** 两个基类来抽象不同加速后端的数据对象和计算节点。BackendWrapper 封装 OpenCV Mat 对象，方便在 CPU 和后端设备之间传递数据，包括但不限于层的输入、输出、权重和偏置。BackendNode 封装后端计算节点，计算节点指的是层的计算功能。加速后端需要在层的实现代码中加入初始化代码以创建 BackendNode 对象。以卷积层的 Vulkan 加速后端为例，在 convolution_layer.cpp 中加入 initVkCom 函数来创建计算节点对象。

　　BackendWrapper 和 BackendNode 对象保存在 LayerData 结构中，LayerData 结构是 DNN 模块操作层对象的关键数据结构。代码清单 4-1 展示了 BackendWrapper、Backend-Node 与 LayerData 的包含关系。

代码清单 4-1　LayerData 结构体定义

```
struct LayerData
{
    /* 这里只列出了与 backend 实现相关的成员变量 */
    std::vector<Ptr<BackendWrapper> > outputBlobsWrappers;   // 层输出
    std::vector<Ptr<BackendWrapper> > inputBlobsWrappers;    // 层输入
    std::vector<Ptr<BackendWrapper> > internalBlobsWrappers; // 权重和偏置
    std::map<int, Ptr<BackendNode> > backendNodes; // 后端计算节点
    bool skip; // 是否跳过该层。跳过的情况包括该层的运算被合并到别的层中，
               // 或者在使用 Intel 推理引擎后端的情况下，推理运算不再是逐层调用，
               // 而是只在最后一层调用一次推理引擎的内部网络进行前向运算
}
```

　　DNN 模块通过 setUpNet 函数初始化 BackendWrapper 和 BackendNode，通过 forward-Layer 函数调用 BackendNode 进行层的前向运算。

4.3.1　数据对象初始化

　　每个后端设备都有特定的数据对象类型定义，初始化过程将 Mat 类型的层输出、输入、权重和偏置等数据与后端设备数据对象建立对应关系，方便数据在 CPU 和后端设备间传递。根据需要，后端设备数据对象可以是新创建的对象或者是复用的已有对象。数据对象初始化过程如图 4-2 所示。

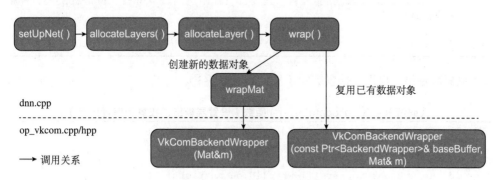

图 4-2　数据对象初始化过程

　　图 4-2 的上半部分代码属于 DNN 引擎层，具体的函数调用关系是 setUpNet() 调用 allocateLayers() 分配网络中所有的层对象，allocateLayers() 调用 allocateLayer() 分配每一个具体的层对象，allocateLayer() 调用 wrap() 初始化后端数据对象（将 CPU 数据对象封装到具体后端的数据对象）。下半部分代码属于 Vulkan 后端加速层。

　　下面详细描述数据对象初始化过程，该过程发生在 allocateLayer() 函数中，allocateLayer() 函数的主要逻辑如下。

　　1）设置层输入（见代码清单 4-2）。

代码清单 4-2　allocateLayer 函数（设置层输入）

```
if (ld.id==0)
{   // id 为 0 的层是整个网络的第一层，为网络提供输入数据
    ninputs=netInputLayer->inputsData.size();
    ld.inputBlobsWrappers.resize(ninputs);
    for (size_t i=0; i < ninputs; i++)
    {
        // 调用 wrap 函数绑定 Mat 对象
        ld.inputBlobsWrappers[i]=wrap(netInputLayer->inputsData[i]);
    }
}
else
{
    // id > 0 的层的输入绑定
    ld.inputBlobs.resize(ninputs);
    ld.inputBlobsWrappers.resize(ninputs);
    for (size_t i=0; i < ninputs; i++)
```

```
    {
        LayerPin from=ld.inputBlobsId[i];
        CV_Assert(from.valid());
        CV_DbgAssert(layers.count(from.lid) && \
                    (int)layers[from.lid].outputBlobs.size() > from.oid);
        ld.inputBlobs[i]=&layers[from.lid].outputBlobs[from.oid];
        // id > 0 的层的输入是前一层的输出, 直接复用即可, 无须调用 wrap 函数
        ld.inputBlobsWrappers[i]=layers[from.lid].outputBlobsWrappers[from.
        oid];
    }
}
```

2）设置层输出、权重和偏置绑定（见代码清单 4-3）。

代码清单 4-3　allocateLayer() 函数（设置层输出、权重和偏置绑定）

```
ld.outputBlobsWrappers.resize(ld.outputBlobs.size());
for (int i=0; i < ld.outputBlobs.size(); ++i)
{
    ld.outputBlobsWrappers[i]=wrap(ld.outputBlobs[i]);
}
ld.internalBlobsWrappers.resize(ld.internals.size());
for (int i=0; i < ld.internals.size(); ++i)
{
    ld.internalBlobsWrappers[i]=wrap(ld.internals[i]);
}
```

上面代码的核心部分是 wrap() 函数调用，它将 Mat 对象绑定到具体后端的 BackendWrapper 对象。BackendWrapper 类定义⊖如代码清单 4-4 所示。

代码清单 4-4　BackendWrapper 类定义

```
class BackendWrapper
{
public:
    // 子类构造时调用此函数设置后端 id 和默认目标设备 id
    BackendWrapper(int backendId, int targetId);

    // 为特定的后端和目标设备封装 Mat 对象。后端 id 在上面函数中已经设置, 而有的后端可以对应
    // 多个目标设备, 所以需要指定目标设备 id(targetId)
    BackendWrapper(int targetId, const cv::Mat& m);

    // 复用已有的 BackendWrapper 对象。不需要在目标设备上分配内存, 但是内存布局需要重新按
    // 照 shape 设置。DNN 模块进行层融合处理的时候, 会对内存进行复用, 该函数对应此功能, 实
    // 现了目标加速设备上的内存复用
    BackendWrapper(const Ptr<BackendWrapper>& base, const MatShape& shape);
    virtual ~BackendWrapper();

    // 目标设备向 CPU 内存复制数据
```

⊖　源代码参见 https://github.com/opencv/opencv/blob/4.1.0/modules/dnn/include/opencv2/dnn.hpp。

```
virtual void copyToHost()=0;

// 表明 CPU 内存数据有更新，需要同步到目标设备
virtual void setHostDirty()=0;

int backendId;
int targetId;
};
```

Vulkan 后端通过 VkComBackendWrapper 实现 BackendWrapper，源代码链接参见脚注⊖。VkComBackendWrapper 类定义代码如代码清单 4-5 所示。

代码清单 4-5　VkComBackendWrapper 类定义

```
class VkComBackendWrapper : public BackendWrapper
{
public:
    VkComBackendWrapper(Mat& m);
    VkComBackendWrapper(const Ptr<BackendWrapper>& baseBuffer, Mat& m);

    virtual void copyToHost() CV_OVERRIDE;
    virtual void setHostDirty() CV_OVERRIDE;

    // 表明目标设备内存数据有更新，需要同步到 CPU
    void setDeviceDirty();

    // CPU 向目标设备复制数据
    void copyToDevice();

    // 获取 Vulkan 后端的内部 Tensor 对象
    vkcom::Tensor getTensor();

private:
    vkcom::Tensor tensor;
    Mat* host;
    bool hostDirty;
    bool deviceDirty;
};
```

完整的实现代码见⊖，下面讲解 VkComBackendWrapper 的构造函数。首先介绍构造函数 VkComBackendWrapper(Mat& m)，它会创建新的内部数据对象并进行一次复制，如代码清单 4-6 所示。

代码清单 4-6　VkComBackendWrapper 构造函数 1

```
VkComBackendWrapper::VkComBackendWrapper(Mat& m) :
                    BackendWrapper(DNN_BACKEND_VKCOM, DNN_TARGET_VULKAN)
```

⊖ 参见 https://github.com/opencv/opencv/blob/4.1.0/modules/dnn/src/op_vkcom.hpp。
⊖ 参见 https://github.com/opencv/opencv/blob/4.1.0/modules/dnn/src/op_vkcom.cpp。

```
{
    // 将 Mat 对象复制到 Vulkan 后端的 Tensor 对象
    copyToTensor(tensor, m);
    // 记录 Mat 对象指针
    host=&m;
    // 初始化 dirty 标志，表示 CPU 和目标设备间数据已经同步
    hostDirty=false;
    deviceDirty=false;
}
```

另一个构造函数 VkComBackendWrapper(const Ptr<BackendWrapper>& baseBuffer, Mat& m) 复用已有数据对象，如代码清单 4-7 所示。

代码清单 4-7　VkComBackendWrapper 构造函数 2

```
VkComBackendWrapper::VkComBackendWrapper(const Ptr<BackendWrapper>& baseBuffer,
                    Mat& m): BackendWrapper(DNN_BACKEND_VKCOM, DNN_TARGET_
                    VULKAN)
{
    // 基类对象动态映射到继承类对象
    Ptr<VkComBackendWrapper> base=
                            baseBuffer.dynamicCast<VkComBackendWrapper>();
    CV_Assert(!base.empty());
    host=&m;
    tensor=base->tensor; // 复用 tensor 对象
    CV_Assert(tensor.count() >=m.total());
    tensor.reshape(0, shape(m));   // 无须分配内存，重新设置内存布局的参数即可
    hostDirty=false;
    deviceDirty=false;
}
```

这两个函数之外还有一些辅助函数，但都不是核心逻辑，这里省略。

4.3.2　后端运算节点初始化

后端运算节点（BackendNode）是对后端层运算功能的抽象。图 4-3 以卷积层的实现为例说明运算节点的初始化过程和类的实现关系。

在图 4-3 中，第 1 层是 DNN 模块的框架代码，第 2 层是基类定义，第 3 层是对 initVk-Com 的实现，第 4 层是对 BackendNode 的实现。initVkComBackend() 函数（第 1 层）调用 Layer::initVkCom() 函数（第 2 层）初始化 Vulkan 后端节点。ConvolutionLayerImpl::initVk-Com() 函数（第 3 层）调用 VkComBackendNode 对象（第 4 层）来实现 Layer::initVkCom() 函数（第 2 层），而 VkComBackendNode 类是对抽象类 BackendNode（第 2 层）的 Vulkan 版本实现。

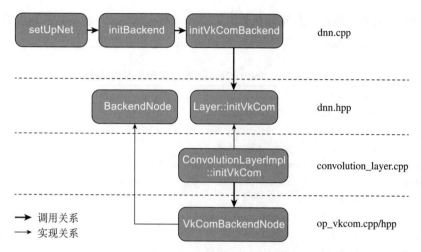

图 4-3　卷积层运算节点的初始化过程和类的实现关系

以上过程的核心逻辑是 ConvolutionLayerImpl::initVkCom() 函数，该函数的流程图如图 4-4 所示。

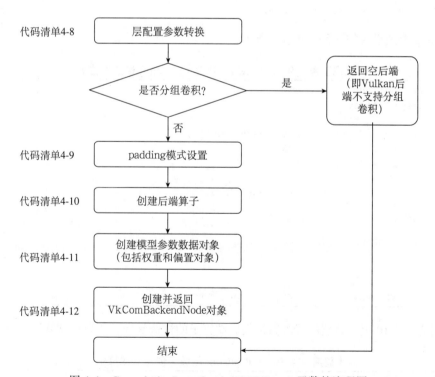

图 4-4　ConvolutionLayerImpl::initVkCom() 函数的流程图

我们将以代码清单 4-8 到代码清单 4-12 来详细讲解该函数逻辑。

首先将层配置参数转换成后端库接受的形式，参数包括输入 / 输出特征通道数、偏置标志、filter 的宽高、padding 的宽高、stride 和 dilation、卷积分组数，如代码清单 4-8 所示。

代码清单 4-8　initVkCom 函数（层配置参数转换）

```
int out_channel=blobs[0].size[0];
bool has_bias=hasBias() || fusedBias;
int filter_size[2]={kernel.height, kernel.width};
int pad_size[2]={pad.height, pad.width};
int stride_size[2]={stride.height, stride.width};
int dilation_size[2]={dilation.height, dilation.width};
int activation=0;
vkcom::Tensor input_tensor=VkComTensor(inputs[0]);
int in_channel=input_tensor.dimSize(1);
int group=in_channel / blobs[0].size[1];
```

如果是分组卷积，则返回空节点，代码如下：

```
if (group !=1)
    return Ptr<BackendNode>();
```

padding 模式设置如代码清单 4-9 所示。

代码清单 4-9　initVkCom 函数（padding 模式设置）

```
int padding_mode;
if (padMode.empty())
{
    padding_mode=vkcom::kPaddingModeCaffe;
}
else if (padMode=="VALID")
{
    padding_mode=vkcom::kPaddingModeValid;
}
else if (padMode=="SAME")
{
    padding_mode=vkcom::kPaddingModeSame;
}
else
    CV_Error(Error::StsError, "Unsupported padding mode " + padMode);
```

代码清单 4-10 表示将层配置参数传入后端算子的构造函数，创建后端算子。

代码清单 4-10　initVkCom 函数（创建后端算子）

```
std::shared_ptr<vkcom::OpBase> op(new vkcom::OpConv(out_channel, has_bias,
                                                    filter_size, pad_size,
                                                    stride_size,
```

```
                                    dilation_size,
                                    activation, group,
                                    padding_mode));
```

接下来创建模型参数数据对象（包括权重和偏置数据对象），如代码清单 4-11 所示。

代码清单 4-11　initVkCom 函数（创建模型参数数据对象）

```
std::vector<Ptr<BackendWrapper> > blobsWrapper;
if (newWeightAndBias)
{
    Mat wm;
    weightsMat.copyTo(wm); // 显式复制一份，确保 wm 内的数据存储是连续的
    wm.reshape(1, blobs[0].dims, blobs[0].size);
    blobsWrapper.push_back(Ptr<BackendWrapper>(new
                            VkComBackendWrapper(wm)));
}
else
{
    blobsWrapper.push_back(Ptr<BackendWrapper>(new VkComBackendWrapper(
                            blobs[0])));
}
if (has_bias)
{
    Mat biasesMat({out_channel}, CV_32F, &biasvec[0]);
    blobsWrapper.push_back(Ptr<BackendWrapper>(new VkComBackendWrapper(bias-
                            esMat)));
}
```

最后代码清单 4-12 以输入数据对象、后端算子和网络参数数据对象为参数调用 VkComBackendNode 构造函数创建并返回 BackendNode 对象。

代码清单 4-12　initVkCom 函数（创建并返回 VkComBackendNode 对象）

```
return Ptr<BackendNode>(new VkComBackendNode(inputs, op, blobsWrapper));
```

整个函数以 HAVE_VULKAN 宏来进行预编译控制，当 cmake 配置时加入 "-DWITH_VULAKN=ON" 选项，将会定义 HAVE_VULKAN 宏，否则 HAVE_VULKAN 宏没有定义，该函数调用默认的 BackendNode 构造函数。

4.3.3　调用后端运算节点进行前向运算

setUpNet 初始化网络之后，DNN 调用 forwardToLayer 进行网络前向运算。在使用 Vulkan 后端的情况下最终会调用到 VkComBackendNode::forward 函数。后端节点 forward() 函数的调用过程如图 4-5 所示。

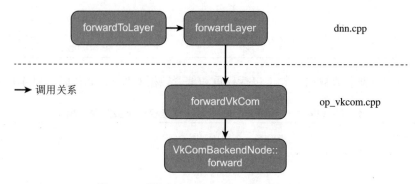

图 4-5　后端节点 forward() 函数的调用过程

VkComBackendNode::forward 函数如代码清单 4-13 所示。

代码清单 4-13　VkComBackendNode::forward 函数

```
bool VkComBackendNode::forward(std::vector<vkcom::Tensor>& outs)
{
    for (int i=0, n=inputsWrapper_.size(); i < n; ++i)
    {
        // 输入数据同步到后端设备
        inputsWrapper_[i].dynamicCast<VkComBackendWrapper>()->copyToDevice();
    }

    // 调用后端算子进行前向运算
    return operation->forward(ins, blobs, outs);
}
```

这里对"输入数据同步到后端设备"进行说明：并不是每次前向运算都会做一次 CPU 到 Vulkan 设备的数据拷贝，从 VkComBackendWrapper::copyToDevice 函数中可以清晰地看到在何种情况下需要进行数据拷贝（见代码清单 4-14）。

代码清单 4-14　VkComBackendWrapper::copyToDevice 函数

```
125 void VkComBackendWrapper::copyToDevice()
126 {
127   if (hostDirty)
128   {
129       copyToTensor(tensor, *host);
130       hostDirty=false;
131   }
132 }
```

以上代码中的 127 行表示，只有当 hostDirty 标志为真时才会发生数据拷贝。而 hostDirty 标志只有在某一层采用 OpenCV 自带的 CPU 实现的时候（即数据存在于系统内存当中），才会对输出数据对象调用 setHostDirty() 将 hostDirty 标志设置为真。这段逻辑在

cnn.hpp 的 forwardLayer 函数中，具体代码如代码清单 4-15 所示。

代码清单 4-15　forwardLayer 函数（设置 hostDirty 标志）

```
2486    for (int i=0, n=ld.outputBlobsWrappers.size();
                i < n; ++i)
2487    {
2488        if (!ld.outputBlobsWrappers[i].empty())
2489            ld.outputBlobsWrappers[i]->setHostDirty();
2490    }
```

这里的逻辑如下：如果前后层分别进行 CPU 加速和其他目标设备加速，则需要进行一次数据拷贝。

4.3.4　Vulkan 后端库

在使用加速后端的情况下，网络的前向运算最终会调用后端算子来完成，后端算子是后端加速库的核心部分。Vulkan 后端加速库的代码位于 \$OPENCV_SOURCE_DIR /modules/dnn/src/vkcom 目录，支持的层类型（算子类型）包括 Conv、Concat、ReLU、LRN、PriorBox、Softmax、MaxPooling、AvePooling 和 Permute。本节先给出 Vulkan 后端库的整体架构，然后讲解 Vulkan 环境初始化和 SPIR-V shader 生成机制，最后以 Conv 算子为例讲解具体运算功能的实现。

1. Vulkan 后端库（vkcom）的整体架构

图 4-6 展示了 Vulkan 后端库的整体架构。

vkcom 对外提供 Tensor 类、算子类（OpConv、OpPool、OpConcat、OpReLU、OpLRN、OpPriorBox、OpSoftmax、OpPermute）及 Vulkan 环境创建接口。vkcom 库维护一个全局唯一的 Vulkan 环境，包括 VkInstance、VkPhysicalDevice、VkDevice、VkQueue、VkCommandPool 类型的对象，通过 Context 对象进行管理。OpBase 是算子抽象类，它集中了每个算子需要用到的 Vulkan 对象，如 VkPipeline、VkCommandBuffer、VkShaderModule 对象。Tensor 是张量类，它使用 Buffer 类来管理设备内存。Buffer 类则封装了 VkBuffer 和 VkDeviceMemory。

2. Vulkan 环境初始化

一般建议 vkcom 的使用者在调用 vkcom 的 API 之前，通过 isAvailable() 函数确认 Vulkan 环境可用并初始化 Vulkan 环境，但这个调用不是必需的，因为 Vulkan 环境会在第一次使用到任何一个 vkcom 对象时自动初始化。Vulkan 环境的初始化和回收分别发生在 Context 对象的构造函数和析构函数中。DNN 模块初始化 Vulkan 环境的相关函数调用顺序如图 4-7 所示。

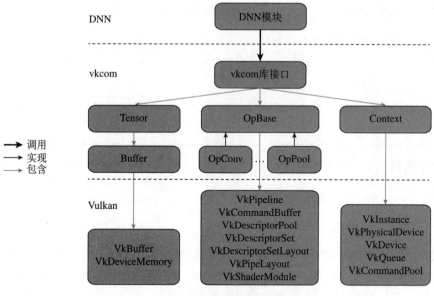

图 4-6　Vulkan 后端库的整体架构

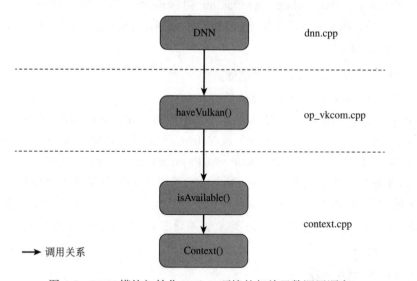

图 4-7　DNN 模块初始化 Vulkan 环境的相关函数调用顺序

如图 4-7 所示，Context() 首先加载 Vulkan 运行库，如代码清单 4-16 所示。

代码清单 4-16　Context 构造函数（加载 Vulkan 运行库）

```
if(!loadVulkanLibrary())
{
  CV_Error(Error::StsError, "loadVulkanLibrary failed");
  return;
}
```

然后通过函数指针方式初始化需要用到的 Vulkan 函数，如代码清单 4-17 所示。

代码清单 4-17　Context 构造函数（初始化 Vulkan API 函数指针）

```
else if (!loadVulkanEntry())
{
    CV_Error(Error::StsError, "loadVulkanEntry failed");
    return;
}
else if (!loadVulkanGlobalFunctions())
{
    CV_Error(Error::StsError, "loadVulkanGlobalFunctions failed");
    return;
}
```

接下来创建全局单例对象，包括 VkInstance、VkPhysicalDevice、VkDevice、VkQueue、VkCommandPool 对象，这里从略。

3. SPIR-V shader 生成机制

Vulkan 后端算子的计算功能是由 shader 实现的。Vulkan 的 shader 格式是 SPIR-V[⊖]，这是一种中间表示格式，我们一般不会直接基于 SPIR-V 来编写 shader 代码，而是先用高级 shader 语言（如 GLSL[⊜]）将代码写好，然后通过工具 glslangValidator（由 Vulkan SDK 提供）将代码转成 SPIR-V 格式，最后将其加载到 Vulkan 中运行。

vkcom 的 shader 源代码位于 $OPENCV_SOURCE_DIR/module/dnn/src/vkcom/shader/，以 .comp 为文件扩展名。spirv_generator.py 脚本将该目录下所有的 .comp 文件转换成 SPIR-V 格式并以数组的形式嵌入相应的 .cpp 文件，供编译使用。如果修改或增加了 .comp 文件，则需要重新运行 spirv_generator.py 脚本，并重新编译 OpenCV。

4. 示例：OpConv 算子

OpConv 算子提供卷积层的运算（operation）功能，相关源代码位于：

```
$OPENCV_SOURCE_DIR/modules/dnn/src/vkcom/include/op_conv.hpp
$OPENCV_SOURCE_DIR/modules/dnn/src/vkcom/src/op_conv.cpp
```

OpConv 继承自 OpBase，并实现 forward() 虚函数，这是所有算子的核心部分，实现了层的前向运算功能。下面来看它的具体实现。

首先准备 bias 数据，并调用 forward 内部实现，参见代码清单 4-18。

代码清单 4-18　forward 虚函数实现

```
123 bool OpConv::forward(std::vector<Tensor>& ins,
124                      std::vector<Tensor>& blobs,
125                      std::vector<Tensor>& outs)
```

⊖　参见 https://www.khronos.org/spir/。

⊜　参见 https://www.khronos.org/opengl/wiki/OpenGL_Shading_Language。

```
126 {
127 std::vector<int> shape={1};
128 Tensor bias(0, shape);
129
130 if (has_bias_)
131 {
132   assert(blobs.size()==2);
133   bias=blobs[1];
134 }
135
136 return forward(ins[0], blobs[0], bias, outs[0]);
137 }
```

下面讲解 forward 内部实现，其原型参见代码清单 4-19。

代码清单 4-19　forward 内部实现原型

```
bool OpConv::forward(Tensor& in, Tensor& filter_weights, Tensor& bias,
                     Tensor& out)
```

由于算子只需要创建一次内部 pipeline 对象，故首先判断 pipeline 对象是否已经存在，相关代码如下：

```
// 判断内部 pipeline 是否已经创建
153   if (pipeline_==VK_NULL_HANDLE)
```

如果还未创建 pipeline 对象，则根据卷积任务的特征创建合适类型的 shader 对象。OpConv 定义了 3 种 shader 类型，如代码清单 4-20 所示。

代码清单 4-20　ConvShaderType 类型定义

```
18 enum ConvShaderType
19 {
20    kConvShaderTypeBasic=0,
21    kConvShaderType48,
22    kConvShaderTypeDepthWise,
23    kConvShaderTypeNum
24 };
```

kConvShaderType48 类型是性能最好的 shader，48 表示 shader 一次输出一个高为 4、宽为 8 的数据块，大多数情况下会选择这种类型。kConvShaderTypeDepthWise 类型适用于 depthwise 类型的卷积。kConvShaderTypeBasic 则是 fallback 选项，适用任何卷积参数，但没有太多的优化，速度一般。

首先检查 M、K、N 值是否符合条件，M、K 和 N 的计算方式如下：

```
149   int M=out_height_ * out_width_;
150   int K=filter_height_ * filter_width_ * in_channel_;
```

```
151    int N=out_channel_;
```

其中，M 代表一个特征图通道所包含的点数，K 代表计算一个点所要用到的权重参数的数目，N 表示输出特征图的通道数。卷积运算可以看成两个 2 维矩阵相乘，第一个矩阵（输入特征图）大小为 M×K，第二个矩阵（权重参数）大小为 K×N，输出特征图矩阵大小为 M×N。kConvShaderType48 类型的 shader 对 M、K、N 的值有一定要求，只有当 M、K、N 符合要求时，才会采用 kConvShaderType48 类型的 shader，并将它绑定到新创建的 pipeline 对象。

相关代码如代码清单 4-21 所示。

代码清单 4-21　kConvShaderType48 类型 shader 创建过程

```
161    if ((N % 8==0) && (K % 4==0) && (M % 4)==0)
162    {
163        assert(group_==1); // TODO: support group > 1
164        config_.shader_type=kConvShaderType48;
165        config_.local_size_x=1;
166        config_.local_size_y=DEFAULT_LOCAL_SZ;
167        config_.local_size_z=1;
168        config_.block_height=4;
169        config_.block_width=8;
                       // 创建类型为 kConvShaderType48 的 shader 对象
170        createShaderModule(conv48_spv, sizeof(conv48_spv));
171        // specialization constants
172        VkSpecializationInfo spec_info;
173        ShaderConstant shader_constant;
174        #define SPECIALIZATION_CONST_NUM 20
175        VkSpecializationMapEntry entry[SPECIALIZATION_CONST_NUM];
176        #define SET_SPEC_CONST_ENTRY(n_, id_, offset_, size_) \
177        entry[n_].constantID=id_; \
178        entry[n_].offset=offset_; \
179        entry[n_].size=size_;
180
           // 设置 shader 需要用到的常量，这部分代码功能相同，故做部分省略
181        shader_constant.lsz_x=config_.local_size_x;
           // 182 行至 220 行省略
221        SET_SPEC_CONST_ENTRY(19,
           offsetof(ShaderConstant,dilation_w), sizeof(int));
222
223        spec_info.mapEntryCount=SPECIALIZATION_CONST_NUM;
224        spec_info.pMapEntries=entry;
225        spec_info.dataSize=sizeof(shader_constant);
226        spec_info.pData=&shader_constant;
           // 创建 pipeline 对象
227        createPipeline(sizeof(ShaderParam), &spec_info);
228    }
```

如果输入特征通道数目等于输出特征通道数，并且等于分组数，这种类型的卷积称为

depthwise 卷积，相应的 shader 类型为 kConvShaderTypeDepthWise。代码清单 4-22 是相关代码。

代码清单 4-22   kConvShaderTypeDepthWise 类型 shader 创建过程

```
229    else if (out_channel_==in_channel_ && in_channel_==group_)
230    {
231        config_.shader_type=kConvShaderTypeDepthWise;
232        createShaderModule(dw_conv_spv, sizeof(dw_conv_spv));
233        createPipeline(sizeof(ShaderParam));
234    }
```

如果以上条件都不符合，则使用基本类型 shader，即 kConvShaderTypeBasic 类型，相关代码如代码清单 4-23 所示。

代码清单 4-23   kConvShaderTypeBasic 类型 shader 创建过程

```
235    else
236    {
237        assert(group_==1); // TODO: support group > 1
238        config_.shader_type=kConvShaderTypeBasic;
239        createShaderModule(conv_spv, sizeof(conv_spv));
240        createPipeline(sizeof(ShaderParam));
241    }
```

至此，shader 和 pipeline 对象已经准备好，接下来绑定数据对象，依次是输入、偏置、权重和输出，如代码清单 4-24 所示。

代码清单 4-24   绑定 Tensor 对象

```
246    bindTensor(device_, in, 0, descriptor_set_);
247    bindTensor(device_, bias, 1, descriptor_set_);
248    bindTensor(device_, filter_weights, 2, descriptor_set_);
249    bindTensor(device_, out, 3, descriptor_set_);
```

针对 kConvShaderTypeBasic 或者 kConvShaderTypeDepthWise 类型的 shader（这两类 shader 性能不够好，在遇到一些大运算量的卷积任务时，运算时间比较长），需要将计算任务分组，目的是减少单次 shader 的运行时间。因为有些 GPU 驱动会限制单个 shader 的运行时间上限，超过上限会导致 GPU 挂起（hang）。详情见 Pull Request[⊖]。计算任务分组的具体代码参见代码清单 4-25。

代码清单 4-25   计算任务分组

```
251 ShaderParam param={in_height_, in_width_,
252                    out_height_, out_width_,
253                    stride_height_, stride_width_,
254                    padding_top_, padding_left_,
```

⊖   参见 https://github.com/opencv/opencv/pull/13520。

```
255                    filter_height_, filter_width_,
256                    dilation_height_, dilation_width_,
257                    in_channel_, batch_, has_bias_,
258                    M, K, N, 0, 0, 0};
259
260 if (config_.shader_type==kConvShaderTypeBasic || config_.shader_
        type==kConvShaderTypeDepthWise)
261 {
262   int partition_num=1;
263   if (config_.shader_type==kConvShaderTypeBasic)
264   {
265      param.basic_shader_partition_size=group_y_;
266      partition_num=(int)ceil(1.0 * out_channel_ / group_y_);
267   }
268
269   for (int b=0;  b < batch_; b++)
270   {
271      param.basic_shader_batch_idx=b;
272      for (int n=0;  n < partition_num; n++)
273      {
274          param.basic_shader_partition_idx=n;
275          recordCommandBuffer((void *)&param,sizeof(ShaderParam));
276          runCommandBuffer();
277      }
278   }
279 }
```

如果 shader 是 kConvShaderType48 类型，则直接执行 shader，代码如下。

```
280  else
281  {
282    recordCommandBuffer();
283    runCommandBuffer();
284  }
```

4.4　本章小结

　　本章从使用和实现原理角度详细讲解了 DNN 模块的 Vulkan 加速后端：首先介绍了 Vulkan，然后讲解如何使用 Vulkan 加速后端，为读者建立感性认识；接下来详细剖析了 Vulkan 加速后端的实现。通过本章，读者可以学习并理解 DNN 模块加速后端框架的设计思路，以及如何实现一个具体的加速后端，这些内容对后续章节的理解也很有帮助。

第 5 章

基于 OpenCL 的加速实现

OpenCL（Open Computing Language）是一个用来为各种计算设备（CPU、GPU、DSP、FPGA 及其他的硬件加速器）编写并行计算程序的编程框架，最早由苹果公司提出，目前由非盈利技术组织 Khronos Group 维护。OpenCL 定义了类似 C 的编程语言，以及一套创建 OpenCL 运行环境、控制 OpenCL 计算设备的 API。OpenCL 非常适合作为 GPU 设备的编程工具，充分利用 GPU 的多核特点，实现并行计算的目的，这在很多应用环境下可以得到非常好的速度提升。在计算机视觉领域，很多算法更适用于 GPU，如图像处理、矩阵运算、目标检测等。因为这一类计算实际上是对不同的像素做同样的计算。例如，目前很火热的神经网络的很多项目采用了 OpenCL 来做训练（train）和推理（inference）的加速。

OpenCV 自 3.4 版本开始，DNN 模块加入了基于 OpenCL 的加速实现。本章首先对 OpenCL 进行介绍，然后讲解如何使用 DNN 模块的 OpenCL 加速，最后详细剖析 OpenCL 加速后端的原理和实现。

5.1 OpenCL 简介

OpenCL 是一个开源、跨平台的通用并行计算标准。OpenCL 为软件开发人员提供统一的编程环境，用于为高性能计算服务器、桌面电脑及手持设备等编写简便而高效的代码。OpenCL 系统更高效、更具弹性地利用诸如多核心 CPU、GPU 及人工智能芯片等异构平台的并行计算能力以提高运算性能，在娱乐、科研、医疗和人工智能领域具有广阔的应用。

这里采用 OpenCL 2.2 的规范[⊖]来介绍 OpenCL 框架，如表 5-1 所示。OpenCL 框架主要分成 3 个部分：平台层、运行时、编译器。平台层是一个和设备平台相关的概念。它定义了

⊖ 参见 http://www.khronos.org/registry/OpenCL/specs/2.2/html/OpenCL_API.html。

host（可以理解为一台专门用于并行计算的主机）和多个设备的并行结构，由 host 发现、创建设备。运行时更多是指 host 对多个设备的管理和任务分配。编译器则侧重于把代码编译成在设备上可执行的文件。

表 5-1　OpenCL 框架

组成部分	功能描述
OpenCL 平台层	OpenCL 框架的总入口。它允许应用程序使用一个 host 和一个或多个 OpenCL 设备作为一套独立的、异构的并行计算系统。具体来说，平台层允许 host 去发现 OpenCL 设备和相关能力，并且创建 OpenCL 环境上下文
OpenCL 运行时	一旦上下文创建后，OpenCL 运行时允许 host 操纵上下文
OpenCL 编译器	创建 OpenCL kernel 程序的可执行文件

OpenCL 的基础概念如表 5-2 所示，包括平台、设备、上下文和命令队列、OpenCL 核函数和 OpenCL 程序，它们都是编写 OpenCL 程序过程中必须用到的。

表 5-2　OpenCL 的基础概念

概念	说明
平台（platform）	host 和一组 OpenCL 所管理的设备集合构成平台。在 OpenCL 平台上，应用可以分享资源，在设备上执行 OpenCL 核函数（kernel）
设备（device）	用来执行计算的设备。在 OpenCL 中，把 host 和设备分开来看，更好地使它适用于并行计算
上下文（context）	上下文代表了整个环境，它包含了一组设备，可以访问内存、内存属性和命令队列。OpenCL 上下文可以被用来创建如存储（memory）、程序和核函数（kernel）等 OpenCL 对象
命令队列（command queue）	用户可以使用命令队列创建 OpenCL 对象相关的操作，如核函数（kernel）的执行
OpenCL 核函数（kernel）	OpenCL 核函数是一个在 OpenCL 程序中声明的函数，在 OpenCL 设备上执行。一个核函数由 __kernel 或者 kernel 限定词来区分
OpenCL 程序（program）	一个 OpenCL 程序由一组内核函数（kernel）组成。程序也可能包含由 __kernel 函数调用的辅助函数和常量数据

设备和 host 的关系如图 5-1 所示。

一个 OpenCL 程序的初始化，需要执行以下 API 调用流程：获得平台 ID，获得设备 ID，创建上下文和创建命令队列。这个命令队列在后继传具体任务（kernel）时用到。

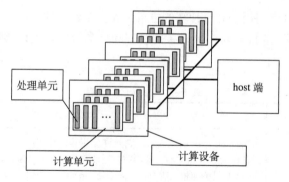

图 5-1　设备和 host 的关系

获得平台 ID（PlatformID）和设备 ID（DeviceID）信息：

```
ret=clGetPlatformIDs ( 1, &platformId, &retNumPlatforms );
CHECK ( ret );
ret=clGetDeviceIDs ( platformId, CL_DEVICE_TYPE_DEFAULT, 1,
                     &deviceId, &retNumDevices );
CHECK ( ret );
```

创建 OpenCL 上下文：

```
context=clCreateContext ( NULL, 1, &deviceId, NULL, NULL, &ret );
CHECK ( ret );
```

创建命令队列：

```
commandQueue=clCreateCommandQueue ( context, deviceId, 0, &ret );
CHECK ( ret );
```

下面是 OpenCL kernel 的样例代码：

```
__kernel void samplekernel ( __global const float *x,
                             __global const float *y,
                             __global float * z )
{
    // get index of the work item
    int index=get_global_id ( 0 );

    // add the vector elements
    z[index]=x[index] + y[index];
}
```

图 5-2 所示的 OpenCL UML 类图解释了平台、设备 ID、命令列表、上下文、内核、程序的关系。

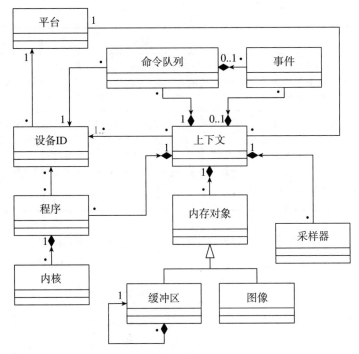

图 5-2　OpenCL UML 类图

可以看出，一个平台有多个设备 ID，设备可以执行多个程序。一个程序包含多个内核。一个平台会关联多个上下文。在代码的准备过程中，我们会先准备很多不同的核函数，再把它们编译、链接成一个程序，再送到设备上根据设定的任务分配规则，进行并行计算。关于 OpenCL 的程序编写，最大的工作量在内核代码的准备上。

我们从上下文出发再看图 5-2 所示 UML 类图，一个上下文包含了多个程序、命令队列和采样器，也可能包含一些事件。内存对象有可能是输入 / 输出的图像，也有可能是缓冲区存储。

我们看一下 OpenCL 中关于并行计算的基础概念，如表 5-3 所示。

表 5-3　OpenCL 中关于并行计算的基础概念

概念	说明
SIMD	SIMD 是一种并行计算模式，在 OpenCL 的环境中体现为一个 kernel 同时在多个数据上执行
工作项（work item）	同一个 kernel 在 OpenCL 设备上并行执行，其中每一个执行称为工作项，它是工作组的组成部分，可以通过 global ID 和 local ID 来标识
工作组（work group）	一组工作项的集合称为工作组。工作组中的工作项运行于同一个计算单元，执行同一个 kernel，使用同一片共享局部内存（share local memory）和同一个工作组内部的同步器（barrier）

（续）

概念	说明
N 维范围（NDRange）	OpenCL 的索引空间，这个空间是 N 维（N-Dimensional）的，N 可以是 1、2 或者 3。索引空间被分成多个工作组。索引空间的定义包括 3 个部分：每个维度的全局大小、每个维度的起始偏移量和每个维度的大小
局部工作项数目（local work size）	一个数组，用来描述工作组包含工作项的数目。工作组的维度可以是 1、2 或 3 维，相应的局部工作项数目数组的元素个数分别是 1、2 或 3。数组中每个元素描述工作组对应维度的大小
全局工作项数目（global work size）	一个数组，用来描述工作项的总数，同样可以有 1、2 或 3 个元素。数组中每个元素描述全局工作项空间对应维度的大小

图 5-3 展示了一个二维的 NDRange，其中 G_y、G_x 表示全局工作项数目，S_y、S_x 表示局部工作项数目。

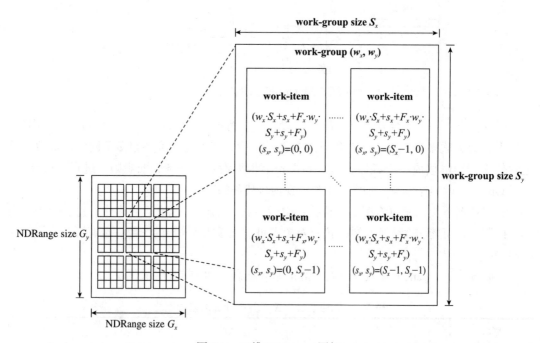

图 5-3　二维 NDRange 图解

图 5-4 展示了构建和执行一个 OpenCL 程序的主要流程。其中，程序是由各种不同的 kernel 编译、链接而成，kernel 是使用 OpenCL 定义的类 C 语言所写的函数，用来执行具体的计算任务，如卷积计算就可以由一个 kernel 实现。内存对象（memory object）通常用来处理输入 / 输出。命令队列则用来向设备传送 OpenCL 程序。

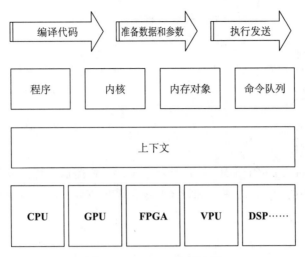

图 5-4　OpenCL 执行流程

我们如何让 OpenCL 在一组数据上并行执行一个 kernel 呢？可以通过 clEnqueueN-DRangeKernel 来提交一个并行执行指令，该函数原型如下。

```
cl_int clEnqueueNDRangeKernel (cl_command_queue command_queue,
                               cl_kernel kernel,
                               cl_uint work_dim,
                               const size_t *global_work_offset,
                               const size_t *global_work_size,
                               const size_t *local_work_size,
                               cl_uint num_events_in_wait_list,
                               const cl_event *event_wait_list,
                               cl_event *event)
```

它的作用是向命令队列 command_queue 提交一条 kernel 执行命令，该命令指定了待执行的 kernel、索引空间的维度 work_dim、每个维度的起始偏移量 global_work_offset、全局工作项数目 global_work_size 和局部工作项数目 local_work_size。另外 3 个事件相关的参数 num_events_in_wait_list、event_wait_list 和 event 用于事件同步，这里从略。

5.2　如何使用 OpenCL 加速

在深入讲解实现细节之前，本节先介绍如何使用 OpenCL 加速后端，让读者对其有一个感性认识。下面基于 Ubuntu OS 介绍支持 OpenCL 的 OpenCV 编译、安装步骤。

1. 重新编译、安装 OpenCV 代码

在编译 OpenCV 时需要打开 OpenCL 编译支持，首先需要下载并安装 Intel OpenCL SDK

（软件下载链接见脚注），运行如下命令进行解压。

```
$ mkdir ~/opencl_sdk
$ tar zxf intel_sdk_for_opencl_applications_2019.5.345.tar.gz -C ~/opencl_sdk
```

接下来开始安装：

```
$ cd ~/opencl_sdk/intel_sdk_for_opencl_applications_2019.5.345/
$ sudo ./install.sh
```

此时会进入 Intel OpenCL SDK 图形安装界面，跟着提示进行安装即可。安装完毕后，通过 clinfo 查看可用的 OpenCL 平台和设备信息。若未安装 clinfo，则可通过以下命令进行安装：

```
$ sudo apt-get install clinfo
```

运行 clinfo 命令，看到当前设备的支持 OpenCL 的相关信息则说明安装成功。

除了该方法外，在 Intel 平台上，还可以直接安装 Intel 显卡 OpenCL 运行时库。安装方法有两种，下面分别讲解。

方法 1：手动下载和安装。

1）创建临时文件夹：

```
$ mkdir neo
```

2）下载 deb 文件：

```
$ cd neo
$ wget https://github.com/intel/compute-runtime/releases/download/19.52.15209/
intel-gmmlib_19.3.4_amd64.deb
$ wget https://github.com/intel/compute-runtime/releases/download/19.52.15209/
intel-igc-core_1.0.3041_amd64.deb
$ wget https://github.com/intel/compute-runtime/releases/download/19.52.15209/
intel-igc-opencl_1.0.3041_amd64.deb
$ wget https://github.com/intel/compute-runtime/releases/download/19.52.15209/
intel-opencl_19.52.15209_amd64.deb
$ wget https://github.com/intel/compute-runtime/releases/download/19.52.15209/
intel-ocloc_19.52.15209_amd64.deb
```

3）验证 sha256 sums：

```
$ wget https://github.com/intel/compute-runtime/releases/download/19.52.15209/
ww52.sum
```

```
$ sha256sum -c ww52.sum
```

验证成功会得到：

```
intel-gmmlib_19.3.4_amd64.deb: OK
intel-igc-core_1.0.3041_amd64.deb: OK
intel-igc-opencl_1.0.3041_amd64.deb: OK
intel-ocloc_19.52.15209_amd64.deb: OK
intel-opencl_19.52.15209_amd64.deb: OK
```

4）以 root 用户安装 compute-runtime：

```
$ sudo dpkg -i  *deb
```

方法 2：直接通过 apt 工具安装。

以 Ubuntu18.04 为例，运行以下命令即可：

```
$ add-apt-repository ppa:intel-opencl/intel-opencl
$ apt-get update
$ apt-get install intel-opencl-icd
```

关于其他 Linux 发行版下的安装命令，请参考链接文档[⊖]。同样，可通过 clinfo 验证是否安装成功。

参考附录 A 中的 OpenCV 编译过程，下载 OpenCV 4.1 源代码进行编译，OpenCV 将自动检测系统中的 OpenCL 运行库，并配置 DNN 模块中的 OpenCL 编译选项，如代码清单5-1 所示。

代码清单 5-1　DNN 模块的 OpenCL 编译选项

```
ocv_option(OPENCV_DNN_OPENCL "Build with OpenCL support"
           HAVE_OPENCL AND NOT APPLE)
if(OPENCV_DNN_OPENCL AND HAVE_OPENCL)
  add_definitions(-DCV_OCL4DNN=1)
else()
  ocv_cmake_hook_append(INIT_MODULE_SOURCES_opencv_dnn "${CMAKE_CURRENT_
                        LIST_DIR}/cmake/hooks/INIT_MODULE_SOURCES_opencv_
                        dnn.cmake")
endif()
```

最后编译 OpenCV 代码就得到了带有 OpenCL 加速支持的 DNN 模块。

2. 改写应用程序代码

要使用 OpenCL 后端对应用进行加速，只需要在原来的代码中加入如下代码来设置加速

⊖　参见 https://github.com/intel/compute-runtime/blob/master/documentation/Neo_in_distributions.md。

后端和目标设备类型。其中，net 是 dnn:Net 类型的对象。

```
net.setPreferableBackend(DNN_BACKEND_OPENCV);
net.setPreferableTarget(DNN_TARGET_OPENCL);
```

3. 运行 DNN 模块测试程序

运行编译好的测试程序：

```
$ OPENCV_BUILD_DIR/bin/opencv_test_dnn --gtest_filter=*Fused_Concat*
```

这里命令行参数 "--gtest_filter=*Fused_Concat*" 表示只对名称含有 "Fused_Concat" 字符串的测试用例进行测试。因为这几个测试无须事先下载网络模型，可直接运行。如果一切顺利，结果将如图 5-5 所示。

```
Note: Google Test filter = *Fused_Concat*
[==========] Running 3 tests from 1 test case.
[----------] Global test environment set-up.
[----------] 3 tests from Test_Caffe_layers
[ RUN      ] Test_Caffe_layers.Fused_Concat/0, where GetParam() = OCV/OCL
[       OK ] Test_Caffe_layers.Fused_Concat/0 (2 ms)
[ RUN      ] Test_Caffe_layers.Fused_Concat/1, where GetParam() = OCV/OCL_FP16
[       OK ] Test_Caffe_layers.Fused_Concat/1 (1 ms)
[ RUN      ] Test_Caffe_layers.Fused_Concat/2, where GetParam() = OCV/CPU
[       OK ] Test_Caffe_layers.Fused_Concat/2 (0 ms)
[----------] 3 tests from Test_Caffe_layers (3 ms total)

[----------] Global test environment tear-down
[==========] 3 tests from 1 test case ran. (3 ms total)
[  PASSED  ] 3 tests.
```

图 5-5　DNN 模块测试程序运行结果（打开 OpenCL 加速的情况）

OCV/OCL 表示加速后端是 DNN_BACKEND_OPENCV，目标设备是 DNN_TARGET_OPENCL。OCV/OCL_FP16 表示加速后端是 DNN_BACKEND_OPENCV，目标设备是 DNN_TARGET_OPENCL_FP16。

5.3　OpenCL 加速详解

2.5 节详细讲解了各种加速后端和目标设备的分类，对应到 OpenCL 加速，后端类型是 DNN_BACKEND_OPENCV，设备类型是 DNN_TARGET_OPENCL 和 DNN_TARGET_OPENCL_FP16。从设备类型可知，OpenCL 加速支持两种数据类型，即 32 位浮点数和 16 位浮点数。需要注意的是，DNN 模块中的 OpenCL 加速只针对 Intel 集成显卡做过深度的优化和测试，并不保证其他平台显卡也能成功运行且具有相同的性能。

第 4 章介绍过 DNN 模块的两个抽象类——BackendWrapper 和 BackendNode，它们分别用来抽象后端的数据对象和运算节点。OpenCL 加速通过 OpenCLBackendWrapper 类实现了 BackendWrapper，封装了底层的 UMat 数据对象。对于运算节点，OpenCL 加速并没有通过继承的方式来实现，而是在 DNN 引擎的原生层实现当中加入了相应的 OpenCL 版本的前向运算函数 forward_ocl，这部分在 5.3.2 节详细讲解。

下面以卷积层为例，看一下 DNN 模块 OpenCL 加速的层次架构，如图 5-6 所示。

在图 5-6 中，最上层是 ConvolutionLayerImpl，它是 DNN 模块中的原生卷积层实现。它调用 OCL4DNNConvSpatial（ocl4dnn 库的卷积运算类，ocl4dnn 库是 DNN 模块内部的一个小巧的基于 OpenCL 的神经网络加速库⊖）进行卷积计算（图 5-6 的①）。OCL4DNN-ConvSpatial 通过 OpenCV 对 OpenCL API 的封装接口来调用 OpenCL 功能（图 5-6 的②）。OCL4DNNConvSpatial 实现了 4 种 OpenCL kernel（核函数）（图 5-6 的③），根据不同的卷积运算任务选择合适的 kernel 来加速。接下来将详细讲解 OpenCV 对 OpenCL API 的封装、ConvolutionLayerImpl 和 OCL4DNNConvSpatial 类的实现细节，以及核函数选择机制。

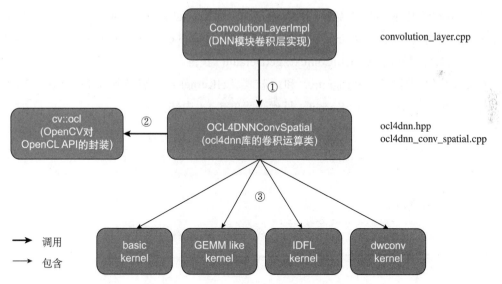

图 5-6 DNN 模块 OpenCL 加速的层次架构（以卷积层为例）

5.3.1 OpenCL API 封装

OpenCV 对 OpenCL API 和数据结构进行了封装，用户不需要显式调用 OpenCL API（如 clCreateBuffer、clCreateImage 等），也不需要直接使用 clBuffer 和 clImage 这样的数据

⊖ 参见 https://github.com/opencv/opencv/tree/4.1.0/modules/dnn/src/ocl4dnn。

结构，而是可以直接使用 OpenCV 提供的 API 完成 OpenCL 上下文、程序和 kernel 的创建与执行。DNN 模块的 OpenCL 加速后端就是通过使用 OpenCV 封装后的接口来实现的。本节介绍 OpenCL 的调用封装，为 5.3.2 节详细讲解 OpenCL 加速后端实现做准备。

OpenCL 环境的上下文类 clContext 被封装在 cv::ocl:Context 内部，其定义如代码清单 5-2 所示。

代码清单 5-2　cv::ocl::Context 类定义

```
class CV_EXPORTS Context
{
public:
    Context();
    ~Context();
    Context(const Context& c);
    Context& operator=(const Context& c);
      ......
    static Context& getDefault(bool initialize=true);
}
```

在 OpenCV 内部，如果需要调用 OpenCL，默认会创建一个 clContext，其后所有的 OpenCL 调用均基于这个 clContext 完成，用户不需要关心 clContext 的创建和释放，如果需要引用它，则可以调用 cv::ocl::Context::getDefault() 获得。

OpenCL 的程序类（clProgram）和内核类（clKernel）分别被封装在 cv::ocl::Program（见代码清单 5-3）和 cv::ocl::Kernel（见代码清单 5-4）内部。

代码清单 5-3　cv::ocl::Program 类定义

```
class CV_EXPORTS Program
{
public:
    Program();
Program(const ProgramSource& src,
        const String& buildflags, String& errmsg);
    Program(const Program& prog);
    Program& operator=(const Program& prog);
    ~Program();
            bool create(const ProgramSource& src,
              const String& buildflags, String& errmsg);
    ......
}
```

代码清单 5-4　cv::ocl::Kernel 类定义

```
class CV_EXPORTS Kernel
{
```

```
public:
  Kernel();
  Kernel(const char* kname, const Program& prog);
  Kernel(const char* kname, const ProgramSource& prog,
         const String& buildopts=String(), String* errmsg=0);
  ~Kernel();
  Kernel(const Kernel& k);
  Kernel& operator=(const Kernel& k);
  ......
  int set(int i, const void* value, size_t sz);
  int set(int i, const Image2D& image2D);
  int set(int i, const UMat& m);
  int set(int i, const KernelArg& arg);
  ......
}
```

典型使用 cv::ocl::Program 和 cv::ocl::Kernel 的方式如下。

1）获得默认的 cv::ocl::Context，创建编译 clProgram 的 options。

2）将写好的 OpenCL kernel 作为字符串读取进来并创建 cv::ocl::ProgramSource，通过调用 ctx.getProg() 得到编译之后的 cv::ocl::Program。

3）创建 cv::ocl::kernel 作为准备执行的对象。

kernel 执行时传入的参数通过 kernel.set() 设置，kernel 的参数顺序按照从 0 开始的序号编号。参数设置完毕后就可以调用 kernel.run() 执行 OpenCL kernel。在这些封装的 OpenCL 对象和对象方法内部，均通过调用 OpenCL API 完成最终的操作。

可以看到，OpenCV 的这种封装方式可以简化开发者编写 OpenCL host 端代码的工作量，仅需要实现几行简单的调用就可以完成 OpenCL kernel 的创建和执行。详细的 OpenCL 代码封装实现在 modules/core/src/ocl.cpp。代码清单 5-5 是一段用户调用的参考代码。

代码清单 5-5　使用 OpenCL 封装的参考代码

```
String errmsg;
ocl::Context ctx=ocl::Context::getDefault();
std::string options=options_.str();
CV_Assert(options.size() !=0);
src_=ocl::ProgramSource(prog_src);
ocl::Program program=ctx.getProg(src_, options, errmsg);
ocl::Kernel kernel(kernel_name_, program);
kernel.set(0, (float)val_0);
kernel.set(1, (float)val_1);
kernel.run(2, global_work_size, local_work_size, false);
```

除了 OpenCL API 封装，OpenCL 数据结构也有对应的 OpenCV 封装。OpenCL 可以通过 clCreateBuffer 和 clCreateImage 创建两种不同类型的数据结构，在 OpenCV 内部对它们进行封装，例如，OpenCV UMat 对 clCreateBuffer 创建的 OpenCL buffer（缓冲区）进行了

封装，用户可以从 UMat 获得 buffer 的 handle（句柄），而 OpenCL image（图像）则被封装在 cv::ocl::Image2D。所以，对于熟悉 OpenCL 编程的开发者来说，可以通过这些 OpenCV 接口完成同样的编程开发。DNN 模块中的 OpenCL 加速后端就是通过这些接口实现的。

5.3.2　DNN 模块的卷积层实现详解

目前 OpenCV 中已经支持 OpenCL 加速的层包括 convolution、batchnorm、concat、pooling、softmax、mvn、lrn、fully-connect、relu 等，可以加速常见 CNN 网络，如图像分类和目标监测模型（如 alexnet、resnet、inception、mobilenet、ssd、faster-rcnn 等）。另外，OpenCL 加速后端也支持层与层的合并，以进一步提升运行效率，常见的合并包括：① convolution 和 activation；② mvn 和 activation；③ batchnorm、scaling 和 activation 等（参见 2.4.4 节）。这样可以减少 OpenCL kernel 的启动次数，增加每个 OpenCL kernel 的计算量，提升模型推理的整体性能。对于模型中不能被 OpenCL 加速的层，DNN 模块会把该层的计算迁移到其他计算设备（如 CPU）上，这种切换会涉及中间数据在不同计算设备之间的拷贝，使得运行效率下降，因此应尽量避免这种情况的发生。解决办法是针对不支持 OpenCL 加速的层开发新的 OpenCL kernel，确保推理过程在同一个计算设备上的连续性。

下面以卷积层为例介绍 OpenCL 加速后端的实现过程。介绍分成两个部分：OpenCL host 端代码、OpenCL device 端代码。其中，OpenCL host 端代码，即卷积层的前向计算函数定义，如代码清单 5-6 所示。

代码清单 5-6　卷积层的前向计算函数定义

```
void forward(InputArrayOfArrays inputs_arr, OutputArrayOfArrays outputs_
            arr,OutputArrayOfArrays internals_arr) CV_OVERRIDE
{
    CV_TRACE_FUNCTION();
    CV_TRACE_ARG_VALUE(name, "name", name.c_str());

    CV_OCL_RUN(IS_DNN_OPENCL_TARGET(preferableTarget),
               forward_ocl(inputs_arr, outputs_arr, internals_arr))
    ….....
}
```

forward() 参数包括卷积输入数组 inputs_arr、卷积输出数组 output_arr，以及中间结果数组 internals_arr。OpenCV 的数据封装通常使用 Mat 和 UMat 两种数据结构，Mat 结构内的数据存放在系统内存（CPU memory）中，UMat 结构内的数据存放在 OpenCL buffer，也就是显存（GPU memory）中。Mat 结构和 UMat 结构可以互相转换。所以这里卷积计算的输入 / 输出参数既可以是 Mat，也可以是 UMat。在函数内部，首先调用 IS_DNN_OPENCL_TARGET(preferableTarget) 判断是否将 OpenCL 后端作为首选的卷积计算加速后端，如果是就调用 forward_ocl(inputs_arr, outputs_arr, internals_arr) 并返回计算结果。

forward_ocl() 开始会判断输入数据类型，如果数据类型为 CV_16S，则表示数据精度是 FP16，否则数据类型为 CV_32F，即数据精度是 FP32。

```
bool use_half=(inps.depth()==CV_16S);
```

然后得到 UMat 数据结构的 input 和 output 向量数组，同时将模型中的权重和偏置信息保存在 umat_blobs 中，为后面的 OpenCL kernel 调用做好数据准备，参见代码清单 5-7。

代码清单 5-7　数据准备

```
inps.getUMatVector(inputs);
outs.getUMatVector(outputs);

CV_Assert(outputs.size()==1);
for (int i=0; i < inputs.size(); ++i)
     CV_Assert(inputs[i].u !=outputs[0].u);

if (umat_blobs.empty())
{
    size_t n=blobs.size();
    umat_blobs.resize(n);
    for (size_t i=0; i < n; i++)
    {
        blobs[i].copyTo(umat_blobs[i]);
    }
}
```

接下来创建用于运行 OpenCL kernel 的 OCL4DNNConvSpatial 对象，参见代码清单 5-8。

代码清单 5-8　创建 OCL4DNNConvSpatial 对象

```
if (convolutionOp.empty())
{
    OCL4DNNConvConfig config;
    config.in_shape=shape(inputs[0]);
    config.out_shape=shape(outputs[0]);
    config.kernel=kernel;
    config.pad=pad;
    config.stride=stride;
    config.dilation=dilation;
    config.group=inputs[0].size[1] / umat_blobs[0].size[1];
    config.bias_term=(hasBias()) ? true : false;
    config.use_half=use_half;

    convolutionOp=
    Ptr<OCL4DNNConvSpatial<float> >(new OCL4DNNConvSpatial<float>(config));
}
```

接下来通过 OCL4DNNConvSpatial 对象设置 OpenCL kernel 的激活类型，参见代码清单
5-9。像 ReLU/Tanh/Power 这样的激活层，卷积计算的 OpenCL kernel 可以和它们融合在一
起形成一个新的 kernel，这样可以减少 OpenCL kernel 的启动次数，提升运行效率。

代码清单 5-9　设置激活类型

```
if ( newActiv )
{
    if ( activType==OCL4DNN_CONV_FUSED_ACTIV_RELU )
    {
        CV_Assert(!reluslope.empty());
        convolutionOp->setActivReLU(true, reluslope[0]);
    }
    else if ( activType==OCL4DNN_CONV_FUSED_ACTIV_PRELU)
    {
        CV_Assert(!reluslope.empty());
        convolutionOp->setActivPReLU(true, reluslope);
    }
    else if ( activType==OCL4DNN_CONV_FUSED_ACTIV_POWER)
    {
        convolutionOp->setActivPower(true, power);
    }
    else if ( activType==OCL4DNN_CONV_FUSED_ACTIV_TANH)
    {
        convolutionOp->setActivTanh(true);
    }
    else if ( activType==OCL4DNN_CONV_FUSED_ACTIV_RELU6)
    {
        convolutionOp->setActivReLU6(true, reluslope[0], reluslope[1]);
    }
    else
    {
        convolutionOp->setActivReLU(false, 0);
        convolutionOp->setActivPReLU(false, reluslope);
        convolutionOp->setActivPower(false, 1.f);
        convolutionOp->setActivTanh(false);
        convolutionOp->setActivReLU6(false, 0, 0);
    }
    newActiv=false;
}
```

5.3.3　ocl4dnn 库的卷积运算类详解

在准备工作完成之后，调用 OCL4DNNConvSpatial 对象的 Forward 方法运行 OpenCL
kernel（设备端的代码）进行卷积运算。调用 Forward 方法的代码如下。

```
return convolutionOp->Forward(inpMat,
                    inputs.size()==2 ? inputs[1] : UMat(),
```

```
                    umat_blobs[0],
                    (hasBias() || fusedBias) ? umat_blobs[1] : UMat(),
                    outMat,
                    batch_size);
```

下面讲解 OCL4DNNConvSpatial::Forward 的处理流程。

首先判断是否需要进行 Elewise 层的合并优化（原理参见 2.4.4 节中的 Elewise 层的合并优化），代码如下。

```
if (!bottom2.empty())
{
    fused_eltwise_=true;
    bottom_data2_=bottom2;
}
else
{
    fused_eltwise_=false;
}
```

然后判断是否采用 FP16 运算精度，如果使用 FP16 运算精度，则需要对卷积中的权重和偏置参数据进行类型转换，即从 FP32 转成 FP16。代码如下。

```
if (use_half_ && bias_half.empty() && !bias.empty())
    convertFp16(bias, bias_half);
if (use_half_ && weights_half.empty())
    convertFp16(weight, weights_half);
```

接下来调用 prepareKernel 函数（将在 5.3.4 节详细讲解）以准备需要运行的 OpenCL kernel，如果没有可用的 OpenCL kernel，则直接返回。相关代码如下。

```
prepareKernel(bottom, top, weight, (use_half_) ? bias_half : bias, numImages);
if (bestKernelConfig.empty())
    return false;
```

最后调用 convolve 函数进行卷积运算，代码如下。

```
return convolve(bottom, top, weight, (use_half_) ? bias_half : bias,
    numImages, bestKernelConfig);
```

需要指出的是，OCL4DNNConvSpatial 提供了 4 种卷积计算算法，其类型定义如代码清单 5-10 所示。

代码清单 5-10　卷积核函数类型定义

```
typedef enum
{
```

```
    KERNEL_TYPE_INTEL_IDLF=2,
    KERNEL_TYPE_BASIC=4,
    KERNEL_TYPE_GEMM_LIKE=5,
    KERNEL_TYPE_DWCONV=6
} ocl4dnnConvSpatialKernelType_t;
```

其中，KERNEL_TYPE_BASIC 表示基本的卷积计算方法，它没有经过任何优化，性能是最差的，但结果正确，可以用来做计算结果比对。KERNEL_TYPE_INTEL_IDLF 表示使用了 direct convolution（直接卷积）算法，即不对输入数据和权重值在内存中做重新排布。KERNEL_TYPE_GEMM_LIKE 表示使用矩阵乘法的方式进行卷积计算，这种方式需要在内存中对输入数据和权重值做重新排布。KERNEL_TYPE_DWCONV 则表示 Depthwise Convolution（参见 2.4.3 节"卷积运算"部分）。下面逐一介绍 4 种卷积计算的 kernel⊖基本原理。

（1）KERNEL_TYPE_BASIC

KERNEL_TYPE_BASIC 类型的 kernel 原型如下。

```
_kernel void ConvolveBasic(
    ELTWISE_DATA_ARG
    FUSED_ARG
    __global Dtype* image_data,
    __global Dtype* kernel_data,
    int kernel_offset,
    __global Dtype* bias,
    const int bias_offset,
    __global Dtype* convolved_image_base,
    const int convolved_image_base_offset,
    const int convolved_image_offset,
    const ushort input_width,
    const ushort input_height,
    const ushort output_width,
    const ushort output_height,
    const ushort pad_w,
    const ushort pad_h)
```

该 kernel 将卷积中的每个输出作为一个 OpenCL 工作项去计算。如果输出数量为 $256 \times 256 \times 3$，那么 global work size 的数量就是 $256 \times 256 \times 3$，在每个工作项内部将使用一个 3 层循环去遍历卷积核的 channel、height、width，让输入的数据和权重在一起做乘法并将结果累积起来，就得到了最后的输出结果。这种计算方式需要大量的 OpenCL 工作项，每个工作项内部的计算效率和计算量并不大，所以整体的效率不高，但是实现逻辑非常简单明了，可以作为辅助手段验证其他卷积实现的精度，保证其他算法的准确性。

⊖ 源码参见 https://github.com/opencv/opencv/blob/4.1.0/modules/dnn/src/opencl/conv_layer_spatial.cl。

（2）KERNEL_TYPE_GEMM_LIKE

KERNEL_TYPE_GEMM_LIKE 类型的 kernel 原型如下。

```
__attribute__((intel_reqd_sub_group_size(8)))
__kernel void Conv_Interleaved(GEMM_LIKE_KERNEL_ARGS)
```

它的原理是使用类似矩阵乘法的方式进行卷积计算，每个工作项可以计算 32 或者 64 个卷积输出，这个数目是在 kernel 编译期可配置的。用户可以使用默认的配置参数，也可以采用 auto-tuning 方式（参见 5.3.4 节），并对一个卷积任务编译运行多个目标卷积函数，以从中选择一个性能最好的配置参数。当确定了每个工作项计算的输出数目，global work size 可以根据整体输出数量除以这个数（32 或者 64）得到。在每个工作项内部，通过调用 intel_subgroups 扩展（详见 3.2.3 节）可以读入需要参与计算的输入数据和权重数据，并调用 mad 指令完成计算。所以计算效率相比 BASIC 实现有很大的提升。

（3）KERNEL_TYPE_INTEL_IDLF

KERNEL_TYPE_INTEL_IDLF 类型的 kernel 原型如下。

```
__attribute__((reqd_work_group_size(1, 1, SIMD_SIZE)))
__attribute__((intel_reqd_sub_group_size(SIMD_SIZE)))
__kernel void convolve_simd(
    ELTWISE_DATA_ARG
    FUSED_ARG
    __global Dtype* inputs,
    __global Dtype* inputs,
    __global Dtype* weights,
    BIAS_KERNEL_ARG
    __global Dtype* outputs_base,
    const int outputs_offset,
    const ushort input_width,
    const ushort input_height,
    const ushort output_width,
    const ushort output_height)
```

它的原理有些类似于 KERNEL_TYPE_GEMM_LIKE，即将所有输出分为若干块（block），每个工作项计算其中一个块的输出结果。同样，在每个工作项内部，也会调用 intel_subgroups 扩展读取权重数据。每个块的长和宽是可以配置的，kernel 执行时使用的 SIMD size 也可以配置为 8 或者 16，所以 IDLF 算法的配置参数有多种选择，用户可以使用默认参数，也可以采用 auto-tuning 方式得到性能最好的配置参数。

（4）KERNEL_TYPE_DWCONV

KERNEL_TYPE_DWCONV 类型的 kernel 原型如下。

```
__kernel void DWCONV(
    ELTWISE_DATA_ARG
    FUSED_ARG
```

```
    __global Dtype* image_data,
    __global Dtype* kernel_data,
    BIAS_KERNEL_ARG
    __global Dtype* convolved_image_base,
    const int convolved_image_offset,
    const ushort input_width,
    const ushort input_height,
    const ushort output_width,
    const ushort output_height)
```

它用于计算 Depthwise Convolution（深度可分离卷积），算法跟 BASIC 类型的 kernel 类似，没有做任何的优化处理，每个工作项计算一个卷积输出。跟 BASIC kernel 的不同之处是，它的每个卷积输出只用到一个输入通道的数据。

5.3.4　卷积核函数 auto-tuning 机制解析

卷积运算是典型的数据访问密集型运算，数据读写效率直接影响卷积核性能。而在实际的神经网络中，卷积层的参数组合多种多样，包括输入 / 输出大小、卷积核大小、滑动模式（stride）、空洞模式（dilation）等，导致数据访问的最佳形式各不相同，很难用一个固定的卷积核函数适应所有情况。为了解决这个问题，充分利用 GPU 运算能力，OCL4DNNConvSpatial 类使用了 auto-tuning 机制，根据卷积层参数动态生成高性能的卷积核函数，5.3.3 节提到的 KERNEL_TYPE_GEMM_LIKE 和 KERNEL_TYPE_INTEL_IDLF 类型的卷积核函数可以使用默认的配置，也可以通过 auto-tuning 机制搜索最佳配置，从而生成更高效的执行代码。本节首先从使用者角度，介绍如何使用 auto-tuning 机制获得高性能卷积核函数，从而提高整个神经网络的性能；然后深入到 auto-tuning 机制内部，深度剖析其实现细节。

1. 使用 auto-tuning 获得更好的卷积运算性能

DNN 模块的 OpenCL 加速内建了一组 Intel 集成显卡的卷积核函数配置项，默认情况下将从这些配置项中选择卷积核函数配置，如果在其中找不到合适的配置，则将会使用比较通用的卷积核配置，这将导致性能损失。如果用户想获得最佳性能，则可以启用 auto-tuning 机制。只需要设置以下环境变量即可。

```
// 强制重新运行 auto-tuning
export OPENCV_OCL4DNN_FORCE_AUTO_TUNING=true
// 指定 auto-tuning 结果存储目录，其中会存储神经网络中所有卷积运算的最佳卷积核函数配置
export OPENCV_OCL4DNN_CONFIG_PATH=/path/to/config/dir
```

需要注意的一点是，由于 auto-tuning 过程需要尝试各种卷积核函数，因此第一次会比较耗时，可能长时间没有任何输出，用户需耐心等待。

如果网络模型已经经过一次 auto-tuning，则后续使用时无须再次进行 auto-tuning，直接使用上次的结果即可。可以进行如下设置：

```
// OpenCL 加速会从该目录读取卷积核函数配置, 无须再次进行 auto-tuning
export OPENCV_OCL4DNN_CONFIG_PATH=/path/to/config/dir
```

有时为了调试需要, 希望禁止 auto-tuning, 可以进行如下设置:

```
unset OPENCV_OCL4DNN_FORCE_AUTO_TUNING
export OPENCV_OCL4DNN_DISABLE_AUTO_TUNING=true
```

这里给出两点建议:

❑ 如果用户处于原型开发阶段, 则无须启用 auto-tuning;

❑ 如果网络模型已经稳定, 需要进行高性能部署, 则建议进行一次 auto-tuning, 这样目标设备和网络模型可以编译出最高效的卷积内核程序, 提高整体性能。

2. auto-tuning 机制剖析

整个 auto-tuning 机制包含两层逻辑, 首先是 prepareKernel 函数, 它根据用户设置的环境变量决定是否启用 auto-tuning; 其次是 auto-tuning 机制本身。下面分别讲解, 代码均出自 ocl4dnn_conv_spatial.cpp⊖。

（1）prepareKernel 函数解析

OCL4DNNConvSpatial::Forward 函数在正式开始卷积运算之前需要调用 prepareKernel 函数来准备待运行的 OpenCL 卷积核程序。prepareKernel 是 auto-tuning 机制的上层控制函数, 它综合考虑内建的卷积核函数配置列表、用户设置的卷积核函数配置目录及环境变量, 以决定是否启用 auto-tuning 过程。prepareKernel 最终会选定一个卷积核函数配置, 以此来编译生成最终的卷积核可执行代码。prepareKernel 函数的处理流程如图 5-7 所示。

图 5-7 的①：调用 generateKey 函数生成一个字符串, 该字符串包含了 GPU 厂家标识、GPU 运算单元数目及当前的卷积参数。这个字符串保存在 OCL4DNNConvSpatial::key_ 成员变量中, 用来标识一个特定 GPU 硬件环境下的特定卷积运算。这是接下来选择卷积核函数配置的关键。

图 5-7 的②和③：如果当前卷积运算参数和上次相同（即新生成的 key 和现有的 key 一致）, 且有可用的卷积核函数配置, 则沿用上次卷积核函数配置, 函数返回。

图 5-7 的①到③对应代码如下:

```
1934 std::string previous_key=key_;
1935
1936 generateKey();
1937 if (key_.compare(previous_key)==0 && bestKernelConfig)
1938    return;
```

如果当前卷积运算参数和上次不同, 则清除当前的卷积核函数配置（图 5-7 的④）。相关代码如下:

⊖ 参见 https://github.com/opencv/opencv/blob/4.1.0/modules/dnn/src/ocl4dnn/src/ocl4dnn_conv_spatial.cpp。

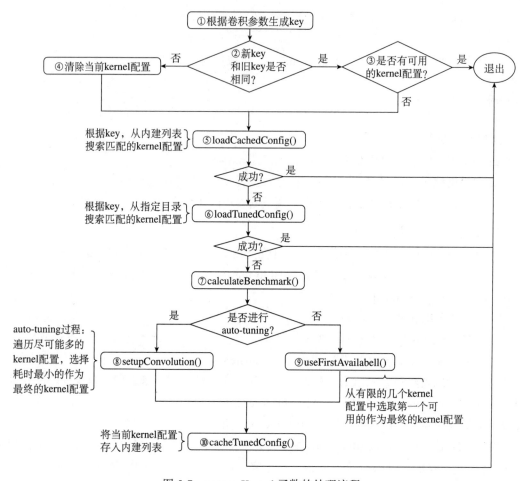

图 5-7   prepareKernel 函数的处理流程

```
1940 if (bestKernelConfig)
1941 {
1942   prev_kernel_type_=bestKernelConfig->kernelType;
1943   CV_Assert(phash.find(bestKernelConfig->kernelName) !=phash.end());
1944   phash.erase(bestKernelConfig->kernelName);
1945   bestKernelConfig.release();
1946 }
```

接下来调用 loadCachedConfig 函数（图 5-7 的⑤），首先加载内建的卷积核函数配置
（存放于 default_kernel_config.hpp）到全局列表 kernelConfigMap。该列表定义如下：

```
69 typedef std::map<std::string, std::string> kernel_hash_t;
70 static kernel_hash_t kernelConfigMap;
```

kernelConfigMap 是一个 key-value（键-值）映射类型，它的 key 是图 5-7 的①中

生成的字符串，标识了一个特定 GPU 硬件环境下的特定卷积运算，它的 value 也是一个字符串，存储了卷积核函数配置项。我们在后续 auto-tuning 机制中会详细讲解。在 loadCachedConfig 函数内部，对同一 key 对应的卷积核函数配置，会优先选择 OPENCV_OCL4DNN_CONFIG_PATH 环境变量中的配置（如果有的话）。

kernelConfigMap 加载完成之后，从中搜索与当前 key 匹配的可用的卷积核函数配置，如果找到则退出。loadCachedConfig 调用代码如下：

```
1948 if (loadCachedConfig()) // check in-memory cache
1949   return;
```

如果在 kernelConfigMap 中没有找到匹配当前 key 的卷积核函数配置，则从 OPENCV_OCL4DNN_CONFIG_PATH 所指定的目录搜索当前 key 对应的卷积核函数配置（图 5-7 的⑥）。代码如下：

```
1951 if (loadTunedConfig())  // check external storage
1952   return;
```

如果没有找到，则需要进行卷积核配置参数的搜索过程。这包括两种方式：auto-tuning 和 first-available。两者的区别是，auto-tuning 的搜索空间更大，而且要遍历整个搜索空间，以找到性能最佳的卷积核函数。first-avaible 的搜索空间更小，并且只要找到第一个通过正确性验证的核函数即退出。在搜索开始之前，需要使用 KERNEL_TYPE_BASIC 类型的卷积核函数计算出基准结果（图 5-7 的⑦），用于后续的结果比对。基准计算的代码如下：

```
1954 UMat benchData(1, numImages * top_dim_, (use_half_)?
                     CV_16SC1 : CV_32FC1);
1955
1956 calculateBenchmark(bottom, benchData, (use_half_)? weights_half: weight,
                     bias, numImages);
```

接下来根据环境变量决定调用 setupConvolution（图 5-7 的⑧）进行 auto-tuning 还是调用 useFirstAvailable（图 5-7 的⑨）进行 first-availble 搜索。代码如下：

```
// 两个条件符合其一即启动 auto-tuning 过程
// 条件 1：run_auto_tuning_ 为真，即用户给出了卷积核函数配置目录，并且该目录存在，且没有禁止
//auto-tuning。对应的环境变量设置如下
//        OPENCV_OCL4DNN_DISABLE_AUTO_TUNING=/path/to/config/dir
// 条件 2：force_auto_tuning_ 为真，即用户指定了强制进行 auto-tuning。对应的环境变量设置
//如下
//        OPENCV_OCL4DNN_FORCE_AUTO_TUNING=true
1958 if (run_auto_tuning_ || force_auto_tuning_)
1959 {
1960   setupConvolution(bottom, top, weight, bias, numImages, benchData);
1961 }
```

如果不符合上述条件，则调用 useFirstAvailable 函数选择第一个可用的卷积核函数配置。这么做的目的是减少卷积核函数的准备时间，但同时牺牲了性能。相关代码如下：

```
1962 else
1963 {
1964   useFirstAvailable(bottom, top, weight, bias, numImages, benchData);
1965 }
```

最后将得到的卷积核函数配置存入 kernelConfigMap（图 5-7 的⑩），代码如下：

```
1966 cacheTunedConfig();
```

至此，prepareKernel 函数运行流程讲解完毕。需要注意的是，下一次具有相同配置的卷积层运行该函数时，无须重复上述复杂流程，而是直接使用已经准备好的最佳卷积核函数配置 bestKernelConfig。

（2）setupConvolution 函数解析

auto-tuning 的基本思路是，创建尽可能多的卷积核函数配置，对每个配置，编译出一个 OpenCL 内核程序（ocl::Program），运行并记录运行时间，取耗时最短的卷积核函数配置为最终配置。setupConvolution 实现了 auto-tuning 机制，具体流程如图 5-8 所示。

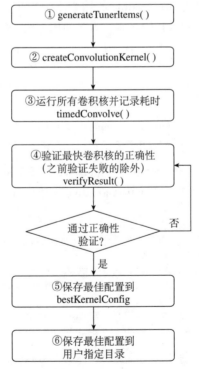

图 5-8　setupConvolution 函数的具体流程

对图 5-8 的步骤解读如下。

① 调用 generateTunerItems 函数生成一组配置项。OCL4DNNConvSpatial 类提供了两个高性能卷积核函数（确切地说是函数模板，因为它们需要根据传入的配置项生成最终的核函数），它们的类型分别是 KERNEL_TYPE_GEMM_LIKE 和 KERNEL_TYPE_INTEL_IDLF。generateTunerItems() 为这两个高性能卷积核函数生成一组配置项。

② 调用 createConvolutionKernel 函数为每一个配置项编译出可执行卷积核。

③ 运行每个编译好的卷积核并记录耗时。注意，timedConvolve() 函数对每个卷积核运行 5 次，取后 4 次的平均运行时间作为最终的耗时。因为第一次运行需要做一些额外的准备工作，这部分工作只需做一次，为了测量值更接近实际应用场景，故不计算第一次的耗时。

④ 调用 verifyResult() 验证最快卷积核的正确性。这里会用到图 5-7 的 ⑧ 的结果作为比对的基准。如果比对失败，则排除该配置，继续验证下一个最快的卷积核。

⑤ 将最佳卷积核函数配置存储到 bestKernelConfig 变量，以便下一次调用时使用。

⑥ 将最佳卷积核函数配置以文件形式保存到用户指定目录，以便下一次重新建立网络模型之后直接使用。

5.4　本章小结

本章首先介绍了 OpenCL API 的基本使用及 OpenCV 对 OpenCL API 的封装；然后介绍了如何启用 OpenCV DNN 模块的 OpenCL 加速；最后深入到卷积层内部，详细讲解了它的 OpenCL 加速实现。本书作者吴至文和李鹏是 DNN 模块 OpenCL 加速的代码贡献者，由他们整理、编写这些内容，可以更加准确地阐释设计初衷，让读者理解为什么这样设计，以达到知其然亦知其所以然的目的。

第 6 章

CPU 及第三方库加速的实现

第 3 章讲解了并行计算和 Intel GPU 的结构，第 4 章和第 5 章介绍了深度学习模块的 GPU 加速。本章继续讲解深度学习模块的 CPU（Central Processing Unit，中央处理器）加速实现和使用第三方库的加速实现。

为了更清晰地讲解 CPU 加速实现，本章首先介绍 CPU 的技术发展概况，然后介绍多线程编程技术和并行指令技术。我们以矩阵运算为例讲解如何利用并行指令集进行计算加速，以及如何更好地在 DNN 模块中使用 CPU 加速。

第三方库加速部分包括 Halide 和 Inference Engine（OpenVINO）加速后端。 Halide[⊖]是专注于图像处理这个特定领域的编程语言，6.2 节针对 Halide 后端展开讲解。OpenVINO 是 Intel 公司推出的深度学习推理加速工具包，6.3 节针对 OpenVINO 在 DNN 模块中的使用进行讲解。

6.1 原生 CPU 加速实现

在深入讲解 CPU 加速实现之前，先来看一下 CPU 技术的发展。在笔者看来，CPU 技术的发展主要体现在两个方面：制程和微架构。制程的发展基本上遵循着摩尔定律的节奏，它使得 CPU 的集成度更高，性能功耗比更好，体现在产品上就是 CPU 核心数目的增多。微架构发展的一个重要体现是支持更多、更宽的向量指令。例如，Intel 的 AVX-512 指令及针对神经网络计算场景的最新扩展 AVX-512 Vector Neural Network Instructions（AVX-512 VNNI）指令。图 6-1 展示了 Intel Skylake 微架构核心流水线功能图。其中，计算部分包括 Port0、Port1、Port5 和 Port6 4 个端口和对应的执行单元，端口负责将乱序执行引擎（out-of-

---

⊖ 参见 http://halide-lang.org/。

order execution engine）分配过来的计算指令传递到执行单元（execution unit）执行。可以看到，Skylake 微架构包含很多向量化的执行单元，如 Vec FMA、Vec Mul、Vec Add 等。正是这些向量化执行单元的存在，使得 CPU 可以支持众多向量化（并行）指令。

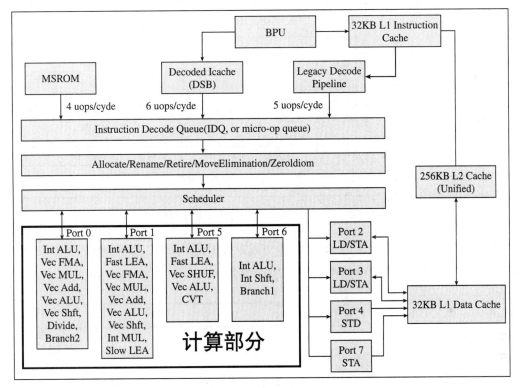

图 6-1　Intel Skylake 微架构核心流水线功能图

总之，CPU 技术的进步使得 CPU 核心数增多，支持的向量化（并行）指令种类更加丰富，这些特性为深度学习模块在 CPU 上的加速提供了便利。

具体来说，CPU 的多核能力可以通过多线程技术来充分利用。以 DNN 模块中的卷积层运算为例（具体运算过程参见 2.4.3 节的第 1 小节），执行一次图像卷积运算，输入数据与输出数据都来自卷积核附近范围内的图像数据，每一次卷积运算的数据读写可以做到互不依赖。利用 CPU 多线程技术，可以实现多个卷积运算并行处理，这样就可以充分利用计算机硬件资源，加快卷积操作的整体运算速度。

图 6-2 为计算机程序单线程与多线程运行比较。数据处理的过程粗略地分为 3 个步骤，首先从存储设备中读取数据，送入计算单元进行计算，之后将计算结果写入存储设备中。如果程序使用单一线程，则所有的数据处理将按照上述顺序串行执行，计算机的读写设备与运算设备将会处于相互等待状态，运算资源得不到有效利用。如果将不同的数据分配给多个线程独立地进行处理，则数据的处理就能够并行执行，计算机资源利用率也会提高。相

比较单线程程序，多线程下的数据处理速度也会相应提高。6.1.1 节将详细讲解深度学习模块是如何使用多线程技术进行加速的。

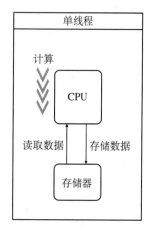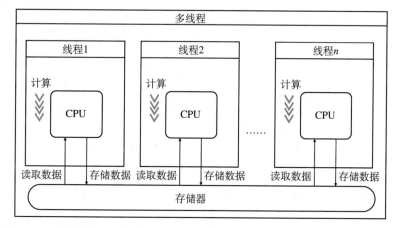

图 6-2　计算机程序单线程与多线程运行比较

卷积层的运算非常适合采用 SIMD 运算方式进行优化。图 6-3 使用伪代码和图表的方式描述了一维双精度浮点数（double）向量的加法操作。

```
#define T double
Void add(T* x, T* y, T* z, int N) {
  for (int i=0; i < N; i++)
    T x1, y1, z3;
    x1 = x[i];
    y1 = y[i];
    z1 = x1 + y1;
    z[i] = z1;
}
```

	SISD				
Z[1]	=	X[1]	+	Y[1]
Z[2]	=	X[2]	+	Y[2]
Z[3]	=	X[3]	+	Y[3]
Z[4]	=	X[4]	+	Y[4]

```
#define T double
Void add(T* x, T* y, T* z, int N) {
  for (int i=0; i < N; i+=4)
    __m256d x1, y1, z1;
    x1 = _mm256_loadu_pd(x + i);
    y1 = _mm256_loadu_pd(y + i);
    z1 = _mm256_add_pd(x1, y1);
    _mm256_storeu_pd(z + i, z1);
}
```

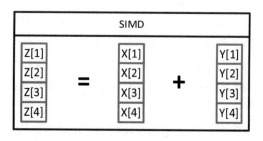

图 6-3　SIMD 模式和 SISD 模式向量加法运算

图 6-3 上半部分使用 SISD（Single Instruction Single Data，单指令单数据）运算对两个浮点数向量对应元素进行相加，下半部分使用 SIMD 运算对两个浮点数向量对应元素进行相加。采用 SISD 运算，每执行一条指令只能对向量中的一个数据进行赋值或者加法操作；而采用 SIMD 运算，每执行一条指令可以对向量中的 4 个数据进行操作。完成图示的向量 *x* 和向量 *y* 的相加操作，采用 AVX-256（图 6-2 中 _mm256 前缀的函数）SIMD 运算的指令执行次数大约为 SISD 运算的 1/4。对于 DNN 中大量使用的卷积运算，使用 SIMD 指令进行优化，可以大大减少指令执行次数。6.1.2 节会展开讲述 CPU SIMD 指令的原理和使用方法。

6.1.1　基于多线程技术的加速

当代 CPU 在硬件设计上提供了多个计算核心，主流操作系统在软件层面上也支持 CPU 的多线程运行，应用程序开发可以使用多线程编程技术，以充分利用计算资源，提高程序的执行效率。

OpenCV 适配了多种多线程编程技术，根据用户使用的计算机的软硬件环境在编译时进行动态配置。例如，根据用户安装的第三方库，编译脚本可加载配置 Intel TBB（Intel Threading Building Blocks）、HPX（High Performance ParalleX）或 Pthreads（POSIX threads）等不同的多线程实现技术。根据用户使用的操作系统类型，可适配 GCD（Grand Central Dispatch）、WinRT（Windows RT）或者 Concurrency Runtime（Microsoft Visual Studio）等多线程编程框架。

OpenCV 的编译系统可适配的多线程管理模块及配置宏定义如下：

```
 - HAVE_TBB          - 3rdparty library, should be explicitly enabled
 - HAVE_HPX          - 3rdparty library, should be explicitly enabled
 - HAVE_OPENMP       - integrated to compiler, should be explicitly enabled
 - HAVE_GCD          - system wide, used automatically (APPLE only)
 - WINRT             - system wide, used automatically (Windows RT only)
 - HAVE_CONCURRENCY  - part of runtime, used automatically (Windows only - MSVS
                       10, MSVS 11)
 - HAVE_PTHREADS_PF  - pthreads if available
```

OpenCV 支持的多线程并行编程框架的详细介绍可参考以下官方网站内容：

❑ https://software.intel.com/en-us/tbb；

❑ http://stellar-group.org/libraries/hpx/；

❑ https://en.wikipedia.org/wiki/POSIX_Threads；

❑ https://developer.apple.com/documentation/DISPATCH；

❑ https://en.wikipedia.org/wiki/Windows_RT；

❑ https://docs.microsoft.com/en-us/cpp/parallel/concrt/overview-of-the-concurrency-runtime?view=vs-2019。

我们以 Intel TBB（Intel Threading Building Blocks）为例，简要介绍多线程并行软件框

架的基本原理，以及使用多线程框架为开发者带来的好处。

Intel TBB 采用 ISO C++ 编程规范。开发者使用 Intel TBB 编写多线程程序，不需要使用特殊定制的编程语言和编译器。Intel TBB 提供了底层多线程的具体实现和管理功能，开发者只需专注于数据处理逻辑，而无须过多关注多线程实现的细节。Intel TBB 开发的程序可以方便地部署到包括 Intel 架构和 ARM 架构的多种硬件平台上，极大地增强了开发者程序的兼容性。

Intel TBB 库包含了全面的并行程序设计功能，具体体现在以下几个方面。

（1）通用并行算法

TBB 提供了通用的并行程序设计范式，如并行循环（parallel loop）范式、执行流图（flow graph）等，如图 6-4 所示，帮助开发者轻松地实现数据规模可灵活配置的并行程序。

（2）并发容器

当多个线程并发访问 TBB 容器（concurrent_queue、concurrent_vector）时，只需要对容器内

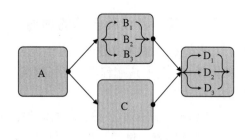

图 6-4　并行循环执行流图

必要的部分数据进行锁定，不同的线程可以安全地访问数据的不同部分。因此，可以保证多线程并发访问 TBB 容器的安全性，而 C++ STL 容器就无法做到多线程并发访问。

（3）可动态调整的内存分配

TBB 提供了两个内存分配的模板函数——scalable_allocator<T> 和 cache_aligned_allocator<T>，内存分配基于线程私有栈（thread-private heaps），每个线程从自己的栈上分配和使用内存。这种设计简化了多线程同步操作。另外，对于非动态调整的内存分配，线程分配内存时往往会等待其他分配内存的线程释放同步锁，内存分配操作实际上就变成了串行执行。

（4）工作任务调度算法

TBB 采用工作窃取（work stealing）任务调度算法，每个线程都维护一个自己的任务队列，当某个线程完成了自己任务队列中的所有任务时，它会从别的线程任务队列中"窃取"一个任务继续执行。

（5）底层同步原语

TBB 使用 spin_mutex、scoped_lock 等同步原语实现互斥操作。另外，TBB 还定义了 atomic<T> 模板和相应的原子操作，模板类型可以是整型、枚举类型或者浮点型。TBB 支持 5 种基本原子操作，如表 6-1 所示。

表 6-1　atomic<T> 模板类型变量支持的基本原子操作

原子操作	说明
=x	读取变量 x 的值

（续）

原子操作	说明
$x=$	给变量 x 赋值，并返回赋值
$x.\text{fetch\_and\_store}(y)$	$x+=y$，返回变量 x 之前的值
$x.\text{fetch\_and\_add}(y)$	$x+=y$，返回变量 x 之前的值
$x.\text{compare\_and\_swap}(y,z)$	如果 x 等于 z，那么赋值 $x=y$，否则返回变量 x 之前的值

Intel TBB 为并行软件开发提供了完整的多线程基础框架，开发者只需要设计完善的数据并行计算逻辑，使用 Intel TBB 提供的接口实现可扩展的数据并行计算，根据处理器核心数目对运算数据进行有效分组，从而获得更高的多线程计算性能。

我们以两段向量操作的代码为例，对比采用普通单线程技术和采用 Intel TBB 并行算法范式（parallel for）的两种实现方法。

代码清单 6-1 将一个长度为 n 的浮点数向量 a 中的每一个元素通过调用函数 printf() 输出。程序使用单线程串行调用，循环 n 次调用函数 Foo()。函数 Foo() 调用函数 printf() 输出输入的变量。

代码清单 6-1　单线程串行 for 循环

```
void SerialApplyFoo( float a[], size_t n ) {
    for( size_t i=0; i!=n; ++i ) {
        Foo(a[i]);
    }
}
void Foo( float var) const {
        printf("%0.2f, ", var);
}
```

代码清单 6-2 使用 Intel TBB 的并行范式，首先定义了 ApplyFoo 类以实现数据的具体处理算法。ApplyFoo 类的重载运算符 operator() 对向量 a 的部分数据进行操作。参数 blocked_range<T> 是 TBB 库函数中实现的一个模板类，它指定了函数 operator() 需要处理的数据范围，如代码清单 6-3 所示。函数 Foo() 的定义与代码清单 6-1 中的定义相同。

代码清单 6-2　TBB 并行数据处理算法类

```
#include "tbb/tbb.h"
using namespace tbb;
class ApplyFoo {
    float *const my_a;
public:
    void operator()( const blocked_range<size_t>& r ) const {
        float *a=my_a;
        for( size_t i=r.begin(); i!=r.end(); ++i ) {
            Foo(a[i]);
```

```
        }
    }
    ApplyFoo( float a[] ) : my_a(a) {};

    void Foo( float var) const {
        printf("%0.2f, ", var);
    }
};
```

代码清单 6-3 为 Intel TBB 参数 blocked_range<T> 的定义，描述了数据块的起始范围及数据划分大小。

代码清单 6-3　TBB blocked_range<T> 模板实现

```
blocked_range( Value begin_, Value end_, size_type grainsize_=1 ) :
                    my_end(end_), my_begin(begin_), my_
                            grainsize(grainsize_)
{
    __TBB_ASSERT( my_grainsize>0, "grainsize must be positive" );
}
```

代码清单 6-4 构造了一个代码清单 6-2 中定义的 ApplyFoo 对象，浮点向量 *a* 为其构造参数，模板参数 blocked_range<size_t>(0, n) 设置循环迭代次数为 n。TBB 模板接口函数 tbb::parallel_for() 将向量 *a* 中的元素拆分并分配给不同的线程独立执行。

代码清单 6-4　TBB 并行算法调用

```
void ParallelApplyFoo( float a[], size_t n )
{
    parallel_for( blocked_range<size_t>(0, n), ApplyFoo(a));
}
```

代码清单 6-2 到代码清单 6-4 组成了一个完整的、采用 TBB 多线程范式实现的并行程序。对比代码清单 6-1 的串行程序，当处理特别大量的数据时，并行数据处理的优势就能体现出来了。

OpenCV 的并行程序框架封装了多种不同的多线程实现库，实现了统一的接口函数供用户使用。OpenCV 的编译系统根据用户当前的配置环境，通过宏定义编译并加载对应的底层多线程函数库。

OpenCV 并行程序接口函数的定义位于 modules/core/src/paralle.cpp 中，接口函数设计与 Intel TBB 并行接口设计非常类似，请读者仔细加以对照。OpenCV 并行程序接口定义并实现了并行任务创建、数据并行分组及数据处理等接口模板函数。OpenCV 并行数据处理接口类如代码清单 6-5 所示。

代码清单 6-5　OpenCV 并行数据处理接口类

```
/** @brief Base class for parallel data processors
*/
class CV_EXPORTS ParallelLoopBody
{
    public:
        virtual ~ParallelLoopBody();
        ...
}
```

下面的 operator() 为纯虚函数，派生类根据需要实现具体的数据处理算法。代码清单 6-2 中的 operator() 即为一个简单的数据处理实现范例。

```
virtual void operator() (const Range& range) const=0;
```

parallel_for() 函数内部封装了底层线程函数的具体实现，应用层开发者需要设置 Range 参数，适当划分数据分组，以便将数据处理任务分配给多个线程进行并行处理。

```
    CV_EXPORTS void parallel_for_(const Range& range,
                                  const ParallelLoopBody& body,
                                  double nstripes=-1.);
};
```

在 OpenCV DNN 模块中，不同的层（layer）实现不同的算法，从基类派生出各自的 layer 类，定义自己的 operator() 函数，在其中实现各自的数据处理算法。

Convolution layer 由基类 ParallelLoopBody 派生出 ParalleConv 类，定义如代码清单 6-6 所示。

代码清单 6-6　Convolution layer 并行数据处理类定义

```
class ParallelConv : public cv::ParallelLoopBody
{
    public:
        enum { BLK_SIZE=32, BLK_SIZE_CN=64 };
        bool useAVX;
        bool useAVX2;
        bool useAVX512;
        ParallelConv()
            : input_(0), weights_(0), output_(0),
              ngroups_(0), nstripes_(0), biasvec_(0),
              reluslope_(0), activ_(0), is1x1_(false),
              useAVX(false), useAVX2(false), useAVX512(false)
        {};
};
```

OpenCV DNN 的各个 layer 类可以实现各自的接口函数 forward()，在其中调用函数

run()，函数 run() 调用 paralle_for() 函数，启动底层线程函数进行数据并行计算。

```
static void ParallelConv::run( const Mat& input, Mat& output,
                    const Mat& weights,
                    const std::vector<float>& biasvec,
                    const std::vector<float>& reluslope,
                    const std::vector<size_t>& kernel_size,
                    const std::vector<size_t>& strides,
                    const std::vector<size_t>& pads_begin,
                    const std::vector<size_t>& pads_end,
                    const std::vector<size_t>& dilations,
                    const ActivationLayer* activ,
                    int ngroups, int nstripes ) {
                    ......
                    parallel_for_(Range(0, nstripes), p, nstripes);
            }
```

Convolution layer 在 operator() 函数中实现了卷积操作算法，根据参数 Range、卷积核大小、卷积步长等参数进行卷积运算。

```
virtual void ParallelConv::operator ()(const Range &r0) const CV_OVERRIDE
{
    const int valign=ConvolutionLayerImpl::VEC_ALIGN;
    int ngroups=ngroups_, batchSize=input_->size[0]*ngroups;
    bool isConv2D=input_->dims==4;
    int outW=output_->size[output_->dims - 1];
    int outH=output_->size[output_->dims - 2];
    int outCn=output_->size[1]/ngroups;
        ......
}
```

类似卷积层类实现，DNN 模块的其他一些 layer 类也按照相同的逻辑由 ParallelLoop-Body 派生，如代码清单 6-7 描述的 Concat layer 类定义，此处不展开叙述。

代码清单 6-7　Concat layer（并行数据处理）类定义

```
class ChannelConcatInvoker : public ParallelLoopBody
{
    public:
        std::vector<Mat>* inputs;
        Mat* output;
        int nstripes;
        std::vector<const float*> chptrs;
        static void run(std::vector<Mat>& inputs, Mat& output, int
                    nstripes);
        void operator()(const Range& r) const CV_OVERRID {};
};
```

6.1.2　基于并行指令的加速

　　OpenCV 多线程并行框架从程序执行的逻辑层面对运算数据进行分组，使用多线程并发处理，提高了程序的整体运行效率。此外，在具体的计算指令执行层面，OpenCV 集成了多种硬件加速指令集，对程序运算进行了更进一步的加速优化。

　　通常计算指令优化依赖于计算机硬件平台，不同类型的计算硬件提供了不同的计算指令优化工具和方法。例如，针对 GPU 指令，可以采用 OpenCL、Vulkan 和 OpenGL 等编程语言以方便开发者使用 SIMD 指令。CPU 提供了类似的 SIMD 向量指令集，运算数据可以以向量的形式被派发到多位寄存器中并行执行。

　　随着 Intel X86 技术的演进，先后发布了多个 X86 Intrinsics 指令集版本，包括 Intel Streaming SIMD Extensions（Intel SSE）、Intel Advanced Vector Extensions（Intel AVX）等。图 6-5 展示了 Intel Intrinsics 指令集版本及其支持的操作寄存器位数。寄存器位数越多，可以同时并行操作的数据就越多。AVX-512 指令集采用 512 位寄存器，同时可以对 16 个单精度浮点数或者 64 个 8bit 的像素数据进行加法、减法或乘法等运算。

　　CPU 向量指令集统称为 Intel Intrinsics 编译器内部函数，编译器内部函数使用 C 语言风格的函数接口，用户使用编译器内部函数编写代码将会更加简单、高效，无须编写汇编代码，充分发挥计算硬件性能，获得与汇编代码类似的计算效率。

　　Intel Intrinsics 指令集定义了大量的向量运算指令，图 6-6 展示了 Intel Intrinsics 指令集

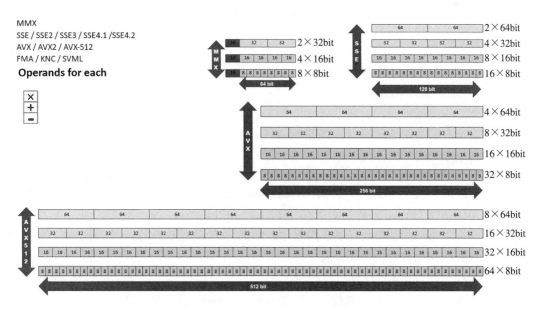

图 6-5　CPU 指令内部寄存器与向量运算数

索引内容，开发者可以访问指导文档[一]查阅需要使用的指令函数。

Intel X86 用户可以使用命令查询当前使用的计算机设备所支持的 Intel Intrinsics 编译器内部函数版本，如代码清单 6-8 所示（以 Linux 系统为例）。

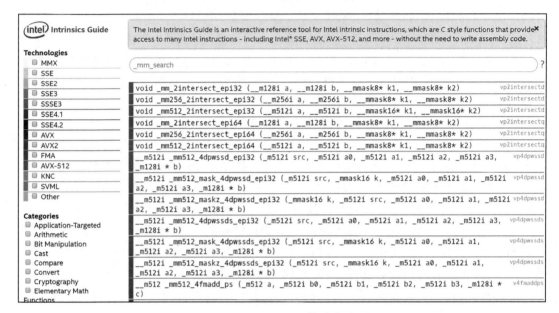

图 6-6 Intel Intrinsics 指令集索引

代码清单 6-8　查询 CPU Intrinsics 指令版本

```
$ grep sse /proc/cpuinfo
Flags: sse sse2 sse4_1 sse4_2

$ grep avx /proc/cpuinfo
Flags: avx avx2 avx512f avx512dq avx512cd avx512bw avx512vl
```

Intrinsics 指令的编译十分方便，标准 GCC 即可支持 Intrinsics 指令编译，使用 Intel X86 Intrinsics 指令编写程序，需要包含头文件 <immintrin.h >[二]。

Intel AVX-512 Intrinsics 是 Intel X86 架构下的 512bit 浮点向量运算指令集，它可以利用 512bit 寄存器进行向量并行计算。需要注意的是，GCC 5 及以上版本开始增加了对 Intel AVX-512 Intrinsics 编译器内部函数的支持。

使用 AVX-512 Intrinsics 指令编写代码，可以将多个浮点运算数拼装成 512bit 向量进行运算，一条 AVX-512 指令可以执行 16 个 32bit 或 8 个 64bit 浮点数运算。

代码清单 6-9 到代码清单 6-11 列举了 3 条 AVX-512 Intrinsics 指令函数说明，帮助读

[一]　参见 https://software.intel.com/sites/landingpage/IntrinsicsGuide/。

[二]　参见 https://stackoverflow.com/questions/11228855/header-files-for-x86-simd-intrinsics。

者了解 AVX Intrinsics 指令的函数及变量的命名规则。在每个清单中都简要地介绍了函数的功能，并附上对应的汇编代码实现。在代码清单 6-13 中，使用这 3 条指令编写了一段采用 AVX 指令优化的矩阵相乘算法。

（1）AVX Intrinsics 数据读取指令

代码清单 6-9 所示的函数声明位于头文件 <immintrin.h> 中，函数编译后的链接库名为 avx512f。该指令从内存中一次读取 16 个 32bit 单精度浮点数，存放入一个 512bits 寄存器中。

代码清单 6-9　AVX-512 浮点数读取指令

```
__m512 _mm512_load_ps (void const* mem_addr)
#include <immintrin.h>
Instruction: vmovaps zmm {k}, m512
CPUID Flags: AVX512F for AVX-512, KNCNI for KNC
Description
Load 512-bits (composed of 16 packed single-precision (32-bit) floating-
point elements) from memory into dst. mem_addr must be aligned on a 64-byte
boundary or a general-protection exception may be generated.
Operation
    dst[511:0] :=MEM[mem_addr+511:mem_addr]
    dst[MAX:512] :=0
```

（2）AVX Intrinsics 乘法指令

代码清单 6-10 所示的函数声明位于头文件 <immintrin.h> 中，函数编译后的链接库名为 avx512f。该函数完成 16 对 32bit 单精度浮点数的乘法操作，计算结果为 16 个 32bit 单精度浮点数，结果保存到一个 512bit 寄存器中。在 Intel Skylake 平台上执行这条指令只需要 4～6 个时钟周期。

代码清单 6-10　AVX-512 浮点数乘法指令

```
__m512 _mm512_mul_ps (__m512 a, __m512 b)
#include <immintrin.h>
Instruction: vmulps zmm {k}, zmm, zmm
CPUID Flags: AVX512F for AVX-512, KNCNI for KNC
Description
    Multiply packed single-precision (32-bit) floating-point elements in a
and b, and store the results in dst.
Operation
    FOR j :=0 to 15
        i :=j*32
        dst[i+31:i] :=a[i+31:i] * b[i+31:i]
    ENDFOR:
    dst[MAX:512] :=0
```

（3）AVX intrinsics 加乘指令

代码清单 6-11 所示的函数声明位于头文件 <immintrin.h> 中，函数编译后的链接库名为 avx512f。该函数计算 32bit 浮点数向量 *a* 与 32bit 浮点数向量 *b* 的点积，结果与 32bit 浮点数向量 *c* 相加，计算结果为一个 32bit 浮点数向量，元素个数为 16。在 Intel Skylake 平台上执行这条指令只需要 4～6 个时钟周期。

代码清单 6-11　AVX-512 浮点数加乘指令

```
__m512 _mm512_fmadd_ps (__m512 a, __m512 b, __m512 c)
#include <immintrin.h>
Instruction: vfmadd132ps zmm {k}, zmm, zmm
             vfmadd213ps zmm {k}, zmm, zmm
             vfmadd231ps zmm {k}, zmm, zmm
CPUID Flags: AVX512F for AVX-512, KNCNI for KNC
Description
     Multiply packed single-precision (32-bit) floating-point elements in a
     and b, add the intermediate result to packed elements in c, and store
     the results in dst.
Operation
     FOR j :=0 to 15
         i :=j*32 dst[i+31:i] :=(a[i+31:i] * b[i+31:i]) + c[i+31:i]
     ENDFOR
dst[MAX:512] :=0
```

下面使用以上介绍的 Intel Intrinsics 指令编写一段矩阵相乘的代码（矩阵数据按行优先存储），并且与普通 C 语言代码的实现进行比较。代码清单 6-12 为两个 *n* 行 ×*n* 列的二维矩阵相乘运算，这是一段用 C 语言实现的矩阵乘法运算，程序循环 n^3 次，每个循环体分别进行一次浮点数乘法运算、一次浮点数加法运算和两次赋值操作。

代码清单 6-12　C 语言版本矩阵相乘

```
1 for(int i=0; i < n; ++i) {
2     for(int j=0; j < n; ++j) {
3         c[i*n+j]=0;
4         for(int k=0; k < n; k++) {
5             c[i*n+j] +=a[i*n+k] * b[k*n+j];
6         }
7     }
8 }
```

代码清单 6-13 采用 AVX-512 Intrinsics 指令编写，完成相同维度的两个 *n*×*n* 的矩阵相乘运算，循环次数减少为 $n^3/16$；并且可以将两条乘法运算和加法运算指令合并为一条 Intrinsic 指令执行。使用 AVX-512 指令极大地缩短了程序的执行时间。

笔者对这两段程序进行了测试，在不采用编译器优化的情况下，AVX-512 版本程序的运行速度比 C 版本的快了将近 20 倍。

代码清单 6-13　AVX-512 Intrinsics 版本矩阵相乘

```
1 for (int i=0; i < n; i++) {
```

```
2        for (int j=0; j < n; j +=16) {
3            __m512 m0=_mm512_setzero_ps();
4            for (int k=0; k < n; k++) {
5                __m512 m1=_mm512_set1_ps(*(a+i*n+k));
6                __m512 m2=_mm512_loadu_ps((b+k*n+j));
7                m0=_mm512_fmadd_ps(m1, m2, m0);
8            }
9            _mm512_storeu_ps(c+i*n+j, m0);
10        }
11 }
```

OpenCV 编译系统根据用户的计算硬件配置，确定当前用户能够使用的 CPU Intrinsics 指令集版本，如代码清单 6-14 所示。

代码清单 6-14　OpenCV 向量指令宏定义

```
// OpenCV supported CPU dispatched features
#define CV_CPU_DISPATCH_COMPILE_SSE4_1 1
#define CV_CPU_DISPATCH_COMPILE_SSE4_2 1
#define CV_CPU_DISPATCH_COMPILE_FP16 1
#define CV_CPU_DISPATCH_COMPILE_AVX 1
#define CV_CPU_DISPATCH_COMPILE_AVX2 1
#define CV_CPU_DISPATCH_COMPILE_AVX512_SKX 1
```

OpenCV DNN 模块中使用 Intel X86 Intrinsics 指令对各个层中常用的运算进行了优化，卷积层常用的一些函数（如快速卷积、快速矩阵乘积等函数）定义可以参见代码清单 6-15，原代码实现位于 modules/dnn/src/layers/layers_common.simd.hpp。

代码清单 6-15　OpenCV 常用矩阵操作快速算法函数定义

```
void fastConv(const float* weights, size_t wstep, const float* bias,
              const float* rowbuf, float* output, const int* outShape,
              int blockSize, int vecsize, int vecsize_aligned,
              const float* relu, bool initOutput );
void fastGEMM1T(const float* vec, const float* weights,
                size_t wstep, const float* bias,
                float* dst, int nvecs, int vecsize );
void fastGEMM(const float* aptr, size_t astep, const float* bptr,
              size_t bstep, float* cptr, size_t cstep,
              int ma, int na, int nb );
```

6.2　Halide 后端的实现

DNN 模块实现 Halide 后端的目的是利用 Halide 语言把算法的描述和算法的计算调度解耦合，这相对于目前高性能并行算法需要牺牲可读性和可移植性，并且把算法描述和计算调度紧耦合在一起的方法有着巨大的优势。由于算法的描述和算法性能优化可以分开进行，代码的可移植性提高了，同时代码的维护成本降低了。OpenCV 引入 Halide 作为一个后端，目前还是尝试性质，并且 Halide 本身还处于不断发展的过程中，因此，Halide 后端的性能并不一定能赶上其他的后端实现。

6.2.1　Halide 介绍

Halide（http://halide-lang.org/）是专注于图像处理特定领域的编程语言，支持 Linux、Windows、MacOS、Android、iOS 和 Qualcomm QuRT 等操作系统，完全遵循 C++ 语法，可以生成多种硬件的目标代码，如 X86、ARM、MIPS、Hexagon 和 PowerPC 等，也可以生成基于多个 GPU Compute API 的目标代码，如 CUDA、OpenCL、OpenGL、OpenGL Compute Shader、Apple Metal 和 Microsoft Direct X12 等。Halide 引入算法与调度解耦的思想，极大地简化了图像处理算法中的性能调优过程，程序员可以方便地尝试各种不同的算法调度策略而无须改变算法代码本身。

1. 特定领域分析

Halide 专注于图像处理这个特定领域，区别于其他通用语言，也被称为特定领域语言（Specific Domain Language，SDL），是根据特定领域的具体特点，为图像处理量身定制的一种专用编程语言。

典型的图像处理流程如图 6-7 所示，pipeline（处理流程管道）可包含多个 stage，每个 stage 就是一个独立的图像处理模块，对应着 Halide 语言中的一个 Func 对象。在每个 stage 中，基本思路是遍历处理图像中的每一个像素值（或者区域像素值），如果将遍历循环中要做的事用 do_sth() 来表示，那么，在该 stage 中，每个像素之间的 do_sth() 相互独立，可以并行进行。

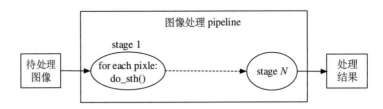

图 6-7　典型的图像处理流程

每个图像处理模块包括两个部分，其伪代码如代码清单 6-16 所示。第一部分遍历图像的长、宽等外层循环，即代码中的两个 for 循环语句，以确保在合适的时机调用 do_sth()，最大限度地挖掘存储局部性（如用好 Cache）和执行并行性（如用好 SIMD 硬件）的潜力，这部分在 Halide 中称为调度；第二部分为 do_sth()，即 output(x, y)=input(x, y) / 2，这部分在 Halide 中称为算法。通过合适的调度，不仅可以提高单个图像处理模块的性能，而且可以对整个 pipeline 进行融合优化，从全局上提升性能。

当然，do_sth() 的内部也可以存在循环，用来访问某个区域的像素值，当这个区域大
到和图像尺寸相同时，加上一些小技巧，就可以完成诸如求图像直方图、求和、求均值等
reduction 操作，由于篇幅限制，本节将不探讨这种情况。

代码清单 6-16 单个图像处理模块伪代码

```
for x in [0, (width -1)]
    for y in [0,  (height - 1)]
        output(x, y)=input(x, y)  / 2      // do_sth()
```

针对上述图像处理领域的具体特点，Halide 被量身打造，成为图像处理领域的编程
语言。

2. Halide 语言

Halide 语言完全遵循 C++ 语法，可以很自然地嵌入 C++ 程序，一个 C++ 程序员无须学
习新的语言语法，就可以很方便地上手 Halide。从语法角度来看，可以将 Halide 看作一个
C++ 库，库函数接口就是 Halide 语言的关键字。而从语义角度，Halide 和普通的 C++ 库还
是有区别的：普通的 C++ 函数库是命令式的，即每个函数调用都直接对应着若干硬件指令；
而 Halide 则是描述式的，大部分语句用来描述整个图像处理 pipeline 是如何搭建的，每个
stage 如何，以及如何调度，在全部描述完毕之后，才一次性地生成相应的硬件指令，这种
方式非常有利于程序的全局优化。

Halide 语言有 4 个关键概念：Buffer、Func、表达式和变量。其中，Buffer 一般对应着
输入和输出的图像数据；Func 对应着一个图像处理模块，一个或多个 Func 构成了完整的图
像处理过程；表达式则是 Func 的具体算术描述；变量用来索引图像中的具体像数值。接下
来，以代码清单 6-17 所示的 Halide 程序片段为例做简单描述。

代码清单 6-17 最简单的 Halide 程序示例片段

```
1    Halide::Buffer<uint8_t> input=Halide::Tools::load_image("images/rgb.
                             png");

// 定义 3 个变量，此时，这 3 个变量没有任何意义，只是类 Halide::Var 的对象
2    Halide::Var x, y, c;
3    Halide::Expr value=input(x, y, c);
// 定义一个 Func 实例，名为 shrinkage，对应着一个图像处理模块
4    Halide::Func shrinkage;
5    shrinkage(x, y, c)=value / 2;
// 本 Halide 程序的最终运行结果是，每个像素的所有通道的数据都被除以 2
6    Halide::Buffer<uint8_t> output=
        shrinkage.realize(input.width(), input.height(), input.channels());
```

第 1 行中的 Buffer 是名字空间 Halide 中的一个类模板，通过类型 uint8_t 的实例化，定
义了 input 对象，读取的 rgb.png 图像的数据以无符号 8bit 格式被保存在 input 对象中。在

一些其他较老的资料中，可能会看到的是 Image 类，这是因为在 2016 年 Image 被改名为 Buffer，这个名字更具一般性，表示 Hailde 的目标并不完全限制在图像处理上，只要类似的数据处理都可以做。这也侧面反映，Halide 还处于不停进化中，以后也完全可能存在一些关键字的改名情况。

第 3 行背后做了很多事情。首先，3 个变量 x、y 和 c 会调用类 Halide::Var 中的成员函数 operator Expr() const 将变量对象转换为表达式对象，这是 C++ 语法定义的自动类型转换过程。然后，因为 input 是 Halide::Buffer 对象，根据 C++ 语法，input(…) 会导致相应的小括号操作符重载函数 Expr operator()(Expr first, Args... rest) const 被调用，这个函数只做一些封装的事情，并返回 Halide::Expr 类型的实例。最后，类 Halide::Expr 的拷贝构造函数被调用，创建 value 对象，也是基于标准 C++ 语法。此时，x、y、c 的物理意义基本明确，对应图像在宽、高、通道这 3 个维度上的变量。

第 5 行也做了很多事情。首先，因为 value 是一个表达式对象，所以，value/2 会调用函数 inline Expr operator/(Expr a, int b) 生成一个新的表达式对象；然后，Func 类的小括号操作符重载函数被调用，shrinkage(x,y,c) 返回新的 FuncRef 对象；最后，Stage FuncRef::operator=(Expr e) 函数被调用，最终完成将表达式对应的算术运算赋予 Func 实例的功能。

第 6 行在整个图像处理过程的描述结束后，调用类 Func 的成员函数 realize，先生成相应的硬件指令，再执行，并将执行结果写入 output 变量中。在执行时候，变量 x 遍历 [0, input.width()-1]，变量 y 遍历 [0, input.height()-1]，变量 c 遍历 [0, input.channels()-1]。另外，第 6 行代码也可以用两行代码分两步完成，即先调用 compile_jit 函数生成硬件指令，再调用 realize 来执行。

3. 算法与调度解耦

代码清单 6-17 所示的 Halide 代码主要描述了算法的内容，并没有显式地设置调度策略，函数 realize 内部使用了默认调度。通过代码 shrinkage.compile_to_lowered_stmt("halide_shrinkage.html", {}, Halide::HTML); ，可以将默认调度生成的伪代码写入文件 halide_shrinkage.html 中，整理后的伪代码如代码清单 6-18 所示，即在 shrinkage 函数外面套上 3 层循环，分别遍历通道、高度和宽度。

代码清单 6-18　compile_to_lowered_stmt 输出的代码描述

```
// 假设读入的图像文件宽 800、高 600，具有 RGB 3 个通道
for c in [0, 2]                    // 遍历 3 个通道
   for y in [0, 599]               // 遍历高度方向
      for x in [0, 799]            // 遍历宽度方向
         output[x + y*800 + c*800*600]=input[x + y*800 + c*800*600] / 2
```

如果需要调整循环 c、y 和 x 的次序，则只要简单地调用 reorder 函数即可完成调度设置，例如，增加代码 shrinkage.reorder(y, c, x); ，表示循环变量从内层到外层依次为 y、c 和

x。我们可以采用一种新的输出方式，由代码 shrinkage.print_loop_nest(); 输出，如代码清单
6-19 所示。

代码清单 6-19 shrinkage.print_loop_nest 输出的代码描述

```
produce shrinkage:
    for x:
        for c:
            for y:
                shrinkage(...)=...
```

如果需要按照 tile 方式访问图像数据，那么增加代码 shrinkage.tile(x, y, xi, yi, 8, 4); 即
可完成 8×4 的 tile 调度设置，如代码清单 6-20 所示。

代码清单 6-20 tile 方式调度下的代码描述

```
// 假设读入的图像文件宽 800、高 600，tile 尺寸为 8×4
produce shrinkage:
  for c:
    for y.y:          // y.y 为变量名，取值为 [0, 600/4-1]
      for x.x:        // x.x 为变量名，取值为 [0, 800/8-1]
        for y.yi in [0, 3]:   // y.yi 为变量名，取值为 [0,3]，对应 tile 设置
          for x.xi in [0, 7]: // x.xi 为变量名，取值为 [0,7]，对应 tile 设置
            shrinkage(...)=...
```

Halide 还有很多其他调度设置，如 split、unroll、vectorize、parallel 和 GPU 等，并
且在持续增加。通过增加简单几行代码即可完成调度设置，不需要对已有代码做调整。而
采用传统优化方法，往往牵一发而动全身，任何一个细节的调整都需要重写大量代码，乃
至全部重写已有代码，非常容易出错且效率低下。为了达到更好的性能，往往还需要编写
底层汇编指令。使用 Halide 语言，算法（要实现的内容：what）和调度（如何实现：when
and where）被分离解耦，无须重写算法代码，只需要设置不同的调度参数，其他细节均
由 Halide 编译器自动处理完成，因此可以极大地提高开发效率。根据 Halide 公布的数
据，Adobe 公司曾经耗费 3 个月的时间编写了 1500 行 C++/ 汇编代码来优化 local Laplacian
filter。使用 Halide 语言，只需要写 60 行左右的代码，性能就可以实现翻番式提高。如果底
层硬件采用 GPU，则 Halide 实现性能可以是 Adobe 实现性能的 9 倍。

4. Halide 编译器

除了表示语言，Halide 还包含编译器的含义。Halide 编译器是一个动态链接库，在
Linux 下库文件名为 libHalide.so，Halide 编译器基于 LLVM（https://github.com/llvm）开
发，在运行时被加载调用。一个 Halide 程序就是一个需要动态链接 Halide 编译器库文件
的 C++ 程序，在编码完成后，通过诸如 GCC 等 C++ 编译器，生成可执行代码。除了编译
选项需要增加 Halide 编译器相关的头文件目录和链接库文件以外，Halide 程序开发和一个
普通的 C++ 程序开发没有太大的区别。可执行代码运行时，当类 Func 的成员函数 realize

或者 compile_jit 等被调用时，Halide 编译器被加载，编译 Halide 语言并生成相应的二进制指令，将这些指令复制到一块内存中，再设置此内存属性为可执行，然后用类似函数调用的方法，将 PC（program counter）指向此内存区域，从而达到执行这部分指令的目的，执行完毕后，返回 realize 函数。这种动态加载编译器对代码段进行动态编译的方法，称为 JIT（Just In Time）编译。OpenCV DNN 模块的 Halide 后端应用采用的就是 JIT 编译方法。

Halide 编译器根据 realize 函数传入的 target 参数，可以编译生成多种类型的二进制代码。Halide 可以编译生成 CPU 指令，类似普通 C/C++ 程序编译、链接后生成的二进制指令，在 CPU 上运行。Halide 也可以编译出用来调用 compute API（如 OpenCL）的二进制指令，类似 OpenCL 应用程序编译、链接后生成的二进制指令，而当前系统中的 OpenCL 实现则决定了最终是运行在 CPU、GPU 还是其他专用硬件上。

考虑移动平台可能没有足够的空间来保存 Halide 编译器库文件，也没有足够的计算能力和内存运行 Halide 编译器，因此 Halide 提供了 AOT（Ahead Of Time）编译方法。如图 6-8 所示，开发者需要编写两个程序，所有的 Halide 代码都写在程序 1 中，这个程序不使用函数 realize，而是使用函数 compile_to_file，编译并运行之后会生成一个 .o 文件和一个 .h 文件，其中的 .o 文件内容是相应硬件的目标文件，可以脱离 Halide 编译器而存在。在程序 2 中，导入程序 1 生成的 .h 文件，调用 .h 文件中声明的函数接口，最后链接生成 .o 文件即可。程序 2 最终编译得到的结果就是 Halide 无关的可执行代码，可以直接发布到移动平台中。

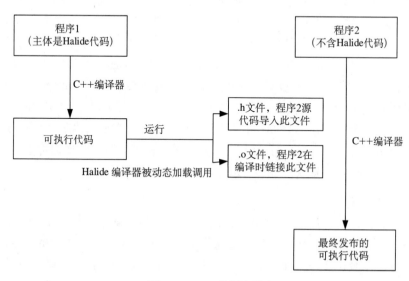

图 6-8　AOT 编译方法

6.2.2　如何启用 Halide

为 OpenCV DNN 开启 Halide 后端支持，首先需要在系统中安装 llvm 和 halide 两个软件包，然后在编译 OpenCV 时增加 Halide 编译选项。

LLVM 直译名称为底层虚拟机，发展至今，它和虚拟机没有什么直接关系了，它是一套模块化、可重用的编译器和工具链的集合。现在，LLVM 已经不再被认为是 Low Level Virtual Machine 的首字母缩写，这个项目的名称就是由 L、L、V、M 这 4 个字母组成。

LLVM 支持多种编程语言，对每种编程语言都有一个相应的前端子项目。由于 Halide 是基于 C++ 语法的，所以我们需要 LLVM 中支持 C++ 的前端子项目，即 Clang。之前，LLVM 源代码和 Clang 源代码还是分别下载的，需要将 Clang 源代码置于 LLVM 代码目录树的合适位置，然后用默认编译选项，即可编译 Clang。现在，Clang 源代码已经被直接放置在 LLVM 项目中，只需要编译时使用合适选项即可。下面展示如何从源代码编译安装 LLVM 的过程。

下载 LLVM 源代码：

```
$ git clone https://github.com/llvm/llvm-project.git
```

代码树中已经包含了 Clang 相关内容：

```
$ cd llvm-project/
$ ls
clang  compiler-rt  libclc  libcxxabi  lld   llgo  openmp  polly  README.md
clang-tools-extra  debuginfo-tests  libcxx  libunwind  lldb  llvm  parallel-
libs  pstl
```

选择一个稳定版本，这里选择 8.0.0 版本，即名为 llvmorg-8.0.0 的 tag：

```
$ git checkout -b tag800 llvmorg-8.0.0
```

为了实现代码和编译的分离，LLVM 不支持在代码树中直接编译，因此创建新目录 build：

```
$ mkdir build
$ cd build/
```

为了避免将 LLVM 安装到系统目录，创建新目录 llvm_dist，这样一个系统中可以有多个 LLVM 版本：

```
$ mkdir -p /work/llvm/llvm_dist/llvm800
```

选择合适的 CMake 选项，开始编译。在 CMake 中如果碰到问题，一般是系统缺少了某些软件包，安装即可。

```
$ cmake -DLLVM_ENABLE_PROJECTS=clang \
        -DCMAKE_INSTALL_PREFIX=/work/llvm/llvm_dist/llvm800 ../llvm
```

执行 make 命令进行编译，需较长时间。如果用 -jN 选项加快速度，则可能会碰到不稳定情况，多试几次即可。

```
$ make
```

安装到刚才指定的安装目录 /work/llvm/llvm_dist/llvm800 中：

```
$ make install
```

检查确认 LLVM 和 Clang 已被成功安装：

```
$ cd /work/llvm/llvm_dist/llvm800/
$ ls
bin  include  lib  libexec  share
$ cd bin
$ ./clang --version
clang version 8.0.0
Target: x86_64-unknown-linux-gnu
Thread model: posix
InstalledDir: /work/llvm/llvm_dist/llvm800/bin/.
```

Halide 代码的获取和编译如下所示。

下载 Halide 源代码：

```
$ cd /work/media/halide_work/
$ git clone https://github.com/halide/Halide.git
```

创建编译目录：

```
$ cd Halide/
$ mkdir build
$ cd build/
```

在执行 cmake 命令的时候指定 LLVM 的安装目录：

```
$ cmake .. -DLLVM_DIR=/work/llvm/llvm_dist/llvm800/lib/cmake/llvm
```

执行编译：

```
$ make -j8
```

运行测试程序，中间偶尔会出现错误，可能是软件中的一些边界测试用例（corner case）发生错误。一般来说，多数测试结果正确就基本可以放心了。

```
$ make run_tests
```

最后，在编译 OpenCV 时，需要指定两个 Halide 相关选项：

```
$ cmake .. -DWITH_HALIDE=1 \
    -DHALIDE_ROOT_DIR=/work/media/halide_work/Halide/build
```

完成编译后，运行 OpenCV 内部关于 Halide 的测试，结果应该都是 success。

```
$ cd bin
$ ./opencv_test_dnn --gtest_filter=Layer_Test_Halide
```

查看测试源代码，会发现最关键的就是下面这行代码（告诉 OpenCV DNN 启用 Halide 后端）：

```
net.setPreferableBackend(DNN_BACKEND_HALIDE);
```

6.2.3　Halide 后端的实现原理

OpenCV DNN 模块用 Halide 作为后端实现，逻辑上比较清晰明了，相当于为每个操作层（layer）写一段 Halide 程序的实现；当网络模型确定后，在初始化每一层的时候执行 initHalide 函数；在网络模型的推理阶段，每一层输入数据的大小已经明确，此时会调用 compileHalide 函数，该函数将调用 Halide 编译器，将每一层中的 Halide 程序编译为相应的目标指令；最后则调用 forwardHalide 函数，执行相应的目标指令，完成此操作层的前向推理过程。下面以卷积层为例，说明 Halide 的具体实现过程，更具体一点，是在执行下面命令时的卷积层的实现过程。

```
$ ./opencv_test_dnn --gtest_filter=Layer_Test_Halide/Convolution.Accuracy/0
```

1. initHalide 函数实现

卷积层的 initHalide 函数在文件 opencv/modules/dnn/src/layers/convolution_layer.cpp 中，由于函数本身较长，接下来将其拆分成多个片段依次讲解，其中，代码中的行首数字代表其在源文件中的行号。

最开始的代码如代码清单 6-21 所示，函数内容被第 474 行的宏 HAVE_HALIDE 所包含，如果编译 OpenCV 时使用了 cmake 选项 -DWITH_HALIDE=1，则会启用 HAVE_ HALIDE 这个宏，从而使代码生效。第 475 行表示将卷积层的输入数据封装为一个 Halide::Buffer 对象。第 477~481 行定义的变量用于分组卷积的情况，在后面的代码中还会用到，这里不展开叙述。

代码清单 6-21　initHalide 函数第 1 部分

```
472 virtual Ptr<BackendNode> initHalide(
        const std::vector<Ptr<BackendWrapper> > &inputs) CV_OVERRIDE
473 {
```

```
474    #ifdef HAVE_HALIDE
475    Halide::Buffer<float> inputBuffer=halideBuffer(inputs[0]);
476
477    const int inpCn=inputBuffer.channels();
478    const int outCn=blobs[0].size[0];
479    const int inpGroupCn=blobs[0].size[1];
480    const int group=inpCn / inpGroupCn;
481    const int outGroupCn=outCn / group;
```

接下来的代码如代码清单 6-22 所示。

代码清单 6-22　initHalide 函数第 2 部分

```
482
483    Halide::Buffer<float> weights=wrapToHalideBuffer(blobs[0]);
484
485    Halide::Var x("x"), y("y"), c("c"), n("n");
486    Halide::Func top=(name.empty() ? Halide::Func() : Halide::Func(name));
487    Halide::Func padded_input(name + "_constant_exterior");
488    if (pad.width || pad.height)
489    {
490        Halide::Func bounded=
491        Halide::BoundaryConditions::constant_exterior(inputBuffer, 0);
492        padded_input(x, y, c, n)=bounded(x, y, c, n);
493    }
494    else
495    {
496        padded_input(x, y, c, n)=inputBuffer(x, y, c, n);
497    }
```

第 483 行比较简单，只是将卷积层的权重变量封装为一个 Halide::Buffer 对象。

第 485 行定义了 4 个变量 x、y、c 和 n，对应着卷积层输出数据的 Width、Height、Channel 和 Number。Halide 编译器将会自动加入关于 x、y、c 和 n 这 4 重循环，所以，这个 initHalide 函数中再往下的 Halide 代码，表示这 4 重循环之内的循环体要做的事情。

第 486 行和 487 行定义了两个函数对象，构造函数的参数是 name，有了名字字符串就能方便后续 Halide 调试。

第 488～497 行用于处理图像边缘附近的 pad 填充情况，输入的原图数据是 inputBuffer，输出是 padded_input，具体转换详见 Halide 的 constant_exterior 函数，这里不详述。

接下来的代码如代码清单 6-23 所示。

代码清单 6-23　initHalide 函数第 3 部分

```
498
499    Halide::RDom r(0, kernel.width, 0, kernel.height, 0, inpGroupCn);
500    Halide::Expr kx=x * stride.width - pad.width + r.x * dilation.width;
501    Halide::Expr ky=y * stride.height - pad.height
                                          + r.y * dilation.
```

```
                                                           height;
502     Halide::Expr kc=r.z;
```

第 499 行的 RDom 用来定义一个内部循环，这里是 3 重循环，对应着 r.x、r.y 和 r.z，这 3 重循环刚好可以遍历一个 conv2d 的 kernel 的全部元素，对应着最基本的卷积操作（即卷积层输出的每个数据是如何被计算出来的）。

第 500~502 行定义的变量名称 kx、ky 和 kc 中的 k 来自卷积 kernel 的首字母，这 3 个变量对应着每次最基本卷积操作时对输入数据的索引坐标，坐标从卷积框的左上角开始。Halide 是描述式的，这里的代码并不会真正去计算 kx 的具体数值，而是描述了 kx 和 x、r.x 等变量之间的关系，对于 ky 和 kc 也是如此。

接下来是处理卷积分组的代码，如代码清单 6-24 所示。

代码清单 6-24　initHalide 函数第 4 部分

```
503     for (int i=1; i < group; ++i)
504     {
505         kc=select(c < outGroupCn * i, kc, inpGroupCn * i + r.z);
506     }
```

第 505 行调用了 Halide 中的 select 函数，因为在 Halide 中没有 if 关键词，select(a, b, c) 的伪代码就是 a ? b : c。这里的 for 循环可能不太容易理解，不妨举一个例子，假设在某次 initHalide 函数被调用时 group 的值是 4，那么这个循环对 Halide 编译器来说，看到的就是如下代码：

```
kc=c < outGroupCn * 1 ? kc : inpGroupCn * 1 + r.z;
kc=c < outGroupCn * 2 ? kc : inpGroupCn * 2 + r.z;
kc=c < outGroupCn * 3 ? kc : inpGroupCn * 3 + r.z;
```

再思考一下，我们就可以发现这个循环其实可以由下面更加简明的代码来代替：

```
Halide::Expr ii=c / outGroupCn;
kc=inpGroupCn * ii + r.z;
```

initHalide 函数的最后一段代码如代码清单 6-25 所示。

代码清单 6-25　initHalide 函数第 5 部分

```
507     Halide::Expr topExpr=sum(padded_input(kx, ky, kc, n) *
508                              weights(r.x, r.y, r.z, c));
509     if (hasBias())
510     {
511         Halide::Buffer<float> bias=
                                    wrapToHalideBuffer(blobs[1], {outCn});
512         topExpr +=bias(c);
513     }
514     top(x, y, c, n)=topExpr;
```

```
515     return Ptr<BackendNode>(new HalideBackendNode({ padded_input,
                                  top })));
516     #endif  // HAVE_HALIDE
517     return Ptr<BackendNode>();
518 }
```

第 507 行调用 Halide::sum 函数，对应着具体的卷积操作，在第 499 行定义的 Halide::RDom r 决定的内循环中进行卷积的乘加操作。

第 509～513 行，根据需要将卷积结果加上 bias，因为深度学习中的卷积是否需要 bias 是可选的。

第 514 行得到了最终的输出结果 top。注意，Halide 编译器将会自动在合适的层次插入外层循环，这里写的都是外层循环的内部应该做些什么事情。

第 515 行的返回值将在 compileHalide 和 forwardHalide 函数中被使用。

如果我们在 initHalide 函数最后增加 top.print_loop_nest();，则这个函数的输出如代码清单 6-26 所示。

代码清单 6-26　initHalide 函数对应的代码描述

```
produce top:
  for n:
    for c:
      for y:
        for x:
          produce sum:
            for c:
              for n:
                for y:
                  for x:
                    sum(...)=...
            for c:
              for n:
                for y:
                  for x:
                    for r:
                      for r:
                        for r:
                          sum(...)=...
          consume sum:
            top(...)=...
```

其中，sum 是生产者，testLayer（Halide 函数 top 的名字）是 sum 的消费者。第一个 sum(...)=... 出现的地方是对 sum 进行 0 值初始化，第二个 sum(...)=... 出现的地方才是真正对 sum 的计算。从以上可以看出，n、c、y、x 和 r.x、r.y、r.z 的循环都会被 Halide 编译器自动插入。细心一点儿就会发现，在计算 sum 的时候，c、n、y、x 循环是多余的，实际上，在内部这几个循环的循环次数都被设置为 1，并不会产生冗余计算。我们还可以调用 compile_ to_lowered_stmt 函数来输出更详细的信息加以验证，此函数的输出是一个网页文件（内容可以折叠，单击加号展开，单击减号折叠）。

为了处理数据边缘的情况，原始代码对数据进行了 pad 相关处理，详细信息比较冗长，不易理解。我们对原始代码进行一个非常小的调整，即将 pad.width 和 pad.height 都设置为 0。compile_to_lowered_stmt 的输出截图如图 6-9 所示。

```
produce testLayer {
    let t20 = (((testLayer.min.1 * testLayer.stride.1) + ((testLayer.min.3 * testLayer.stride
    for (testLayer.s0.n, testLayer.min.3, testLayer.extent.3) {
        let t22 = ((testLayer.s0.n * testLayer.stride.3) - t20)
        let t21 = ((testLayer.s0.n * 180) + -1)
        for (testLayer.s0.c, testLayer.min.2, testLayer.extent.2) {
            let t23 = (testLayer.s0.c * 18)
            let t24 = ((testLayer.s0.c * testLayer.stride.2) + t22)
            for (testLayer.s0.y, testLayer.min.1, testLayer.extent.1) {
                let t26 = ((testLayer.s0.y * testLayer.stride.1) + t24)
                let t25 = ((testLayer.s0.y * 5) + t21)
                for (testLayer.s0.x, testLayer.min.0, testLayer.extent.0) {
                    allocate sum[float32 * 1]
                    produce sum {
                        sum[0] = 0.000000f
                        let t27 = (t25 + testLayer.s0.x)
                        for (sum.s1.r4$z, 0, 6) {
                            let t28 = ((sum.s1.r4$z * 30) + t27)
                            let t29 = ((sum.s1.r4$z * 3) + t23)
                            for (sum.s1.r4$x, 0, 3) {
                                sum[0] = (sum[0] + (b1[(sum.s1.r4$x + t28)] * b3[(sum.s1.r4$x + t29)]))
                            }
                        }
                    }
                    consume sum {
                        testLayer[(t26 + testLayer.s0.x)] = sum[0]
                    }
                    free sum
                }
            }
        }
    }
}
```

图 6-9 compile_to_lowered_stmt 的输出截图

我们可以看到最外层的 n、c、y 和 x 循环，即图 6-9 中的 testLayer.s0.n、testLayer.s0.c、testLayer.s0.y 和 testLayer.s0.x。而对于内层的 3 重循环，在这个例子中，由于 kernel size 是 3×1，卷积层输入数据的 channel 是 6，所以，r.x（对应图 6-9 中的 sum.s1.r4$x）的循环次数是 0～3（不含），r.z（对应图 6-9 中的 sum.s1.r4$z）的循环次数是 0～6（不含），r.y 的循环直接被简化了，因为循环次数是 1。

2. compileHalide 函数实现

compileHalide 函数在文件 opencv/modules/dnn/src/op_halide.cpp 中，由 Halide 语言编写的代码都需要经过本函数调用 Halide 编译器来完成编译，如代码清单 6-27 所示。

代码清单 6-27 compileHalide 函数代码

```
186 void compileHalide(const std::vector<Mat> &outputs, Ptr<BackendNode>& node,
                       int targetId)
187 {
```

```
188 #ifdef HAVE_HALIDE
189   CV_Assert(!node.empty());
190   Halide::Func& top=node.dynamicCast<HalideBackendNode>()->funcs.back();
191
192   int outW, outH, outC, outN;
193   Halide::Var x("x"), y("y"), c("c"), n("n");
194   getCanonicalSize(outputs[0].size, &outW, &outH, &outC, &outN);
195   top.bound(x, 0, outW).bound(y, 0, outH)
196     .bound(c, 0, outC).bound(n, 0, outN);
197
198   Halide::Target target=Halide::get_host_target();
199   target.set_feature(Halide::Target::NoAsserts);
200   if (targetId==DNN_TARGET_OPENCL)
201   {
202     target.set_feature(Halide::Target::OpenCL);
203   }
204   CV_Assert(target.supported());
205   top.compile_jit(target);
206 #endif  // HAVE_HALIDE
207 }
```

第 190 行得到在 initHalide 函数中定义的 top 对象。

第 192 和 193 行定义了几个变量。

第 194 行得到输出数据的大小，当 compileHalide 被调用的时候，输出数据的大小已经确定。

第 195～196 行将输出数据的大小和 Halide 变量联系起来，即 x 从 0 循环到 outW，y 从 0 循环到 outH，c 和 n 以此类推。

Halide 支持多种 target，既可以生成调用 OpenCL 等 API 的二进制代码，也可以生成适合 X86、ARM 等硬件的二进制汇编指令。

第 198～204 行根据传入的参数来选择当前 CPU 或者 OpenCL 作为 target。

第 205 行加载 Halide 编译器，根据编译选项，将 Halide 语言定义的操作编译为当前 CPU 指令或者 OpenCL 调用等二进制代码。

3. forwardHalide 函数实现

forwardHalide 函数也在文件 opencv/modules/dnn/src/op_halide.cpp 中实现，在每个层做推理时被调用，推理函数的名称按惯例带 forward 字样，如代码清单 6-28 所示。由于代码比较简单，注释直接加在了代码中。

代码清单 6-28　forwardHalide 函数代码

```
209 void forwardHalide(std::vector<Ptr<BackendWrapper> > &outputs,
210     const Ptr<BackendNode>& node)
211 {
```

```
212 #ifdef HAVE_HALIDE
213   CV_Assert(!node.empty());

          // 得到在 initHalide 函数中定义的 top 对象
214   Halide::Func& top=node.dynamicCast<HalideBackendNode>()->funcs.back();

          // 准备好输出 buffer
215   auto outputBuffers=halideBuffers(outputs);

          // 执行指令
216   top.realize(Halide::Realization(outputBuffers));
217   #endif  // HAVE_HALIDE
218 }
```

6.3　Intel 推理引擎后端的实现

Intel 推理引擎后端是使用 Intel 推理引擎（后续行文中的"推理引擎"均指 Intel 推理引擎）编写的 OpenCV DNN 加速后端。本节先介绍 Intel 推理引擎，然后讲解推理引擎后端的两种运行模式的实现方法。

6.3.1　Intel 推理引擎介绍

2018 年 5 月，Intel 公司发布了 OpenVINO[⊖]（Open Visual Inferencing and Neural Network Optimization，开放视觉推理和神经网络优化）工具包，旨在为运行于 Intel 各计算平台（包括 CPU、GPU、VPU 和 FPGA）的基于神经网络的视觉推理任务提供高性能加速方案。OpenVINO 工具包的主要组件是 DLDT（Deep Learning Deployment Toolkit，深度学习部署工具包），它包括本节要介绍的 Intel 推理引擎。DLDT 组成如表 6-2 所示。

表 6-2　DLDT 组成

深度学习模型优化器	以下简称模型优化器。它是一个跨平台的命令行工具，用来将不同深度学习框架（包括 Caffe、TensorFlow、MXNet、Kaldi 和 ONNX）的模型文件转换成 Intel 推理引擎接受的格式，并对模型进行优化
深度学习推理引擎	即 Intel 推理引擎。它是一套统一的推理 API，接受经过模型优化器转换并优化的网络模型，为 Intel 的各种计算设备提供高性能的神经网络推理能力
示例程序	包括一组简单的控制台应用程序，为开发者展示如何使用推理引擎开发视觉应用
工具	包括模型精确度检查工具和模型校准工具

使用 DLDT 进行神经网络模型的部署，典型工作流程如图 6-10 所示。

⊖　参见 https://software.intel.com/en-us/openvino-toolkit。

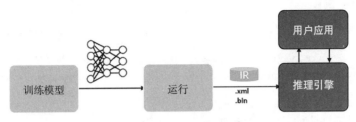

图 6-10　典型工作流程[⊖]

图 6-10 中的训练模型表示用 DLDT 支持的深度学习框架训练得到网络模型。之后运行模型优化器对网络模型进行编译和优化，生成 IR（中间表示）格式的网络配置文件（.xml 文件）和模型参数文件（.bin 文件）。然后调用 Intel 推理引擎进行网络运算，并将结果返回给应用程序。

从上面的描述可知，Intel 推理引擎是 OpenVINO 工具包的一部分，它为视觉推理任务提供了一组 API，方便用户开发基于 Intel 硬件平台的各种深度学习视觉应用。

6.3.2　如何启用推理引擎后端

推理引擎后端是 DNN 模块的默认加速后端，它对 OpenVINO 有依赖，要成功运行推理引擎后端需要安装 OpenVINO 开发包，并且重新编译 OpenCV，或者直接使用 OpenVINO 开发包自带的编译好的 OpenCV 版本。本节将讲解 OpenVINO 的安装过程及如何编译支持 OpenVINO 的 OpenCV 版本。

1. 安装 OpenVINO

以在 Ubuntu 18.04 上安装 OpenVINO 为例。OpenVINO 支持的硬件列表如下：
- 第 6～10 代 Intel 酷睿处理器；
- Intel 至强 v5、v6 系列处理器；
- Intel 奔腾 N4200/5、N3350/5、N3450/5 处理器（带集成显卡）；
- Intel 第一代、第二代 Movidius Neural Compute Stick（神经计算棒）；
- Intel Movidius VPU（Vision Processing Unit，视觉处理单元）；
- Intel FPGA（需要安装特定 OpenVINO 版本，不在本节讨论范围内）。

第 1 步：注册[⊖]并下载 OpenVINO 开发包的 Linux 版本。如果下载顺利，则将得到文件名为 l_openvino_toolkit_p_< 版本号 >.tgz 的压缩包。

第 2 步：解压并安装 OpenVINO 开发包核心组件。

解压：

```
$ tar -xvzf l_openvino_toolkit_p_<version>.tgz
```

进入解压后目录：

```
$ cd l_openvino_toolkit_p_<version>
```

运行图形化安装命令：

```
$ sudo ./install_GUI.sh
```

然后一路单击 Next 按钮安装默认组件即可。如果一切顺利，则安装文件将位于 /opt/intel/openvino_< 版本号 >/，同时会生成一个符号链接 /opt/intel/opnvino 指向最新的安装目录。

至此，OpenVINO 核心组件安装完成，接下来安装依赖包。

第 3 步：安装依赖包。

使用 OpenVINO 编写一个完整的视觉类应用，除了 OpenVINO 本身之外，还需要安装一些依赖包，包括但不限于 FFMpeg\Gstreamer 视频框架、CMake 编译工具、libusb（Movidius 神经计算棒插件需要用到）等，安装步骤如下。

```
$ cd /opt/intel/openvino/install_dependencies
```

运行以下命令安装必要的依赖包：

```
$ sudo -E ./install_openvino_dependencies.sh
```

设置环境变量：

```
$ source /opt/intel/openvino/bin/setupvars.sh
```

建议将以上环境变量设置命令加入到用户的环境脚本中，方法如下：

```
$ vi <用户目录>/.bashrc
```

在其中加入以下内容：

```
$ source /opt/intel/openvino/bin/setupvars.sh
```

按 Esc 键，然后输入 ":wq" 保存并退出。

接下来配置模型优化器，依次运行以下命令：

```
$ cd /opt/intel/openvino/deployment_tools/model_optimizer/install_
    prerequisites
$ sudo ./install_prerequisites.sh
```

运行上面这条命令会安装所有的深度学习框架的支持，如果只希望安装某一个框架的支持，以安装 Caffe 框架支持为例，可以这么做：

```
$ sudo ./install_prerequisites_caffe.sh
```

至此，安装工作结束，下面验证安装好的 OpenVINO 环境是否可以工作。

第 4 步：验证 OpenVINO 环境。

进入推理引擎示例程序目录：

```
$ cd /opt/intel/openvino/deployment_tools/demo
```

运行图片分类示例程序的验证脚本：

```
$./demo_squeezenet_download_convert_run.sh
```

如果一切顺利，则输出结果将如图 6-11 所示。

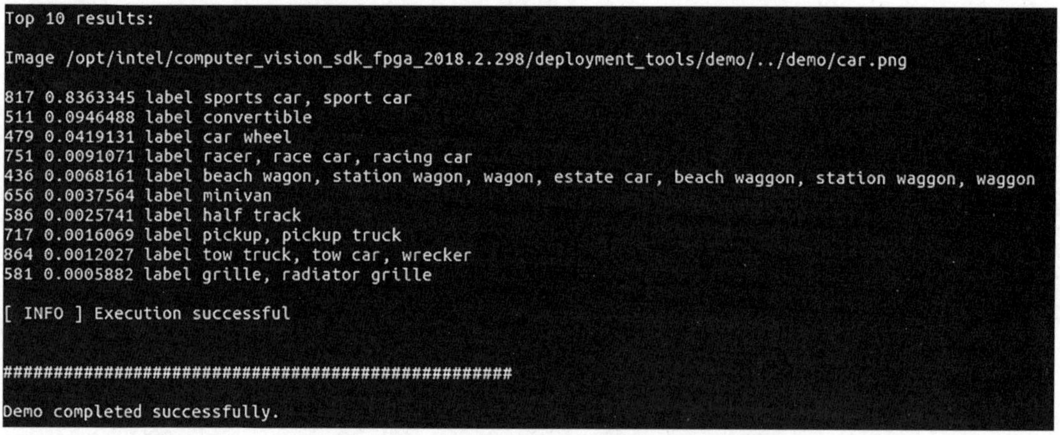

```
Top 10 results:

Image /opt/intel/computer_vision_sdk_fpga_2018.2.298/deployment_tools/demo/../demo/car.png

817 0.8363345 label sports car, sport car
511 0.0946488 label convertible
479 0.0419131 label car wheel
751 0.0091071 label racer, race car, racing car
436 0.0068161 label beach wagon, station wagon, wagon, estate car, beach waggon, station waggon, waggon
656 0.0037564 label minivan
586 0.0025741 label half track
717 0.0016069 label pickup, pickup truck
864 0.0012027 label tow truck, tow car, wrecker
581 0.0005882 label grille, radiator grille

[ INFO ] Execution successful

##################################################

Demo completed successfully.
```

图 6-11　OpenVINO 分类示例程序输出结果

2. 重新编译 OpenCV 并运行示例程序

确保 OpenVINO 安装成功，下面介绍如何重新编译支持 OpenVINO 的 OpenCV 版本。依然以 Ubuntu 18.04 为例，过程如下。

设置 OpenVINO 环境变量：

```
$ source /opt/intel/openvino/bin/setupvars.sh
```

进入 OpenCV 源代码编译目录并重新配置 OpenCV 编译环境，依次运行以下命令：

```
$ cd $OpenCV 源代码目录 /build/
$ cmake -DWITH_INF_ENGINE=ON -DENABLE_CXX11=ON -DBUILD_EXAMPLES=ON ..
```

```
$ make -j<CPU 支持的最大线程数目 >
$ make install
```

至此，编译完毕，下面运行 OpenCV 自带的图片分类程序。

分别从以下地址下载网络配置文件、模型文件、图片文件：

❑ https://github.com/opencv/opencv_extra/blob/master/testdata/dnn/bvlc_googlenet. prototxt；

❑ http://dl.caffe.berkeleyvision.org/bvlc_googlenet.caffemodel；

❑ https://docs.opencv.org/4.1.0/space_shuttle.jpg。

运行图片分类程序（假设上述下载文件位于当前目录）：

```
$ OpenCV 源代码目录 /build/bin/example_dnn_classification \
                        --model=bvlc_googlenet.caffemodel \
                        --config=bvlc_googlenet.prototxt \
                        --width=224 --height=224 \
                        --classes=$OpenCV 源代码目录
/samples/data/dnn/classification_classes_ILSVRC2012.txt \
                        --input=space_shuttle.jpg \
                        --mean="104 117 123"
```

运行结果如图 6-12 所示。

图 6-12　运行结果

由于 DNN 模块默认使用推理引擎的 CPU 设备后端，故以上命令行无须指定 backend 和 target 选项。但是如果 OpenVINO 环境出现问题（可能是安装问题，也可能是环境配置问题），那么 DNN 模块在运行期间找不到推理引擎环境，它会回退到自带的 CPU 实现上去。为了验证确实使用了推理引擎进行运算，可以在以上命令行的基础上加上 –backend=3 选项，显式地运行自带的 CPU 实现，如果结果显示运行时间（inference time）显著大于第一次的运行时间，则可以确定上一次运行确实调用了推理引擎，因为自带的 CPU 实现的速度会比默认选用的推理引擎后端慢。

6.3.3　Intel 推理引擎后端的实现原理

6.3.2 节讲了推理引擎环境的安装、验证，重新编译了支持推理引擎环境的 OpenCV 版本并确保推理引擎后端正确运行。本节将讲解推理引擎后端是如何实现的。

推理引擎后端与 DNN 模块及推理引擎库的层次关系如图 6-13 所示。

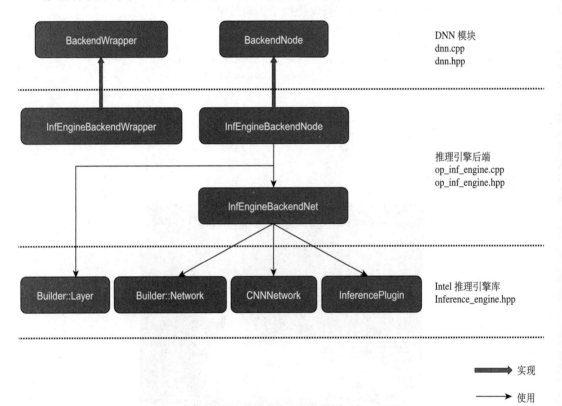

图 6-13　推理引擎后端与 DNN 模块及推理引擎库的层次关系

在图 6-13 中，推理引擎后端的 InfEngineBackendNode 类和 InfEngineBackendWrapper 类分别实现了 BackendNode 和 BackendWrapper，提供运算能力和数据封装。InfEngine-BackendNode 使用 Builder::Layer 创建推理引擎中的层对象，使用 InfEngineBackendNet 作为推理引擎网络的封装。InfEngineBackendNet 则分别使用 Builder::Network 和 CNNNetwork 类来创建和操作推理引擎网络。InferencePlugin 用来加载不同的目标运算设备的神经网络加速库，具体对应关系如表 6-3 所示。

表 6-3　Linux 上不同设备插件库及其依赖库

运算设备	Linux 插件库	Linux 插件库的依赖库
CPU	libMKLDNNPlugin.so	libmklml_tiny.so、libiomp5md.so
GPU	libclDNNPlugin.so	libclDNN64.so
FPGA	libdliaPlugin.so	libdla_compiler_core.so、libdla_runtime_core.so
MYRIAD	libmyriadPlugin.so	没有额外依赖

每个后端节点（BackendNode）一般对应于 DNN 网络中的某个层对象，将该层对象的计算转移到后端设备上运行，从而实现加速。但是推理引擎后端的运算并不是以节点（层）为粒度，而是以一组节点（层）组成的网络为粒度。这是因为，推理引擎的工作方式是基于网络的而不是基于层。如图 6-13 中的 InfEngineBackendNode 使用 InfEngineBackendNet 构建内部网络，最终对应到推理引擎库中的 CNNNetwork。当推理引擎库支持网络模型的所有层类型时，推理引擎后端用一个完整的推理引擎网络（CNNNetwork）对象代替原 DNN 模块的网络进行推理运算，如图 6-14 所示。

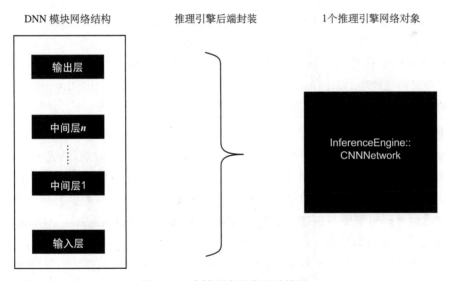

DNN 模块网络结构　　推理引擎后端封装　　1个推理引擎网络对象

输出层

中间层*n*

中间层1

输入层

InferenceEngine::
CNNNetwork

图 6-14　支持所有层类型的情况

当网络模型含有推理引擎不支持的层类型时，推理引擎后端以这些层为界，将原网络按照支持的层拆分成若干个子网络，这些子网络运行于推理引擎后端，而那些不支持的层类型则使用 DNN 模块自带的 CPU 实现，如图 6-15 所示。

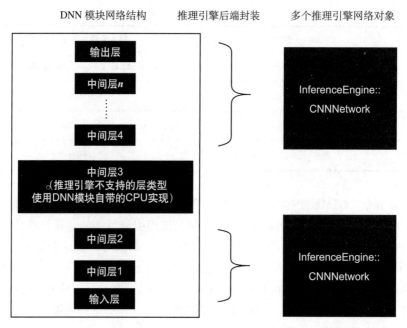

图 6-15　含有不支持的层类型的情况

　　随着 OpenVINO 工具包的持续迭代，目前主流的层类型都已经获得支持，故推理引擎后端可以完整运行大部分网络模型，对应图 6-14 的情况。

　　图 6-14 和图 6-15 中的"推理引擎后端封装"对应 dnn.cpp 中的 initInfEngineBackend() 函数。它负责构建推理引擎内部网络对象，初始化推理引擎插件。initInfEngineBackend() 内部提供两种工作模式：模型优化器模式和构建器模式。下面分别讲解。

1. 模型优化器模式

　　模型优化器模式指的是使用 DLDT 模型优化器编译后的 OpenVINO 格式（.xml 和 .bin）的网络模型进行推理运算的模式，表现为使用 readFromModelOptimizer 函数读取 .xml 和 .bin 文件创建 DNN 网络对象。在这种模式下，推理引擎支持所有的层类型，网络模型将被直接加载到推理引擎中，创建一个推理引擎网络（CNNNetwork）对象。DNN 模块无须像加载其他格式的网络模型（Caffe、TensorFlow、Torch、ONNX 和 Darknet）那样对网络模型逐层地进行内部转换，只需要在合适的时候调用这个封装好的推理引擎网络对象就可以了。DNN 模块是如何在原有的逐层处理逻辑上兼容这种模式的呢？下面结合图 6-16 进行讲解。

　　当用户调用 readFromModelOptimizer 函数时，函数内部首先加载 OpenVINO 格式的网络模型（图 6-16 ①），然后创建一个"伪"网络（图 6-16 中的②），这个网络只有输入层和输出层，没有中间层，输出层绑定了推理引擎后端节点（InfEngineBackendNode）（图 6-16 中的③），这个推理引擎后端节点持有一个推理引擎后端网络（InfEngineBackendNet）

对象（图 6-16 中的④），最终通过该网络对象封装的推理引擎网络（CNNNetwork）对象
（图 6-16 中的⑤）运行推理运算。

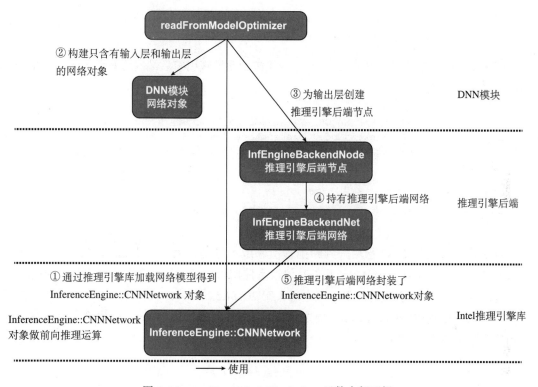

图 6-16　readFromModelOptimizer 函数内部逻辑

下面讲解 readFromModelOptimizer 函数的源代码，这里只讲解关键逻辑，完整代码请
参考相关资料⊖。

首先，读取 OpenVINO 格式网络模型，并创建推理引擎网络对象 ieNet：

```
2672 InferenceEngine::CNNNetReader reader;
2673 reader.ReadNetwork(xml);
2674 reader.ReadWeights(bin);
2675
2676 InferenceEngine::CNNNetwork ieNet=reader.getNetwork();
```

然后，从推理引擎网络对象 ieNet 获取所有输入的名称（第 2678～2682 行），创建
DNN 网络对象 cvNet（第 2684 行），并设置网络输入名（第 2685 行）：

```
2678 std::vector<String> inputsNames;
2679 for (auto& it : ieNet.getInputsInfo())
```

⊖　参见 https://github.com/opencv/opencv/blob/4.1.0/modules/dnn/src/dnn.cpp#L2667。

```
2680 {
2681    inputsNames.push_back(it.first);
2682 }
2683
2684 Net cvNet; // 创建 DNN 网络对象
2685 cvNet.setInputsNames(inputsNames);
```

创建推理引擎后端节点（第 2688 行），并初始化推理引擎后端网络对象 backendNode->net（第 2692 行）：

```
2687 #if INF_ENGINE_VER_MAJOR_GE(INF_ENGINE_RELEASE_2018R5)
2688 Ptr<InfEngineBackendNode> backendNode(new
        InfEngineBackendNode(InferenceEngine::Builder::Layer("")));
2689 #else
2690 Ptr<InfEngineBackendNode> backendNode(new InfEngineBackendNode(0));
2691 #endif
2692 backendNode->net=Ptr<InfEngineBackendNet>(new
                        InfEngineBackendNet(ieNet));
```

以上代码段的第 2687 行用来判断推理引擎版本号是否大于等于 2018R5，然后根据不同版本使用不同的推理引擎 API。我们建议读者使用最新版本的推理引擎（安装最新版本的 OpenVINO 即可）。大多数情况下，版本号大于 2018R5。

接下来，创建输出层 cvLayer，将之加入到 DNN 网络对象 cvNet，设置输出层对应的推理引擎后端节点（第 2695～2706 行），再和网络输入相连：

```
2693 for (auto& it : ieNet.getOutputsInfo())
2694 {
2695    Ptr<Layer> cvLayer(new InfEngineBackendLayer(ieNet));
2696    InferenceEngine::CNNLayerPtr ieLayer=
                                    ieNet.getLayerByName(it.first.c_str());
2697    CV_Assert(ieLayer);
2698
2699    LayerParams lp;
2700    int lid=cvNet.addLayer(it.first, "", lp);
2701
2702    LayerData& ld=cvNet.impl->layers[lid];
2703    cvLayer->name=it.first;
2704    cvLayer->type=ieLayer->type;
2705    ld.layerInstance=cvLayer;
2706    ld.backendNodes[DNN_BACKEND_INFERENCE_ENGINE]=backendNode;
2707
2708    for (int i=0; i < inputsNames.size(); ++i)
2709    cvNet.connect(0, i, lid, i);
2710 }
```

下面代码用于设置后端类型为 DNN_BACKEND_INFERENCE_ENGINE（第 2711 行），设置 skipInfEngineInit 标志为 true（第 2713 行），此标志用来区分模型优化器模式和构建器模式，它将在 initInfEngineBackend 函数中发挥作用（后续会详细讲解），最后返回 DNN 网络对象（第 2714 行）：

```
2711 cvNet.setPreferableBackend(DNN_BACKEND_INFERENCE_ENGINE);
2712
2713 cvNet.impl->skipInfEngineInit=true;
2714 return cvNet;
```

至此，我们有了一个仅包含输入层和输出层的 DNN 网络对象，为网络输出层创建了推理引擎后端节点，加载了 OpenVINO 格式的网络模型并关联到推理引擎后端节点。下一步设置 DNN 网络对象，其中会调用 initInfEngineBackend 函数⊖对推理引擎后端进行初始化，为运行做准备。

在模型优化器模式下，initInfEngineBackend 函数逻辑走 skipInfEngineInit 标志为 true 的部分。首先，取出最后一层（即输出层）对应的推理引擎节点（因为这个节点包含推理引擎网络）：

```
1572 Ptr<BackendNode> node=layers[lastLayerId].backendNodes[preferableBackend];
1573 CV_Assert(!node.empty());
1574
1575 Ptr<InfEngineBackendNode> ieNode=node.dynamicCast<InfEngineBackendNode>();
1576 CV_Assert(!ieNode.empty());
```

然后遍历所有层（第 1578 行），记录所有的数据对象名称（第 1581～1596 行），为推理引擎后端网络添加数据对象（第 1597～1598 行），把所用层的 skip（跳过）标志设置为 true（第 1599 行）：

```
1578 for (it=layers.begin(); it !=layers.end(); ++it)
1579 {
1580     LayerData &ld=it->second;
1581     if (ld.id==0)
1582     {
1583       for (int i=0; i < ld.inputBlobsWrappers.size(); ++i)
1584       {
1585             InferenceEngine::DataPtr dataPtr=
                                infEngineDataNode(ld.inputBlobsWrappers[i]);
1586             dataPtr->name=netInputLayer->outNames[i];
1587       }
1588     }
1589     else
1590     {
1591       for (int i=0; i < ld.outputBlobsWrappers.size(); ++i)
1592       {
1593             InferenceEngine::DataPtr dataPtr=
                                infEngineDataNode(ld.outputBlobsWrappers[i]);
```

⊖ 参见 https://github.com/opencv/opencv/blob/4.1.0/modules/dnn/src/dnn.cpp#L1539。

```
1594            dataPtr->name=ld.name;
1595      }
1596    }
1597    ieNode->net->addBlobs(ld.inputBlobsWrappers);
1598    ieNode->net->addBlobs(ld.outputBlobsWrappers);
1599    ld.skip=true;
1600 }
```

接下来，把最后一层的 skip 标志设置为 false，初始化推理引擎后端网络：

```
1601 layers[lastLayerId].skip=false;
1602 ieNode->net->init(preferableTarget);
```

我们可以看到，只有最后一层的跳过标志设成了 false，这意味着 DNN 网络在进行前向运算的时候（调用 Net::forward 函数），除了最后一层之外所有层都被跳过，这是因为 OpenVINO 格式的网络模型直接记录在最后一层对应的推理引擎后端节点中了，推理运算通过这个后端节点就能完成。

2. 构建器模式

模型优化器模式不需要逐层建立 DNN 网络，而是直接加载 OpenVINO 模型到推理引擎并记录在最后一个后端节点中。当输入网络模型不是 OpenVINO 格式时，如输入 Caffe 模型（.prototxt 和 .caffemodel 文件），DNN 模块内部需要将它逐层转换成内部表示，相应地，推理引擎后端需要通过 InferenceEngine::Builder 接口建立内部推理引擎网络，这个建立过程在 initInfEngineBackend 函数中实现，代码路径是 skipInfEngineInit 为 false 的分支。图 6-17 是创建推理引擎网络的流程，对应 cnn.cpp 的第 1544～1780 行。由于代码量比较大，这里不列出，有兴趣的读者可以对照源代码[⊖]阅读。

经过上述创建推理引擎网络流程之后，DNN 网络、推理引擎后端节点、推理引擎网络之间的关系如图 6-18 所示，这里展示的是含有一个推理引擎不支持层类型的情况，它把整个网络分成了两个子网络。

接下来 cnn.cpp 的第 1783～1821 行从后往前遍历所有 DNN 网络层。当遍历到子网络的第 1 层（该子网络的输出层）时，对推理引擎网络进行初始化，并设置该层 skip 标志为 false。代码如下：

```
1818    ieNode->net->init(preferableTarget);
1819    ld.skip=false;
```

⊖　参见 https://github.com/opencv/opencv/blob/4.1.0/modules/dnn/src/dnn.cpp#L1611。

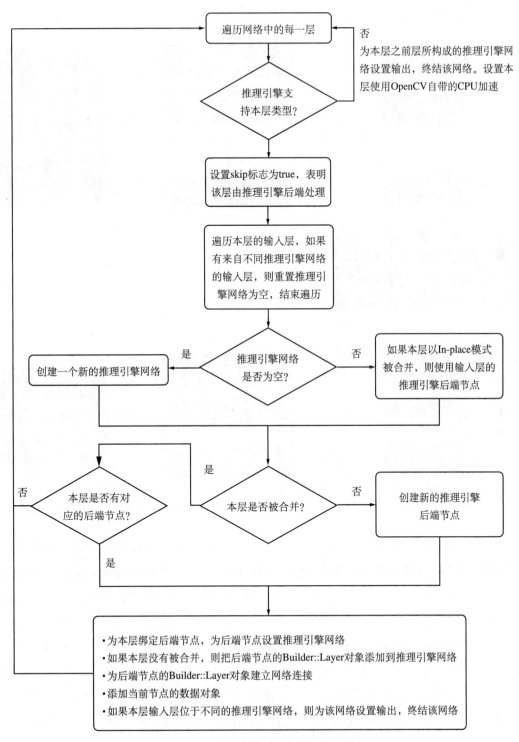

图 6-17　创建推理引擎网络的流程

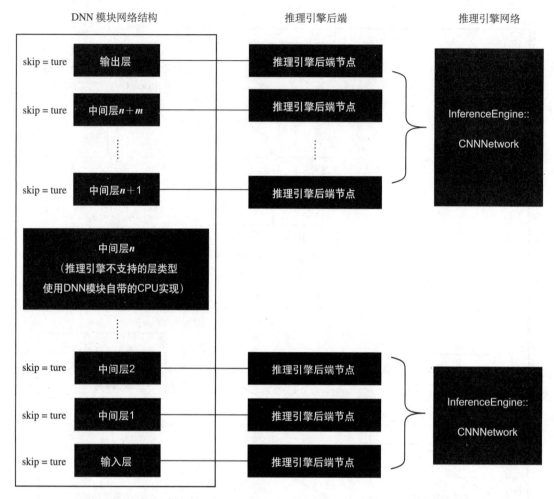

图 6-18 网络创建结束，DNN 网络、推理引擎后端、推理引擎网络之间关系

初始化函数将根据用户设置的目标设备类型（推理引擎后端支持 CPU、OPENCL、OPENCL_FP16、MYRIAD 和 FPGA 5 种目标设备类型）加载相应插件库。至此，推理引擎后端所有初始化工作都已完成，DNN 网络、推理引擎后端、推理引擎网络之间的关系如图 6-19 所示。

后续调用 Net::forward 函数进行推理运算时，以图 6-19 为例，输入层，中间层 1 被跳过，中间层 2 通过推理引擎后端节点对第 1 个子网络进行推理运算。中间层 n 在 DNN 模块自带的 CPU 实现上运行，它的输入和输出通过 infEngineBackendWrapper 对象向推理引擎传递数据。中间层 n+1 到中间层 n+m 被跳过，输出层通过推理引擎后端节点调用第 2 个子网络进行推理运算。

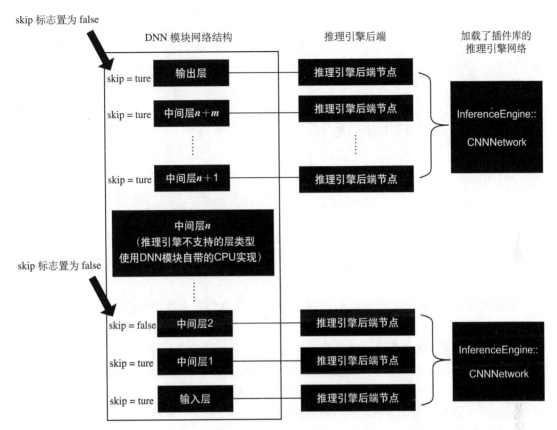

图 6-19　DNN 网络、推理引擎后端、推理引擎网络之间的关系（设置 skip 标志之后）

6.4　本章小结

　　6.1 节介绍了 OpenCV DNN 模块基于 CPU 特性所采取的一些性能优化方案，如多核 CPU 的多线程技术和 CPU 多位寄存器的向量运算指令技术。这些技术旨在充分利用 CPU 的硬件计算资源，提高软件运行效率。OpenCV 很好地整合了多种并行计算框架和向量运算指令集，用户能够轻松简单地利用这些技术，提高算法的性能。6.2 节介绍了基于 Halide 编程语言的加速实现，Halide 将算法实现和算法调度进行解耦，极大地提高了图像算法工程师开发应用的效率。6.3 节介绍了基于 Intel 推理引擎技术的加速实现。Intel 推理引擎支持多种 Intel 计算设备，并整合了这些设备的加速库，为开发者提供了高效灵活的深度学习应用的部署能力。DNN 模块的推理引擎后端充分利用了这种能力，使 OpenCV 的用户能够快速、高效、灵活地部署深度学习应用。

第 7 章

可视化工具与性能优化

笔者在 DNN 模块的优化及阅读代码的过程中，经常需要考虑网络的层次结构和数据规模。例如，对于 2.4.4 节"层的合并优化"，结合可视化的网络结构就会比较好理解。为了帮助读者更好地理解本书介绍的优化方法，本章将介绍两个常用的神经网络可视化工具——Netscope 和 Tensorboard。除了网络结构本身的可视化之外，DNN 模块的 CPU 和 GPU 代码优化过程还需要性能分析工具的辅助来快速定位性能瓶颈，给出优化方向。因此，本章还将介绍 Intel 平台上功能强大的性能分析和调优工具——VTune。本章最后给出性能优化的一般性原则和实践建议。

7.1 Netscope：基于 Web 的 Caffe 网络可视化工具

Netscope 是一个将 Caffe 模型的网络结构可视化的在线工具，使用简单，可以通过脚注所示的链接⊖进行访问。Netscope 界面如图 7-1 所示，左边是网络结构文本描述，右边是网络结构的图形展示。

下面通过一个实例来讲解 Netscope 的用法。

第 1 步：准备 Caffe 模型的网络结构文件，以 MobileNet 为例，下载⊖MobileNet 的网络结构文件 mobilenet_deploy.prototxt。

第 2 步：用文本编辑器打开 mobilenet_deploy.prototxt，将其中内容复制到 Netscope 页面的左半部分，按 Shift +Enter 键。如果网络结构文件格式正确，则界面右半部分将显示网络结构图。图 7-2 截取了此网络的开始部分，其中，每个方框表示网络的一层或者多层组成

⊖ 参见 http://ethereon.github.io/netscope/#/editor。

⊖ 参见 https://github.com/shicai/MobileNet-Caffe/blob/master/mobilenet_deploy.prototxt。

的子图。将鼠标指针移动到方框上面，则会显示各层的参数。

图 7-1　Netscope 界面

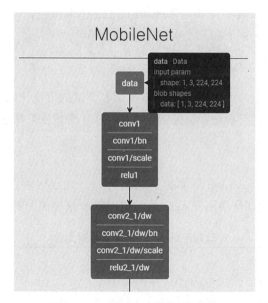

图 7-2　MobileNet 局部网络结构

　　如图 7-2 所示，从上到下，第一个方框（绿色方框）表示第一层。网络的第 1 层一般是数据层，用来向网络模型导入数据。将鼠标指针置于其上，则出现右边的黑色方框，显示该层的参数。data 是层的名字，Data 是层的类型，input param 是层的输入参数，shape 表示输入数据的维度，"1,3,224,224"表示 1 幅 3 通道的分辨率为 224×224 像素的图片。blob shapes 是这一层的输出，其 data 属性值 [1,3,224,224] 中的第 1 个属性是 batch size，用户可以在使用时指定；第 2 个属性是通道数量，其值由网络结构决定；第 3 个属性是高度，第 4 个属性是宽度，它们的值都是根据层类型和输入数据形状推理出来的。

　　第 2～5 层，名字分别是 conv1、conv1/bn、conv1/scale 和 relu1，它们组成一个子图。

之所以将这 4 个层放在一个方框内，是因为 bn、scale 和 relu 操作可以融合到 conv 操作中。一般来说，在有关神经网络结构的描述中，将这样一个方框当作一次卷积处理或者特征提取。

第 6～9 层和第 2～5 层类似，也是一个卷积处理。

可以看到，Netscope 可以方便地展示各层的连接关系和详细的配置参数，让我们对网络结构心中有数。但是 Netsope 只提供了网络结构的静态展示，而我们进行网络训练和调参的时候，希望可以动态地观察训练效果，7.2 节介绍的 TensorBoard 就具备这种功能。

7.2 TensorBoard：助力 TensorFlow 程序的理解和调试

TensorBoard 是一套基于 Web 应用的可视化工具集，可以帮助读者更好地理解 TensorFlow 程序。只要系统中安装了 TensorFlow 的 Python 包，TensorBoad 也会被一起安装，或者可以用下面的命令行来单独安装 TensorBoard。

```
$pip install tensorboard
```

TensorBoard 的可视化功能主要包括**内容展示**和**调试**的可视化两个部分，其中内容展示部分又分为图（graph）的可视化和数据的可视化，接下来依次介绍这 3 个部分。

7.2.1 图的可视化

作为开始，我们编写一份很简单的 Python 代码，如代码清单 7-1 所示，将其保存为 showgraph.py，主要展示如何使用 tf.summary.FileWriter 来完成图的保存工作。

代码清单 7-1　把图保存到文件

```python
import tensorflow as tf

# 生成一个简单的网络图
x=tf.placeholder(tf.float32, shape=[1, None, None, 3], name='my_x')
x1=tf.layers.conv2d(x, 16, 3, name='my_conv', kernel_initializer=tf.keras.
    initializers.he_normal())
c=tf.constant(0.125, name='my_c')
x2=x1 + c
y=tf.identity(x2, name='my_output')

# 将网络图保存到目录 /tmp/graph 中，该目录中的文件将被 TensorBoard 解释展示
sess=tf.Session()
tf.summary.FileWriter('/tmp/graph', sess.graph)

# 也可以用下面的方法将图保存到文件中
#tf.summary.FileWriter('/tmp/graph', tf.get_default_graph())
```

然后，用下面的命令行来执行上述 Python 脚本，将在 /tmp/graph/ 目录中生成一个文件，文件名是诸如 events.out.tfevents.1566894057.my-compute-name 的形式，文件中的内容称为 summary data。

```
$ rm -rf /tmp/graph/
$ python showgraph.py
$ ls /tmp/graph/
events.out.tfevents.1566894057.my-compute-name
```

接下来启动 TensorBoard 并通过命令行参数 --logdir 告知 summary data 所在的目录，代码如下所示（不管是图的可视化还是数据的可视化，启动 TensorBoard 的方法都是一样的，后面不再赘述）。

```
$ tensorboard --logdir /tmp/graph
# 这里会提示如何用浏览器进行可视化浏览
TensorBoard 1.13.1 at http://yjguo-skl-u1604:6006 (Press CTRL+C to quit)
```

根据上述提示，在本机打开浏览器访问 localhost:6006，可以看到图的可视化展示，如图 7-3 所示。图 7-3 中的圆和椭圆都对应着 T1ensorFlow 的一个操作（operation），单击节点 my_c（这个名字来源详见代码清单 7-1 的 Python 代码），即显示 my_c 的相关属性，如可以看到其数据类型是 float，其值是 0.125。图 7-3 中的圆角矩形对应着代码中的卷积 my_conv，其由多个操作组成，因为在一个卷积中内部有卷积和加的操作，双击该矩形，就可以看到更具体的情况。图 7-3 中带箭头的线段代表 tensor，箭头方向即 tensor 的流动方向，线段上标注的是 tensor 的数据维度，其中的 "?" 表示这个维度的值是可变的，将在给定网络输入后确定。

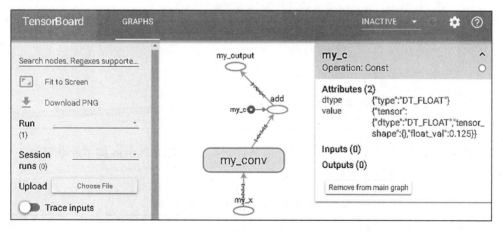

图 7-3　图的可视化展示

在深度学习的应用中，很多情况下只需要推理过程，而不需要训练的过程，此时会直

接得到一个 .pb 文件（文件扩展名是 .pb），这是 TensorFlow 定义的网络模型的文件格式，保存着网络结构和已训练的参数数据，可以用作推理过程。我们可以通过 Python 脚本，加载 .pb 文件，然后用前面所述的方法，即用 tf.summary.FileWriter 生成数据文件，再通过 TensorBoard 来可视化 .pb 文件中的图。代码清单 7-2 演示了如何生成 .pb 文件。

代码清单 7-2　生成 .pb 文件

```python
import tensorflow as tf

# 下面代码生成.pb 文件
x=tf.placeholder(tf.float32, shape=[1, None, None, 3], name='my_x')
x1=tf.layers.conv2d(x, 16, 3, name='my_conv', kernel_initializer=tf.keras.
                    initializers.he_normal())
c=tf.constant(0.25, name='my_c')
x2=x1 + c
y=tf.identity(x2, name='my_output')

sess=tf.Session()
init=tf.global_variables_initializer()

# 前面定义卷积层的时候，指定了 kernel 的初始化方法
# 下面这句话用来触发初始化动作的真正执行
sess.run(init)

graph_def=tf.graph_util.convert_variables_to_constants(sess, sess.graph_
          def, ['my_output'])
tf.train.write_graph(graph_def, '.', 'tf.pb', as_text=False)
```

代码清单 7-3 展示了如何从 .pb 文件生成 summary data 的过程。

代码清单 7-3　从 .pb 文件生成 summary data

```python
# 下面代码加载 .pb 文件，再生成 summary data，可以被 TensorBoard 解析展示
tf.reset_default_graph()
with open('tf.pb', 'rb') as f:
    graph_def=tf.GraphDef()
    graph_def.ParseFromString(f.read())
    tf.import_graph_def(graph_def, name="")
    tf.summary.FileWriter('/tmp/graph', tf.get_default_graph())
```

如果我们拿到的是在训练过程中保存的文件，则也可以用 Python 脚本加载转换。代码清单 7-4 演示了在训练过程中如何保存文件。

代码清单 7-4　在训练过程中保存文件

```python
import tensorflow as tf

# 下面代码生成训练过程的 checkpoint 文件
x=tf.placeholder(tf.float32, shape=[1, None, None, 3], name='my_x')
```

```
x1=tf.layers.conv2d(x, 16, 3, name='my_conv',
                        kernel_initializer=tf.keras.initializers.he_normal())
c=tf.constant(0.5, name='my_c')
x2=x1 + c
y=tf.identity(x2, name='my_output')

sess=tf.Session()
init=tf.global_variables_initializer()
sess.run(init)

tf.train.Saver().save(sess, "checkpoint_dir/mymodel")
```

代码清单 7-5 则展示了如何从这些文件生成 summary data 的过程。

代码清单 7-5 从训练中间结果文件生成 summary data

```
## 下面代码加载 checkpoint 文件，再生成 summary data，可以被 TensorBoard 解析展示
tf.reset_default_graph()
saver=tf.train.import_meta_graph('./checkpoint_dir/mymodel.meta')
saver.restore(sess, tf.train.latest_checkpoint('./checkpoint_dir'))
tf.summary.FileWriter('/tmp/graph', sess.graph)
```

7.2.2 数据的可视化

TensorBoard 不仅可以展示图，而且可以进行数据的可视化展示。因为在训练过程中，存在大量的中间变量，我们可能希望查看这些中间数据的变化情况，如数据类型为标量的 Loss 函数值的变化情况，或者是作为卷积层权重的 W 矩阵的变化情况，或者训练过程中用到的及生成的图片信息，都可以用 TensorBoard 进行展示。

为了简化脚本，我们不引入真正的训练过程，而是模拟训练过程，在每次循环都生成一些数据，用来模拟每次训练得到的数据。接下来通过 3 个脚本来演示 TensorBoard 对标量、矩阵和图片的可视化展示。

标量可视化的演示脚本如代码清单 7-6 所示，这个脚本创建了一个 TensorFlow 的图，单输入标量 x，两个输出分别是标量 y1 和 y2。脚本内部循环 10 次，即跑了 10 次图，用来模拟 10 次训练，所以脚本准备了 10 个数据作为输入，分别是 sin(5)、sin(6)、sin(7)……直到 sin(14)，它们依次作为图的输入。y1 和 y2 对应的 summary data 最终通过 writer.add_summary 被写入文件中。

代码清单 7-6 标量可视化演示脚本

```
import tensorflow as tf
import numpy as np

c=tf.constant(7.28, name='my_c')

x=tf.placeholder(tf.float32, name='my_x')
```

```
# y1=x
y1=tf.identity(x, name='my_y1')

# y2=x * 7.28
y2=tf.multiply(x, c, name='my_y2')

# tf.summary.scalar 也是一个 operation, 从 y1 到 y1_summary
y1_summary=tf.summary.scalar('y1_sum', y1)

# tf.summary.scalar 也是一个 operation, 从 y2 到 y2_summary
y2_summary=tf.summary.scalar('y2_sum', y2)

# 前面定义了多个 summary 变量, 为了后续方便, 使用 meger_all 函数进行合并
# 这样, merged 就包括了 y1_summary 和 y2_summary
merged=tf.summary.merge_all()

# 作为数据的模拟输入, 这里加 5 是为了避免和后面循环序号混淆
data=np.arange(10) + 5
data=np.sin(data)

with tf.Session() as sess:
    # 首先保存图, 得到 write 变量
    writer=tf.summary.FileWriter('/tmp/graph', sess.graph)

    #10 个循环, 模拟对应着 10 次训练
    for step in range(10):
        # 执行图, 得到 y1_summary 和 y2_summary, 再用 write 写入文件
        scalars=sess.run(merged, feed_dict={x: data[step]})
        writer.add_summary(scalars, step)
```

清空 /tmp/graph 目录，执行上述脚本，再启动 TensorBoard，然后用浏览器访问，即可看到图 7-4 所示界面。我们可以看到界面的左上角有 SCALARS 和 GRAPHS 两个标签。在 GRAPHS 标签下，我们可以看出，tf.summary.scalar 确实对应着 TensorFlow 的一个操作，从 my_y1 到 y1_sum，从 my_y2 到 y2_sum。

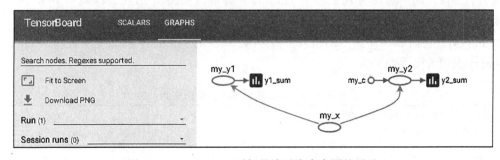

图 7-4　TensorBoard 对标量演示脚本中图的展示

单击 SCALARS 标签，可以看到图 7-5 所示界面。y1_sum 完美地展示了 sin(x)，
x=5,6,…,14 的折线图，而 y2_sum 则是 7.28×sin(x) 的折线图，其横轴是 step，即训练的序
号，纵轴则分别是 y1 和 y2 的值，可以认为是标量 y 值随时间（横轴）的变化而变化。通过
调整左侧的 Smoothing 参数，可以使曲线变得平滑一点儿，默认情况下其值是 0.6，所以，
需要手工将其调整为 0，才能看到图 7-5 所示的折线图效果。

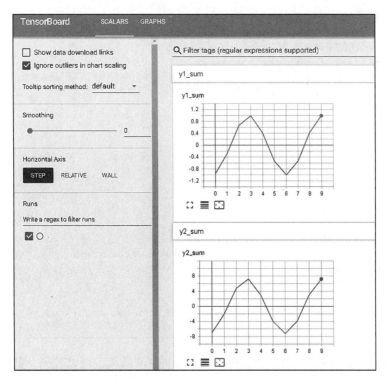

图 7-5　TensorBoard 展示标量数据

如果要展示的是一个向量或者一个矩阵，那应该如何做呢？横轴一般用来表示时间的
变化，这里用到了统计的概念。假如有一个变量，不管其是一维向量还是多维张量，可
以计算出所有数值的均值 μ 和均方差 σ，更进一步，我们可以确定这个变量中所有数值决
定的 9 个值，分别是最大值、$\mu+1.5\sigma$、$\mu+\sigma$、$\mu+0.5\sigma$、μ、$\mu-0.5\sigma$、$\mu-\sigma$、$\mu-1.5\sigma$ 和最小值，
我们在纵轴上标记出这 9 个值，然后将不同时间下的相应值连成折线，详见后面展示的
TensorBoard 中 distributions 标签。代码清单 7-7 演示了如何生成被 TensorBoard 展示的矩阵
数据。

代码清单 7-7　矩阵可视化演示脚本

```
import tensorflow as tf
import numpy as np
```

```
c=tf.constant(1.2, name='my_c')

# 在展示矩阵数据的同时，也可以展示标量数据
# 仅在代码这里指出，后续不做展示
x=tf.placeholder(tf.float32, name='my_x')
y1=tf.multiply(x, c, name='my_y1')
y1_summary=tf.summary.scalar('y1_sum', y1)

# 要展示的矩阵的具体数值，
# 后面的 sess.run(tf.global_variables_initializer()) 将对矩阵 mtx 赋值
# 矩阵 mtx 中的值符合均值为 0，标准差为 1 的正态分布
mtx=tf.get_variable('my_mtx', shape=[2, 5],
                initializer=tf.truncated_normal_initializer(mean=0, stddev=1))
# 最终将在 Tensorboard 中展示的矩阵 mtx2 是 mtx*1.2 的值
mtx2=tf.multiply(mtx, c, name='my_mtx2')
histogram_summary=tf.summary.histogram('mtx2_sum', mtx2)

# 把所有的 summary 变量放到一起
merged=tf.summary.merge_all()

data=np.arange(10) + 5
data=np.sin(data)

with tf.Session() as sess:
    writer=tf.summary.FileWriter('/tmp/graph', sess.graph)
    #模拟 10 次训练过程
    for step in range(10):
        sess.run(tf.global_variables_initializer())
        all_summary=sess.run(merged, feed_dict={x: data[step]})
        writer.add_summary(all_summary, step)
```

TensorBoard 对矩阵变量的分布属性的展示如图 7-6 所示，可以看到，其中有 9 条折线（最外面的上下两条折线比较淡，不容易分辨出来），对应着前面所说的 9 个标记值。从图 7-6 中可以大致知道这些数据是如何分布的。

单击图 7-6 中的 HISTOGRAMS 标签，可以看到矩阵变量的直方图展示，如图 7-7 所示。

从里往外的纵轴对应着训练序号。横轴是数值，纵轴是该数值的分布。可以比较容易地看出，这些数字的均值大致落在 0.0 附近，这个时候的 Histogram mode 是 OFFSET，单击图 7-7 左侧的 OVERLAY，则可以将所有的曲线重叠在一起，如图 7-8 所示，如果增加数据量，我们可以更加明显地看到趋于正态分布的图形。

图片可视化演示脚本如代码清单 7-8 所示，在每个循环中生成 3 张灰度图和 2 张彩色图，图片大小都是 10×10 像素，图片数据随机填充。

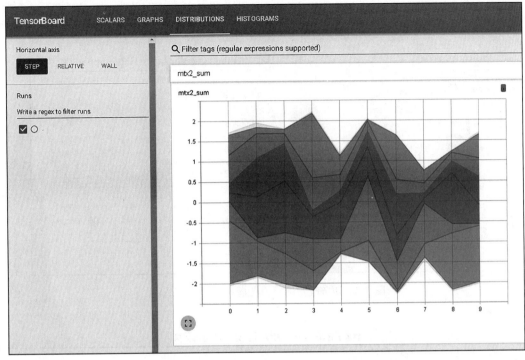

图 7-6　TensorBoard 对矩阵变量的分布属性的展示

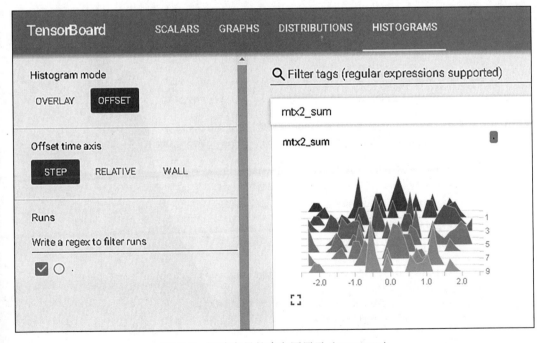

图 7-7　矩阵变量的直方图展示（OFFSET）

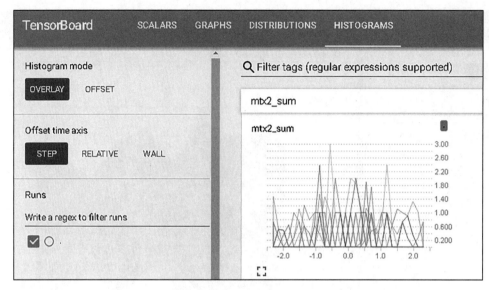

图 7-8   矩阵变量的直方图展示（OVERLAY）

代码清单 7-8   图片可视化演示脚本

```python
import tensorflow as tf

# 准备图片数据
g_data=tf.get_variable('gray_data', shape=[30, 10], initializer=tf.
                        truncated_normal_initializer(mean=0, stddev=1))
c_data=tf.get_variable('color_data', shape=[20, 30], initializer=tf.
                        truncated_normal_initializer(mean=0, stddev=1))

# 3 张灰度图，所以 channel 为 1，大小为 10×10
g_img=tf.reshape(g_data, (3, 10, 10, 1), name='gray_img')

# 2 张彩色图，所以 channel 为 3，对应 RGB 三通道，大小为 10×10
c_img=tf.reshape(c_data, (2, 10, 10, 3), name='color_img')

g_sum=tf.summary.image('gray_sum', g_img)
c_sum=tf.summary.image('color_sum', c_img)

merged=tf.summary.merge_all()

with tf.Session() as sess:
    # 保存图
    writer=tf.summary.FileWriter('/tmp/graph', sess.graph)
    for step in range(2):
        sess.run(tf.global_variables_initializer())
        summary=sess.run(merged)
        # 保存 5 张图片
        writer.add_summary(summary, step)
```

　　清空 /tmp/graph 目录，执行上述脚本，再启动 TensorBoard，然后用浏览器访问，可以看到图 7-9 所示界面，其中展示了 5 张图片，上面 2 张是彩色图，下面 3 张是灰度图，对应着最后一次循环保存的 5 张图片。每张图片上方有一个滑动条，通过拖动滑动条，可以看到其他循环序号下保存的图片。

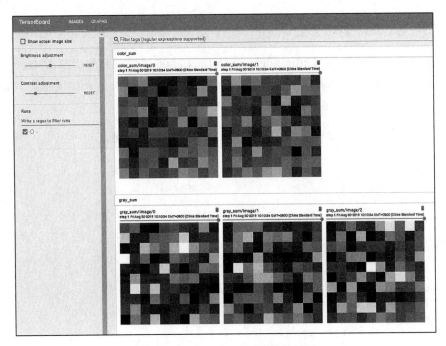

图 7-9　TensorBoard 对图片的展示

7.2.3　调试的可视化

　　在 TensorFlow 中，用 Python 脚本建立网络模型图，然后图和待处理的输入数据被发送到计算设备，在计算设备中完成图的执行，这样就无法通过普通的 Python 调试方法来调试图的执行过程，因此在 TensorFlow 中引入 tfdbg 来支持图的调试，而 TensorBoard 则支持基于 tfdbg 的可视化调试服务。TensorBoard 调试可视化架构如图 7-10 所示。TensorFlow 脚本、TensorBoard 调试服务和浏览器访问服务可以分布在 3 台不同的电脑中，通过网络相连，也可以用 localhost 指定在同一台电脑上。

图 7-10　TensorBoard 调试可视化架构

　　第 1 步：启动 TensorBoard 服务，与图和数据可视化非常类似，只是加了一个选项

--debugger_port 1027，表示将在 1027 端口侦听来自 TensorFlow 脚本的请求。从单纯调试的角度来说，--logdir 选项理论上可以不加，在目前版本，--logdir 选项必须要加，但后面可以跟一个不存在的目录。

```
$ tensorboard --logdir /tmp/graph --debugger_port 1027
Creating InteractiveDebuggerPlugin at port 1027
TensorBoard 1.13.1 at http://yjguo-skl-u1604:6006 (Press CTRL+C to quit)
```

第 2 步：通过浏览器访问 http://yjguo-skl-u1604:6006 可以看到如何修改 TensorFlow 脚本的提示框，从而使之和 TensorBoard 建立联系。利用 TensorBoard 调试演示脚本如代码清单 7-9 所示，假设文件名为 debug.py。

代码清单 7-9　利用 TensorBoard 调试演示脚本

```
import tensorflow as tf
import numpy as np
from tensorflow.python import debug as tf_debug

data=np.arange(30)

# 建立一个很简单的图，即
# z=w * x
# y=z + b
x=tf.placeholder(tf.float32, shape=[3], name='x')
w=tf.Variable(0.8, name='w')
b=tf.Variable(0.2, name='b')
z=tf.multiply(w, x, name='z')
y=tf.add(z, b, name='y')

init=tf.global_variables_initializer()
with tf.Session() as sess:
    # 下面这行是关键，告知 TensorBoard 服务在哪里
    # 在这个例子中，TensorFlow 脚本和 TensorBoard 服务在同一台电脑，所以使用 localhost
    sess=tf_debug.TensorBoardDebugWrapperSession(sess, "localhost:1027")

    sess.run(init)
    for step in range(10):
        print(sess.run(y, feed_dict={x: data[step*3 : step*3+3]}))
```

第 3 步：执行以下这个脚本，我们会看到脚本并没有如常执行完毕，这是因为当执行到 see.run(init) 时，程序被 TensorBoard 截断了。

```
$ python debug.py
```

此时，切换到浏览器窗口，就会发现与 init 相关的图，init 不是我们关注的重点，所以单击左下角的 STEP 按钮往下执行一步，就可以看到 $y=wx+b$ 的图了，如图 7-11 所示。

在图 7-11 所示界面的左侧上方，单击 Show Code 选项可以显示正在调试的 TensorFlow
脚本源代码；界面左侧的树状图中列出了 y、z、b 和 w 等节点，选中节点前面对应的复选
框，表示增加一个断点；界面右侧上方则是当前正在执行的图，选中一个节点，然后通过
右击也可以将此节点设置为断点。断点设置完成后，单击界面左下角的 STEP 按钮，就会执
行图直到断点节点，同时，该节点的值会在界面右侧下方显示出来，图中表示的就是在单
击两次 STEP 按钮后看到的 z 值和 y 值，z 值为 [0,0.8,1.6]，y 值则是 [0.2,1,1.8]，这和手工
计算脚本中 step=1 时的结果是相同的。这些操作满足了调试的基本需要，关于界面的更多
操作，读者可自行深入探索。

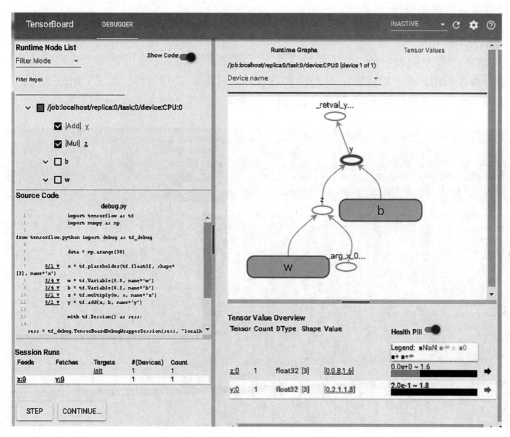

图 7-11　TensorBoard 调试可视化

7.3　VTune：Intel 平台的性能调优利器

当我们尝试优化提升程序的运行效率时，我们需要以程序运行数据作为指导。没有准确
全面的数据，优化工作将无从下手，正所谓巧妇难为无米之炊。通过 Linux 系统提供的一些

工具，我们可以快速地查看程序运行过程中的一些参数，如 CPU 占用率、进程 / 线程运行状态、内存使用率等。这些参数有助于开发者对程序性能有一个大致的了解，但是要很好地完成程序效率优化工作，以上数据是远远不够的。Intel VTune 性能调试器可以实时、精确地对运行中的程序进行数据采样，并对数据进行分析，帮助开发者定位影响程序运行效率的瓶颈。

7.3.1　系统性能查看工具

在介绍 VTune 之前，我们先看几个简单的系统性能查看工具，可以先使用这些工具对系统性能进行简单分析。

1. Linux top

Linux 操作系统提供的 top 工具可以用于实时地查看系统主要的性能相关的统计数据，如运行程序的用户名（USER）、运行中的进程号（PID）、进程运行时间（TIME+）、进程的优先级（PR）、进程的 CPU 占用率（%CPU）、进程的内存占用率（%MEM）等信息。

```
top - 22:17:04 up 87 days, 23:22,  7 users,  load average: 36.52, 8.09, 2.65
Tasks: 1011 total,   1 running, 551 sleeping,   0 stopped,   0 zombie
%Cpu(s): 76.5 us,  0.5 sy,  0.0 ni, 23.0 id,  0.0 wa,  0.0 hi,  0.0 si,  0.0 st
KiB Mem : 19669907+total, 23311028 free,  2255524 used, 17113251+buff/cache
KiB Swap:  2097148 total,  2097148 free,        0 used. 19299307+avail Mem

  PID USER      PR  NI    VIRT    RES    SHR S  %CPU %MEM     TIME+ COMMAND
23034 test      20   0 54.875g 242380   9244 S  8018  0.1  14:38.69 test-surround-v
22950 test      20   0   52328   5052   3444 R   1.3  0.0   0:01.97 top
 2236 gdm       20   0  621292  48000  19208 S   0.7  0.0 356:38.26 gsd-color
  741 root      20   0       0      0      0 I   0.3  0.0   0:06.91 kworker/41:1
    1 root      20   0  225688   9476   6792 S   0.0  0.0   1:11.61 systemd
    2 root      20   0       0      0      0 S   0.0  0.0   0:00.91 kthreadd
    4 root       0 -20       0      0      0 I   0.0  0.0   0:00.00 kworker/0:0H
    5 root      20   0       0      0      0 I   0.0  0.0   0:00.04 kworker/u656:0
    7 root       0 -20       0      0      0 I   0.0  0.0   0:00.00 mm_percpu_wq
    8 root      20   0       0      0      0 S   0.0  0.0   0:06.47 ksoftirqd/0
    9 root      20   0       0      0      0 I   0.0  0.0  20:47.97 rcu_sched
   10 root      20   0       0      0      0 I   0.0  0.0   0:00.00 rcu_bh
   11 root      rt   0       0      0      0 S   0.0  0.0   0:01.15 migration/0
   12 root      rt   0       0      0      0 S   0.0  0.0   0:12.50 watchdog/0
   13 root      20   0       0      0      0 S   0.0  0.0   0:00.00 cpuhp/0
   14 root      20   0       0      0      0 S   0.0  0.0   0:00.00 cpuhp/1
   15 root      rt   0       0      0      0 S   0.0  0.0   0:10.98 watchdog/1
```

图 7-12　linux top 命令显示的系统运行统计数据

下面逐行介绍图 7-12 显示的系统运行统计数据。

第 1 行，系统基本运行状况，包括当前系统时间、系统连续运行时长、系统登录用户数量，以及系统运行时间间隔分别为 1min、5min、15min 之内的平均负载。

第 2 行，系统中的进程总数为 1011，处于运行状态的进程数量为 1，处于休眠状态的进程数量为 551，处于停止状态的进程数量及僵尸进程数量分别为 0。

注意 top 命令并没有列出所有的进程类型，因此以上统计的进程总数大于运行中进程数量与休眠中进程数量之和。

第 3 行，当前 CPU 运行状况，即系统中各种类型的任务占用的 CPU 时间百分比。us 表示 CPU 运行用户进程占用的时间百分比。sy 表示 CPU 运行系统内核进程占用的时间百分比。Linux 系统使用名词 nice 表示进程的优先级，数值越大表示进程越 "好说话"（nice），优先级越低。程序可以修改 nice 值，以改变进程的优先级。这里的 ni 表示程序手动设置 nice 值的进程的 CPU 占用时间百分比。id 和 wa 分别表示 CPU 处于空闲（idle）状态和等待（wait）I/O（数据读写）状态的时间百分比。hi 和 si 分别表示 CPU 处理硬件中断（hardware interrupt，响应外设事件，如键盘敲击）和软件中断（software interrupt，软件指令产生）所占用的时间百分比。在虚拟机运行环境中，由于 CPU 被其他虚拟机（virtual machine）任务所占用，当前虚拟机任务处于等待状态而无法被执行，这段等待时间称作 steal 时间。st 表示 steal 时间所占百分比。

第 4~5 行，Mem 内存及 Swap 虚拟缓存状况。Mem 表示系统内存即 RAM 的使用情况。Swap 是系统硬盘中保留的一部分空间，当 Mem 被占满后，不经常访问的数据将被写入 Swap 中，当需要使用时再从硬盘 Swap 空间中读取。因为硬盘数据的读写速度大大低于内存读写速度，频繁使用 Swap 交换数据，程序运行速度将会急剧降低。

顾名思义，total、free、used 分别表示当前系统中总共的、剩余的和已被使用的内存大小。

avail mem 表示系统可供分配（allocated）的内存大小。Linux kernel 采用了一些方法来减少程序对硬盘的访问次数，例如，在内存中使用 buff 暂时保存程序需要写入硬盘的数据，在内存中使用 cache 保存需要经常使用的硬盘数据。buff/cache 表示上述用途在系统所占用的内存空间大小。图 7-12 所示系统的内存使用状态为：total（196699070）=used（2255524）+ free（23311028）+ buff/cache（171132510）。

第 6 行，top 动态显示运行中的进程状况。PID 表示进程号，每个进程都有唯一的 PID，它是由系统随机分配的。USER 表示启动进程的用户名。PR 和 NI 表示进程的优先级。VIRT（virtual memory）表示进程占用的存储空间总和，包括内存空间、Swap 硬盘空间。RES 表示进程占用的实际内存空间大小，%MEM 表示 RES 占总内存大小的比例。SHR 表示当前进程与其他进程之间共享的存储空间大小。

下面对图 7-12 所示的进程号为 23034 的进程的统计数据做一个介绍。此进程的优先级为 20，占的总存储空间（VIRT）为 54.875GB，占用的内存空间（RES）为 242 380B，与其他进程共享的存储空间（SHR）为 9244B，占用的存储空间百分比（%MEM）为 0.1%。

CPU 占用百分比用 %CPU 表示，数字 "100" 表示 CPU 的一个物理核占用率为 100%。对于多核 CPU，这个百分比数字有可能大于 100。例如，图 7-12 统计的是一个有 104 个逻辑核的 CPU 运行状况，%CPU "8018" 表示 CPU 核平均占用率为 8018/104%=77%。

　　top 工具在运行过程中可以接收用户输入的键盘命令，例如，k 命令用于关闭进程，q 命令用于退出 top。1 命令用于显示 CPU 多个核心的运行状态，如图 7-13 所示。

```
top - 02:24:56 up 44 days,  4:02,  7 users,  load average: 52.68, 57.32, 55.93
Tasks: 997 total,   2 running, 523 sleeping,   0 stopped,   2 zombie
%Cpu0  : 39.4 us,  1.0 sy,  0.0 ni, 59.6 id,  0.0 wa,  0.0 hi,  0.0 si,  0.0 st
%Cpu1  : 38.0 us,  0.3 sy,  0.0 ni, 61.6 id,  0.0 wa,  0.0 hi,  0.0 si,  0.0 st
%Cpu2  : 37.6 us,  0.3 sy,  0.0 ni, 62.0 id,  0.0 wa,  0.0 hi,  0.0 si,  0.0 st
%Cpu3  : 38.5 us,  1.0 sy,  0.0 ni, 60.5 id,  0.0 wa,  0.0 hi,  0.0 si,  0.0 st
%Cpu4  : 38.8 us,  0.0 sy,  0.0 ni, 61.2 id,  0.0 wa,  0.0 hi,  0.0 si,  0.0 st
%Cpu5  : 39.1 us,  0.3 sy,  0.0 ni, 60.5 id,  0.0 wa,  0.0 hi,  0.0 si,  0.0 st
%Cpu6  : 37.7 us,  0.7 sy,  0.0 ni, 61.6 id,  0.0 wa,  0.0 hi,  0.0 si,  0.0 st
%Cpu7  : 37.6 us,  1.3 sy,  0.0 ni, 61.1 id,  0.0 wa,  0.0 hi,  0.0 si,  0.0 st
%Cpu8  : 37.6 us,  0.3 sy,  0.0 ni, 62.1 id,  0.0 wa,  0.0 hi,  0.0 si,  0.0 st
%Cpu9  : 38.8 us,  0.7 sy,  0.0 ni, 60.6 id,  0.0 wa,  0.0 hi,  0.0 si,  0.0 st
%Cpu10 : 38.6 us,  0.7 sy,  0.0 ni, 60.7 id,  0.0 wa,  0.0 hi,  0.0 si,  0.0 st
%Cpu11 : 36.6 us,  0.3 sy,  0.0 ni, 63.1 id,  0.0 wa,  0.0 hi,  0.0 si,  0.0 st
%Cpu12 : 38.4 us,  1.0 sy,  0.0 ni, 60.6 id,  0.0 wa,  0.0 hi,  0.0 si,  0.0 st
%Cpu13 : 37.3 us,  0.3 sy,  0.0 ni, 62.4 id,  0.0 wa,  0.0 hi,  0.0 si,  0.0 st
%Cpu14 : 37.7 us,  2.0 sy,  0.0 ni, 60.3 id,  0.0 wa,  0.0 hi,  0.0 si,  0.0 st
%Cpu15 : 37.6 us,  0.7 sy,  0.0 ni, 61.7 id,  0.0 wa,  0.0 hi,  0.0 si,  0.0 st
%Cpu16 : 37.5 us,  0.7 sy,  0.0 ni, 61.8 id,  0.0 wa,  0.0 hi,  0.0 si,  0.0 st
%Cpu17 : 37.1 us,  1.0 sy,  0.0 ni, 61.9 id,  0.0 wa,  0.0 hi,  0.0 si,  0.0 st
%Cpu18 : 38.4 us,  0.7 sy,  0.0 ni, 61.0 id,  0.0 wa,  0.0 hi,  0.0 si,  0.0 st
%Cpu19 : 38.5 us,  0.3 sy,  0.0 ni, 61.2 id,  0.0 wa,  0.0 hi,  0.0 si,  0.0 st
%Cpu20 : 38.2 us,  0.0 sy,  0.0 ni, 61.8 id,  0.0 wa,  0.0 hi,  0.0 si,  0.0 st
%Cpu21 : 38.0 us,  1.6 sy,  0.0 ni, 60.1 id,  0.0 wa,  0.0 hi,  0.3 si,  0.0 st
%Cpu22 : 37.7 us,  0.3 sy,  0.0 ni, 61.9 id,  0.0 wa,  0.0 hi,  0.0 si,  0.0 st
%Cpu23 : 39.0 us,  1.3 sy,  0.0 ni, 59.7 id,  0.0 wa,  0.0 hi,  0.0 si,  0.0 st
%Cpu24 : 39.3 us,  0.0 sy,  0.0 ni, 59.7 id,  0.0 wa,  0.0 hi,  0.0 si,  0.0 st
%Cpu25 : 37.2 us,  0.0 sy,  0.0 ni, 62.8 id,  0.0 wa,  0.0 hi,  0.0 si,  0.0 st
%Cpu26 : 37.4 us,  0.3 sy,  0.0 ni, 62.3 id,  0.0 wa,  0.0 hi,  0.0 si,  0.0 st
%Cpu27 : 37.0 us,  2.3 sy,  0.0 ni, 60.7 id,  0.0 wa,  0.0 hi,  0.0 si,  0.0 st
%Cpu28 : 37.6 us,  1.0 sy,  0.0 ni, 61.4 id,  0.0 wa,  0.0 hi,  0.0 si,  0.0 st
%Cpu29 : 38.4 us,  0.7 sy,  0.0 ni, 60.9 id,  0.0 wa,  0.0 hi,  0.0 si,  0.0 st
%Cpu30 : 36.3 us,  0.3 sy,  0.0 ni, 63.4 id,  0.0 wa,  0.0 hi,  0.0 si,  0.0 st
%Cpu31 : 38.0 us,  0.0 sy,  0.0 ni, 62.0 id,  0.0 wa,  0.0 hi,  0.0 si,  0.0 st
```

图 7-13　top 显示 CPU 多核心运行状态

2. Linux htop

　　Linux 系统还可以安装一个图形化的进程查看工具 htop。与 top 相比较，htop 显示数据更加直观。图 7-14 实时显示多核硬件系统的各个核心单元运行情况，结果一目了然。

　　使用 top 工具和 htop 工具可以简单、快速地查看系统中程序的运行情况，从而对系统资源的使用状况有一个大致的了解。但是这些数据并不足以用来全面地指导程序性能调优。

7.3.2　Intel VTune 功能介绍

　　VTune 的完整名称是 Intel VTune Amplifier[⊖]，是 Intel 公司开发的一套针对运行在 Intel 平台上的程序性能分析工具。VTune 具有友好、便利的图形界面，可以采集并分析系统运行数据，为用户优化程序提供了多种功能强大的手段和方法。

⊖　参见 https://software.intel.com/en-us/vtune。

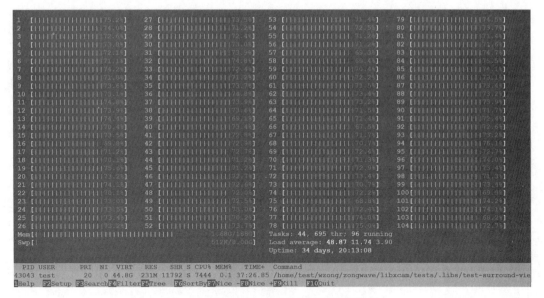

图 7-14　Linux htop 工具显示的系统数据

VTune 可以运行在 Windows、Linux 及 macOS 等多种主流的操作系统上。使用 VTune 进行性能分析的应用程序可以运行在 Windows、Linux 和 Android 等多种操作系统上。

VTune 性能分析流程如图 7-15 所示。

图 7-15　VTune 性能分析流程

使用 VTune 进行程序分析之前需要做一些初始配置工作，可分为 3 个步骤（WHERE、WHAT 和 HOW），如图 7-16 所示。

1）WHERE。首先设置 VTune 与目标开发设备的连接方式，VTune 可以通过 SSH 连接远程计算机，也可以通过 ADB 连接 Android 开发设备。启动 VTune 连接到目标开发设备之后，VTune 会自动在开发设备上安装并配置一些调试工具。例如，安装工具 SoC Watch 用来分析监控 CPU 功耗的相关数据，配置工具 ptrace 用来采样所连接进程的文件句柄、内存和寄存器等使用数据。

2）WHAT。当 VTune 连接到目标开发设备并完成了配置之后，需要设置 VTune 与程序的连接方式。VTune 可以通过程序进程号连接待分析程序，也可以指定程序执行路径启动并连接待分析程序。

3）HOW。完成以上配置后，选择程序运行数据的采样模式。不同的采样模式将会从不同角度对程序性能进行分析，主要有程序热点分布、内存使用状况、线程运行状况及高性能计算。这几种模式从不同的方面对程序的运行效能进行分析，可以帮助开发者全面地了解程序的运行状况，更加有的放矢地进行程序优化。后续章节会对这些功能加以详细介绍。

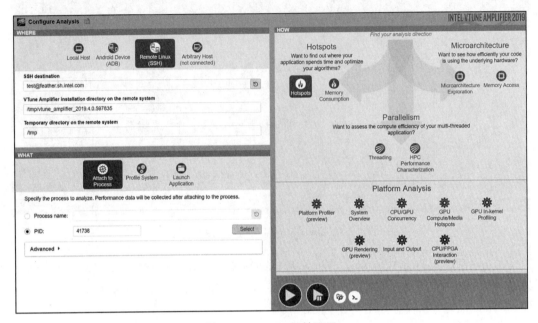

图 7-16　VTune 初始配置

　　VTune 可以采用用户态软件采样模式或者内核态硬件事件触发采样模式对程序运行过程中的数据进行采样。用户态软件采样模式只能分析单一进程，内核态硬件事件触发采样模式可以对系统运行中的所有进程（包括内核进程）进行采样分析。

　　开发者可以配置 VTune 以最低间隔 1ms 的采样频率对程序的运行数据进行采样，根据用户目标计算机存储空间大小，用户态软件模式采样时间可以长达数小时。VTune 分析程序运行过程中的采样数据，协助开发者决策如何改善及提高程序运行效率。

　　下面简要介绍如何使用 VTune 以不同的模式对程序进行采样分析，从多个角度对程序性能进行优化。

1. 程序热点分析

　　在程序运行过程中，执行时间较长的代码片段称为程序热点。选择运行时间较长的函数进行优化通常会得到立竿见影的效果。下面来看如何通过 VTune 定位程序热点。

　　图 7-17 所示为 VTune 程序热点函数分析。VTune 对程序中的热点函数进行了时间排序，列出了热点函数的函数调用栈、热点函数有效执行时长、等待时长与线程调度时长等。图 7-17 最下方列了出热点函数中相关线程的运行时间线。这些信息可以帮助开发者找到程序中的热点函数，确定函数执行时间偏长的原因，以便进行下一步的优化。

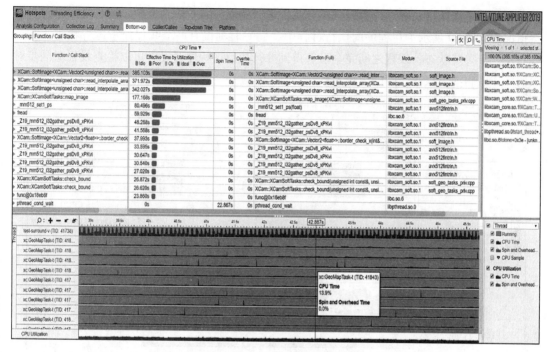

图 7-17　VTune 程序热点函数分析

2. 线程分析

程序开发者可以使用多线程提高程序的执行效率，但是多线程程序的逻辑一般比较复杂，调试相对困难。如果处理不好线程间的同步关系，则往往并不能得到理想的性能。Intel VTune 可以帮助开发者方便、直观地进行多线程程序的调试。

（1）多线程并行性分析

VTune 可以统计多线程程序中的同步对象，如锁（lock）、事件（event）等占用的时间，帮助开发者发现多线程程序存在的潜在问题。如图 7-18 所示，同步对象 Manual Reset Event 被其他线程等待的次数较多（1072 次），等待的时间最长（71.8s）。开发者可以考虑检查程序的相关逻辑。

Grouping:	Sync Object / Function / Call Stack		
Sync Object / Function / Call Stack	Wait Time by Thread Concurrency ☐ Idle ☐ Poor ☐ Ok ☐ Ideal ☐ Over	Wait Count	Object Type
⊞ Manual Reset Event 0xf04628bd	71.808s	1,072	Manual Reset Event
⊞ Auto Reset Event 0xcc18b37c	41.789s	2,540	Auto Reset Event
⊞ Thread Pool	38.303s	1	Constant
⊞ Sleep	38.212s	3,815	Constant
⊞ Manual Reset Event 0xba2e95f3	35.302s	505	Manual Reset Event
⊞ Auto Reset Event 0x38cd6d85	0.737s	298	Auto Reset Event

图 7-18　同步对象占用时间排序

VTune 可以统计线程运行时间分布，线程运行时间分布直观地反映了线程之间的并行执行情况。图 7-19 展示了在程序的执行过程中，同一时刻仅有一个线程处于运行状态，其余线程均处于等待状态，线程之间完全没有得到并行执行。程序开发者可以检查线程对同步对象的操作逻辑或者线程之间的依赖关系。

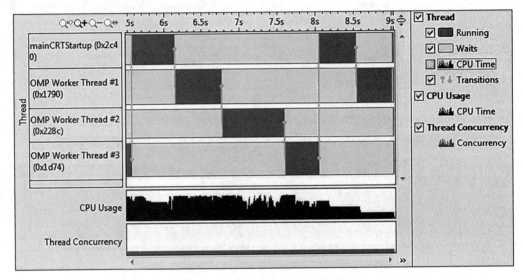

图 7-19　多线程执行时间序列

（2）线程调度监控

当线程代码执行了 sleep()、wait()、yield() 等系统调用函数时，操作系统会将运行中的线程状态信息（线程上下文）保存到内存中，线程暂停执行，并由线程调度器切换到后台进入等待状态。另外，当线程的时间片使用完了，或者程序启动了更高优先级的线程，运行中的线程也会暂停，并切换到后台。之后，操作系统重新将处于等待状态的线程切换回执行状态，系统需要从内存中读取并恢复线程的上下文。频繁的线程切换会增加系统保存、恢复线程上下文及线程调度等计算开销，影响程序的执行效率。VTune 可以记录程序中线程切换发生的时刻，帮助开发者评估程序线程切换是否合理。图 7-20 显示程序中线程切换（transitions）过于频繁，严重地影响了程序的执行效率。

3. 存储器诊断

程序的整体运行效率并不只与数据计算的快慢有关，有时候数据读写的效率也会严重影响程序的运行效率。VTune 还可以用来分析程序的数据访问状况。

（1）优化数据访问效率

VTune 可以记录程序运行过程中的存储器使用状况。图 7-21 显示了应用程序中的数据读写量（load / store）排序、缓存命中 / 失败次数等信息，并给出了程序数据读写的速率（GB/s）。开发者可以优化这些函数的数据访问逻辑，提高数据访问效率，从而提高程序的整体运行效率。

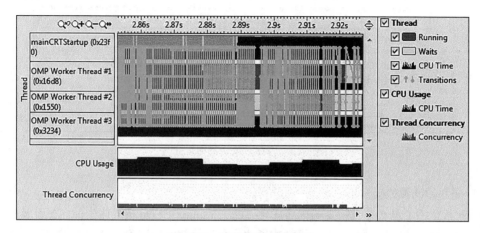

图 7-20　线程调度状态统计

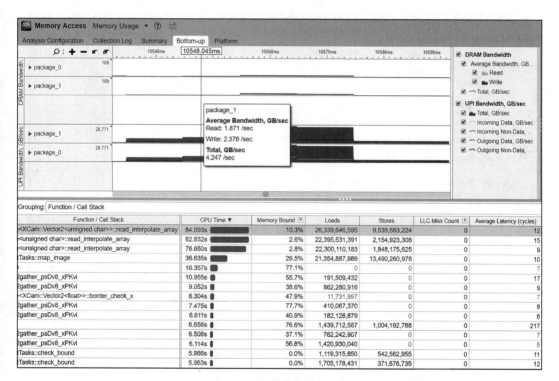

图 7-21　函数内存访问排序

（2）定位性能瓶颈的内存对象

　　VTune 内存访问分析工具可以统计程序中的访问内存对象产生的延时状况，为程序性能优化提供了另一个视角。图 7-22 列出了程序中内存对象的读写操作累积延时。

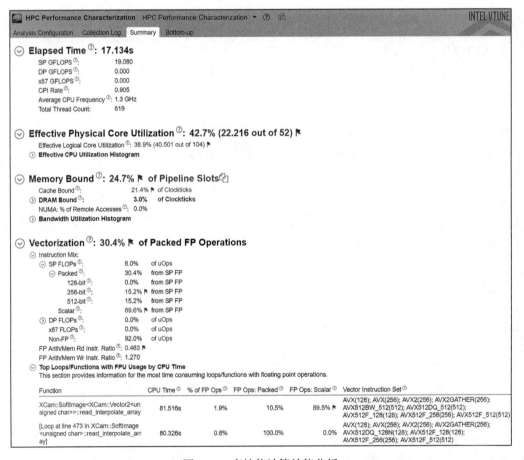

图 7-22　内存对象访问时间排序

4. 高性能计算效能分析

第 6 章介绍了基于并行指令的程序优化方法，VTune 可以分析程序中的向量计算指令是否被有效地并行执行，并且帮助分析影响函数指令执行效率的因素，如图 7-23 所示。

图 7-23　高性能计算效能分析

图 7-23 所示 VTune 统计了程序中单精度浮点数运算（single precision floating point operation in billions per second）速率为 19.08 GFLOPS。有效 CPU 核心利用率为 42.7%。受存储访问时间限制（memory bound），24.7% 的时钟周期内计算单元处于等待数据读写状态（stalled）。程序中指令的向量化（vectorization）执行比例仅为 30.4%，标量（scalar）浮点数运算比例为 69.3%。在图 7-23 最下方，VTune 列出了采用向量指令集（vector instruction set）编写的函数的向量化运算率（packed）和标量化运算率（scalar）。其中，第一条函数标量化运算率为 89.5%，开发者需要仔细分析这个函数，找出向量化运算偏低的原因，并加以改进。

5. OpenCL 应用程序优化

OpenCV DNN 模块中使用的卷积运算、矩阵运算都有 OpenCL 的实现版本，利用 GPU 的并行运算能力可以对这些运算进行加速。VTune 也提供了工具来辅助优化 OpenCL 程序。

（1）GPU 数据处理吞吐量

VTune 可以统计 GPU 在一定的执行时间段内的数据吞吐量。图 7-24 描绘了 GPU 运行中的数据处理流水线中各主要环节的 I/O 吞吐量及执行单元数据处理量。开发者可以与 GPU 硬件参考手册中标称的理论值进行比较，找出当前 OpenCL 程序运行的瓶颈是受限于数据访问（memory bound）还是受限于数据运算（compute bound）。

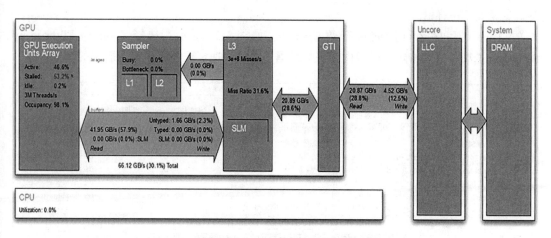

图 7-24　GPU 数据处理吞吐

（2）OpenCL 代码分析

使用 VTune 的 GPU In-Kernel Profiling 可以定位程序运行效率不高的原因是数据访问延迟，还是算法效率不高。由图 7-25 可以看到这段 OpenCL 代码执行的确切时间比例。开发者可以有针对性地对算法进行优化。第 5 章详细讲解了如何使用 OpenCL 对程序进行优化。

```
12    __kernel void workload(int nIter, __global float* result)
13    {
14        float r = 0.0;
15
16        for (int i = 1; i <= nIter; i++)                        54.8%
17        {
18            r += 1.0 / factor(i);                               45.2%
19        }
20
21        *result = r;                                            0.0%
22    }
23
```

图 7-25　OpenCL 代码执行时间统计

6. 时间段过滤与总结报告

VTune 在程序运行过程中的采样数据量非常大。为了方便开发者分析这些数据，VTune 提供了便利的图形界面，开发者可以方便地查看所关注的数据。VTune 还提供了程序性能的总结报告。

（1）时间线过滤

在程序运行的不同阶段会出现不同的状态和热点或瓶颈，例如，程序启动时和运行时的热点通常是不一样的。

VTune 在程序运行期间进行数据采样。如图 7-26 所示，选择 Zoom → Filter in by Selection 选项，过滤特定时间段内的采样数据，可以快速定位程序中出现瓶颈的时刻。

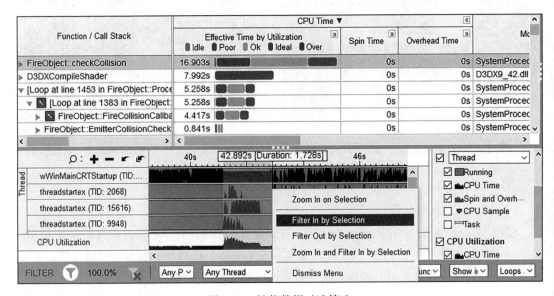

图 7-26　性能数据过滤筛选

（2）VTune 总结报告快速定位性能瓶颈原因

利用图 7-27 所示 VTune CPU 利用率柱状图可以快速查看优化状态，有效指导优化方向，最大程度地利用 CPU 核心资源。可以看出，应用程序运行在 4 个核心的 CPU 上，柱状图横轴坐标表示处于运行状态的 CPU 核心数目，纵轴坐标表示 CPU 执行时间。例如，Bin0 表示只有一个 CPU 处于运行状态的累计运行时间大约为 10s，Bin1 表示两个 CPU 同时处于运行状态的累计运行时间大约为 50s，Bin2 表示 3 个

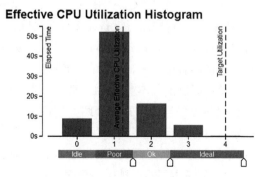

图 7-27　系统性能分析总结

CPU 同时处于运行状态的累计运行时间大约为 15s，Bin3 表示 4 个 CPU 核心同时处于运行状态的累计运行时间大约为 5s。可以大致估算出程序在大约 2/3 的时间段内只有两个 CPU 核心处于运行状态，即有一半的 CPU 核心在多数时间内处于空闲状态。

7.3.3　VTune 程序性能优化实例

首先创建一个 VTune 工程，将 VTune 与调试的程序所运行的计算设备进行连接。图 7-28 所示为 VTune 初始化配置界面。

图 7-28　VTune 初始化配置界面

用户需要选择 VTune 与调试设备的连接方式。VTune 可以通过 SSH 对远程 Linux 设备进行连接，也可以通过 ADB 对运行在 Android 设备上的程序进行调试。

VTune 与程序运行设备连接成功之后，需要配置 VTune 与被调试程序进行连接。VTune 可以通过运行程序的进程号进行连接；也可以设置应用程序路径或程序启动脚本路径，由 VTune 调用启动程序，然后自动连接。

设置好以上基本参数后，即可启动 VTune 对需要调试的应用程序进行数据采样。下面以程序热点采样为例进行介绍。当数据采样完成之后，VTune 会分析采样数据，总结当前程序的运行性能，主要有以下几点。

1）程序运行时间统计：CPU 有效运行时间，程序中的线程数量。

2）程序主要热点排序：程序热点是程序中执行占用时间最长的代码片段，可以优先对这些热点代码进行优化，从而获得更高的效率提升。

3）多核 CPU 并行利用率：开发者需要特别关注提高多核 CPU 的利用率，以提升程序的整体运行效率。具体的做法是设计合理的线程数目，使得每个 CPU 核心都能够分配到工作任务，多个线程可以同步地被执行，提高程序的并行执行率。

图 7-29 展示了一个 VTune 分析总结的程序运行状态报告。

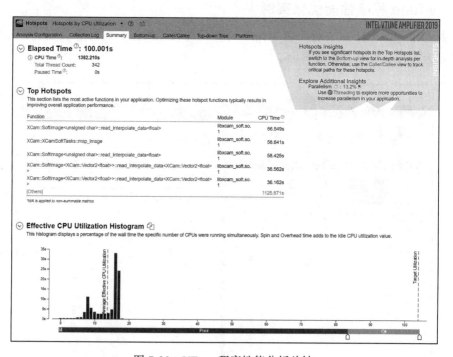

图 7-29　VTune 程序性能分析总结

图 7-29 的总结中首先列出 VTune 采样时间为 100.001 s，程序运行时间 1382.210 s 为程序中所有线程运行的总时间，程序运行过程中线程总数量为 342 个；紧接着列出了程序运

行中的热点,按照运行时间对热点代码进行了排序;接下来是一张 CPU 使用率柱状图,可以看出这个程序运行在核心数高达 104 核的 CPU 上,在运行过程的绝大多数时间里,只使用了不到 20 个 CPU 核心,CPU 的利用率非常低,仅为 13.2%。

根据以上的 VTune 分析报告可以发现,当前应用程序有若干个热点函数的执行时间较长,CPU 的并行利用率较低。可以参考第 6 章原生 CPU 加速的内容对程序进行优化。

7.4　程序优化流程总结和建议

前面详细介绍了性能调优工具 VTune 的使用方法,下面我们将总结一下程序优化的一般流程,并给出具体的建议和注意事项。需要强调的是,程序优化是以准确的性能瓶颈分析为前提的,而性能瓶颈分析需要综合考虑运算热点、并行度、算法特点等因素,避免片面分析。例如,一发现某个函数的并行度不够,就对该函数进行并行化处理,但是运算热点分析表明这个函数本身只占了 1% 的处理时间,在这个阶段是不值得花精力进行并行处理的。或者,问题其实并不出在算法并行度上,而是受内存访问带宽的限制,针对这种情况的算法称为 I/O 密集型(I/O bound)算法,解决方法是有针对性地调整数据访问方式。与 I/O 密集型算法相对应的是计算密集型(compute bound)算法,它的主要特征是计算本身的工作量比较大,这种算法可以通过并行化充分利用硬件计算资源达到性能优化的目的。

程序优化流程如图 7-30 所示。

图 7-30 的① 使用编译器优化。首先,使用编译器进行优化。大部分时候,我们参考编译器提供的优化建议编写的代码一般可以得到编译器比较好的优化。另外,使用编译器优化代码时,建议使用新版本的编译器,一般新的硬件平台支持和优化手段会在较新编译器版本中加入。

图 7-30 的② 热点分析。借助类似 VTune 这样的调优工具分析程序热点,找出最耗时的部分进行后续分析。热点分析的具体过程可参考 7.3.2 节的"程序热点分析"部分。

图 7-30 的③ I/O 密集型算法优化。针对 I/O 密集型算法,可以先进行算法本身的空间复杂度分析和优化,尽量减少内存读写。然后进行缓存(cache)效率分析和优化,目的是提高缓存的命中率。缓存优化往往涉及算法的时间 / 空间局部性调整,即让时间上先后访问的数据连续存储,或者调整代码顺序,将访问同一段数据的代码块紧挨着执行。针对 GPU 的情况,还需要考虑内存 bank 冲突问题(请参考代码清单 3-1)。

图 7-30 的④ 计算密集型算法优化。针对计算密集型算法,可以先进行算法本身的时间复杂度分析和优化,从算法层面减少运算量,如空间换时间的查表法等。然后分析算法的并行度,这部分可参考 7.3.1 节介绍的 htop 工具分析 CPU 上的算法并行度,它可以清晰地展示不同 CPU 核的使用情况。最后可以借助目标平台的向量化指令进行指令级优化。例如,Intel 公司推出的 Cascade Lake 架构服务器 CPU 支持 AVX512VNNI(AVX512 Vector Neural Network Instructions)指令,配合 int8 数据类型的使用,可以大大提高神经网络推理计算的性能。

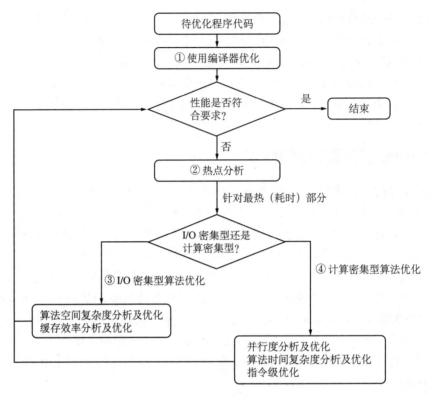

图 7-30　程序优化流程

　　以上是常用的程序优化流程。在实际优化过程中，各种分析优化手段可能会同时使用，顺序也可能有所不同，需要具体情况具体分析。另外，上述程序优化流程适用于 CPU 和 GPU，但是具体的优化手段在 CPU 和 GPU 上会有所不同。

　　下面给出笔者总结的一些程序优化实践经验和建议。进行内存分析时，一般通过查看硬件的参考手册来确定硬件所允许的最大内存带宽。笔者团队做内存分析时也曾手动编写过简单的内存读写工具来确定系统的实际峰值带宽，然后与程序实际使用的内存带宽相比较，据此判断是否达到内存带宽限制。也可以从另一个角度分析内存带宽限制：受限于内存带宽的程序，一般会体现在计算单元长时间处于等待数据的状态，使用率无法提高。例如，在 GPU 中，会表现出 EU stall 的时间很长，出现很多的空闲时间，但总体上又不能满足性能要求，这个时候的建议是，**合理安排内存使用时序，减少不必要的拷贝等**。

　　做计算分析时，针对 GPU 的分析需要注意 EU 的使用率，我们可以通过 intel_gpu_top[⊖]命令或者 VTune 来查看 EU 使用率，结合时序图来查看 EU 的具体占用情况。如果空档期太多，则原因可能是在等待数据，或者在等待线程同步，确定原因后需要进行针对性的算法调整，尽量让 GPU 的空档期排满。另外，并不是所有的计算都适合在 GPU 上处理，如计

　　⊖　参见 https://github.com/freedesktop/xorg-intel-gpu-tools。

算复杂度低的算法适合在 CPU 上执行，因为在 GPU 上处理带来的并行度好处不足以抵消 CPU 和 GPU 上下文切换的开销。针对神经网络的推理运算，可以考虑采用低精度的模型数据格式，如将 32 位浮点数调整为 16 位浮点数或者 8 位整型，这既可以降低内存带宽消耗，又可以增加数据处理的并行度。

尝试过各种程序优化手段后，可以从系统硬件角度关注一下系统的标称频率和实际运行频率。以 GPU 为例，我们在选择硬件时，往往只关注 CPU 主频，而遗漏了 GPU 主频信息。Intel GPU 的频率可以通过 intel_gpu_frequency 命令来查看，此命令可以给出峰值运行频率和当前运行频率。需要注意的是，有时候温度控制会强制 GPU 降频，以防止 GPU 因过热而损坏。Intel_gpu_frequency 具体的使用方法参见附录 B。

最后，在 CPU 和 GPU 共同使用的情况下，需要尽量减少两者之间数据的拷贝。一个典型的例子是：如果使用了 DNN 模块的 GPU 加速，而网络中有些层类型没有对应的 GPU 加速实现，则会在该层的输入、输出上发生 CPU、GPU 之间频繁的数据拷贝，降低整体性能。为了避免这种情况，应该增加该层的 GPU 加速实现，尽量让所有层都运行于 GPU 上。

7.5　本章小结

本章从实践角度介绍了几款深度学习常用工具的使用方法。首先介绍了 Netscope，它可以展示 Caffe 网络的静态结构和各层配置参数。然后介绍了 TensorFlow 可视化工具 TensorBoard，它不仅可以展示网络的静态结构，而且支持训练过程中各状态的动态展示，熟练掌握 TensorBoard 可以大大提高网络设计和调优的效率。对于 Intel 平台来说，VTune 是一个不可或缺的强大的性能分析工具，7.3 节对 VTune 做了详细介绍，并给出了具体的分析案例。最后，7.4 节给出了笔者在工作中总结的程序优化的一般流程、建议和注意事项，这部分可以为读者的工程实践提供帮助。

第 8 章

支付级人脸识别项目开发实战

人脸检测和识别系统广泛应用于公安系统、认证系统、考勤系统。近来，随着全面屏手机的流行，代替触摸指纹解锁方案的人脸识别解锁方案得到了越来越广泛的应用，目前几乎所有高端手机设备都配备了刷脸"解锁"功能。同时，随着刷脸支付、刷脸取款等敏感应用的兴起，人脸识别技术的安全性得到前所未有的关注，为人脸识别应用增加活体检测功能成了迫切需求。

活体检测指的是一种识别人脸是否来自真人（活体）的技术，它是目前支付级人脸识别的关键技术。目前人脸检测和人脸身份验证功能已经比较成熟，提高活体检测的准确度、提升人脸识别的安全性成为学术界和工业界的重要攻克方向。

下面我们首先介绍活体检测的相关知识，然后基于 OpenCV 4.1，展示一个支付级人脸识别项目的开发过程。为了展现 OpenCV 深度学习模块灵活的加速能力，该项目的各子功能模块采用不同的加速方法。

8.1 活体检测的概念与方法

所有人脸识别系统都会用到活体检测算法，那什么是活体检测呢？简单以门禁系统举例来说，当你通过门禁时，系统需要进行人脸识别，确保通过门禁的人脸是你本人的真实人脸，而不是照片中的人脸、视频中的人脸或者带有你的面部信息的特制面具。判别人脸是否为真实人脸的技术，就是活体检测，如图 8-1 所示。

如图 8-1 所示，门禁系统检测出了真实人脸（左）和伪造人脸（右下的纸张打印人脸及右上的视频中的人脸）。我们将用照片、视频、面具尝试通过门禁的行为称为**攻击**，常见的活体检测攻击类型有 3 种：打印攻击、视频攻击和面具攻击。

图 8-1　活体检测示例

活体检测的方法很多,主要分为两类:传统手工方法和基于深度学习的方法。

(1)传统手工方法

❑ 纹理分析,包括在人脸区域上计算局部二值模式(Local Binary Pattern,LBP)和使用支持向量机(Support Vector Machine,SVM)将人脸分类为真实的或伪造的。

❑ 频率分析,如查看人脸图片的傅里叶域(对其进行傅里叶变换)。

❑ 变量聚焦分析,如查看两个连续帧之间像素值的变化。

❑ 基于启发式算法,包括眼球运动、嘴唇运动和眨眼检测。这类算法试图跟踪眼球运动和眨眼动作,以确保用户展示的并非另一个人的照片(因为照片不会眨眼或移动嘴唇)。

(2)基于深度学习的方法

❑ 光流算法,即查看由三维物体和二维平面产生的光流的差异和特性。用 CNN 去学习攻击与真实人脸的光流信息差异。

❑ 人脸深度预测,即使用真实人脸深度和非真实人脸深度(假定理想情况下,非真实人脸不存在深度信息,深度值全设置为 0)作为网络的监督信息,去判别真实人脸和非真实人脸。照片送入已经训练好的网络中,如果预测的人脸深度是真实人脸深度则判别人脸为真实人脸,反之为非真实人脸。

❑ 借助辅助设备,如结构光、双目摄像头对真实场景进行 3D 深度信息建模,直接计算出人脸图像区域的深度信息,再利用 CNN 训练得到判别模型。

近年来,基于深度学习的方法因其强大的网络结构拥有的出色的特征描述能力以及其在多个场景下的高鲁棒性、高准确度逐渐成为活体检测的主流方法,本章介绍的活体检测算法就采用了深度学习方法,并通过 OpenCV DNN 模块进行推理计算。

8.2　支付级人脸识别项目流程

一个完整的支付级人脸识别项目主要包括 3 个部分：人脸区域检测（face detection）、人脸身份验证（face identification）和活体检测（liveness detection）。首先通过人脸检测器进行初级筛选，识别出待检测对象人脸感兴趣区域（Region of Interest，ROI），再对提取出的人脸进行人脸身份验证和活体检测，若二者皆满足要求则表示该对象为认证通过的人脸。本章介绍的支付级人脸识别项目实现了一个完整的人脸识别过程，图 8-2 为项目整体流程图。

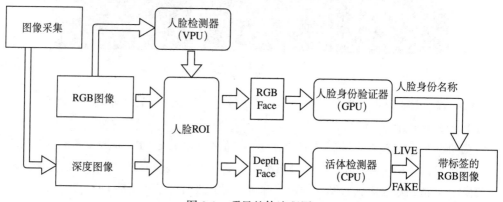

图 8-2　项目整体流程图

本项目实例将摄像头采集到的 RGB 图像通过人脸检测器得到人脸 ROI，并将其输入人脸身份验证器中，将对应的深度（depth）图像的人脸 ROI，作为活体检测器的输入，最后将带有二者的检测结果标签的 RGB 图像显示在展示窗口中，以实现实时活体检测。本项目实例中的人脸区域检测部分采用 SSD+ResNet 模型，人脸身份验证部分采用预训练好的 OpenVINO 格式的 face-reidentification-retail-0095 模型[⊖]，活体检测网络采用的是一种新型轻量级网络——FeatherNet[⊖]。我们将 3 种网络分别运行在 Movidius Neural Compute Stick（VPU）、GPU 和 Intel CPU 上，通过 OpenCV 的加速后端进行加速，实现了轻量、实时且高可靠度的人脸识别功能。

接下来我们简单介绍一下实例中用到的 3 个重要网络。

1. SSD+ResNet 网络

SSD+ResNet 模型为目前比较经典的人脸区域检测模型，其中 SSD（Single Shot MultiBox Detector）检测网络部分的详细讲解参见 9.2 节，这里简单介绍一下残差网络 ResNet。

⊖　下载地址：https://docs.openvinotoolkit.org/2019_R1/_face_reidentification_retail_0095_description_face_reidentification_retail_0095.html。

⊖　参见 http://openaccess.thecvf.com/content_CVPRW_2019/html/CFS/Zhang_FeatherNets_Convolutional_Neural_Networks_as_Light_as_Feather_for_Face_CVPRW_2019_paper.html。

该结构由何恺明团队提出，解决了当网络层数增加到一定程度而导致的训练错误率与测试错误率增加的问题。ResNet 可以做到网络深度达到上千层的时候也不会出现梯度消失和梯度爆炸的现象。图 8-3 为 ResNet 基本模块。

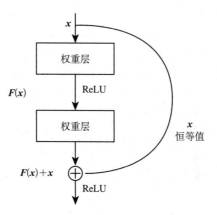

图 8-3　ResNet 基本模块[一]

在图 8-3 中，$H(x)=F(x)+x$ 这样的恒等映射不仅加深了网络，还有效地增加了梯度流。SSD+ResNet 模型的 ResNet 结构是基于 SSD 实现的。本项目实例采用的是预训练好的 Caffe 模型：res10_300x300_ssd_iter_140000.caffemodel[二]及其配置文件 deploy.prototxt。其中，以 caffemodel 为扩展名的文件是模型权重，以 prototxt 为扩展名的文件是网络结构定义文件。

2. face-reidentification-retail-0095 网络

本实例采用 Intel Open Model Zoo 提供的预训练模型 face-reidentification-retail-0095 作为人脸身份验证器。这是一个用于人脸身份验证场景的轻量级网络。该网络基于 MobileNetV2 主干，该主干由 3×3 个具有 squeeze-excitation attention 模块的倒置残差块组成。该网络使用 PReLU 激活，而不是原始 MobileNetV2 中使用的 ReLU6 激活。在主干之后，网络应用全局深度池化，然后使用 1×1 卷积来创建最终的 embedding 向量。本模型基于不同人脸提取的 embedding 特征向量之间的余弦距离进行相似性度量，人脸差异性越大，则特征向量之间的余弦距离越长，相似的人脸往往特征向量的余弦距离较小。

3. FeatherNet 网络

作为本项目的重点，活体检测部分采用的是笔者团队自行研发的网络框架——FeatherNet。该网络获得了 CVPR 2019 活体检测竞赛的第 3 名[三]。FeatherNet 是一种基于深度

　　[一]　参见 https://arxiv.org/abs/1512.03385。
　　[二]　下载地址：https://github.com/opencv/opencv_3rdparty/tree/dnn_samples_face_detector_20170830。
　　[三]　CVPR 2019活体检测竞赛结果：http://openaccess.thecvf.com/content_CVPRW_2019/papers/CFS/Liu_Multi-Modal_Face_Anti-Spoofing_Attack_Detection_Challenge_at_CVPR2019_CVPRW_2019_paper.pdf。

学习的活体检测网络框架，其是一种基于 MobileNetV2 基本框架的极其轻量级网络，且采用 Streaming Module 替代了 GAP（Global Average Pooling，全局平均池化），避免了 GAP 带来的精度损失，利用深度信息训练网络，能够很好地对抗多种模拟人脸攻击。

FeatherNet 的整体结构如图 8-4 所示。

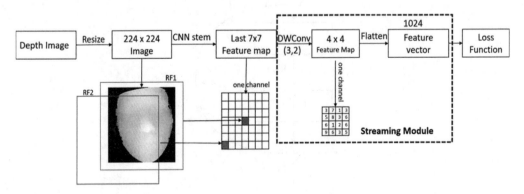

图 8-4　FeatherNet 的整体结构

图 8-5 给出了 FeatherNet 的具体网络架构。

Input	Operator	t	c
$224^2 \times 3$	Conv2d,/2	—	32
$112^2 \times 32$	BlockB	1	16
$56^2 \times 16$	BlockB	6	32
$28^2 \times 32$	BlockA	6	32
$28^2 \times 32$	BlockB	6	48
$14^2 \times 48$	5×BlockA	6	48
$14^2 \times 48$	BlockB	6	64
$7^2 \times 64$	2×BlockA	6	64
$7^2 \times 64$	Streaming	—	1024

t：通道扩展倍数　c：输出特征图的通道数
图 8-5　FeatherNet 的具体网络架构

FeatherNet 的输入为 224×224 像素的深度图像，经过一连串的卷积网络（BlockB、BlockA 的具体定义可参考 FeatherNet 相关论文：《FeatherNets:Convolutional Neural Networks as Light as Feather for Face Anti-spoofing》[○]），最后得到一个 1024 维的特征向量，用于最终结果的判断。

8.3　基于 OpenCV 的支付级人脸识别项目具体实现

本节详细描述利用深度学习模型和 OpenCV DNN 模块去实现一个支付级人脸识别项目

○　参见 FeatherNet 论文链接：https://arxiv.org/abs/1904.09290。

的具体步骤。为了让开发者更好地掌握支付级人脸识别的相关内容，我们将整个开发过程分为数据准备、活体检测模型训练和支付级人脸识别项目系统实现 3 步。

本项目实例中的人脸检测器和人脸身份验证器采用的是现成的预训练好的模型，可直接下载使用。这里着重讲解活体检测部分的开发过程。

活体检测器的训练过程如下：首先采集活体检测训练数据集并进行模型训练，得到一个能够准确识别出真假人脸的 FeatherNet 活体检测器，然后基于人脸身份图像建立人脸身份信息数据库，最终将训练好的活体检测器与下载的预训练好的人脸检测器和人脸身份验证器相结合，实现高可靠度的支付级人脸识别。

本实例的源代码有 5 个主要目录。

1）models/：训练好的各种网络模型，包括人脸检测器、活体检测器和人脸身份验证器。

❑ fd/：人脸检测器。

❑ fas/：活体检测器。

❑ fr/：人脸身份验证器。

2）train/：训练 FeatherNet 的相关文件。

❑ cfgs/：FeatherNet 配置文件目录。

❑ checkpoints/：训练模型 checkpoints 目录。

❑ models：FeatherNet 网络框架文件目录。

3）dataset/：自行采集的活体检测模型训练数据集目录，包含两类图像。

❑ fake/：翻拍视频攻击人脸图像。

❑ real/：真实人脸图像。

4）people/：用于建立人脸身份信息数据库的人物图片。

5）embeddings/：保存人脸身份信息数据库的 embedding 特征和 name 标签的 embeddings 文件。

除此之外，本实例还包括几个重要 Python 脚本。

1）gather_examples.py：该脚本通过摄像头抓取人脸的 ROI，获取人脸的深度图像，帮助我们创建一个深度学习人脸活体检测网络训练数据集。

2）train_FeatherNet.py：如文件名所示，该脚本将训练 FeatherNet 分类器。我们将使用 PyTorch 来搭建并训练模型。训练的过程还需要用到以下文件。

❑ read_data.py：读取数据集图像用于训练。

❑ FeatherNet.py：FeatherNet 框架文件。

❑ FeatherNet.yaml：FeatherNet 配置文件。

3）register.py：该脚本用于登记人脸身份信息，建立人脸身份信息库。

4）demo.py：这是实时支付级人脸识别演示程序脚本，通过 Intel RealSense D415 实时采集的视频图像来进行实时支付级人脸识别。

5）env.yml/requirements.txt：项目环境依赖包文件。

提示 为了拥有一个干净且独立的项目开发环境，采用了 Python 环境管理工具 Conda、pip 和项目环境文件 env.yml、requirements.txt 来创建项目虚拟环境。Conda 是开源的包管理系统和环境管理系统，可以安装软件包的多个版本和依赖，且可以在各环境中很方便地切换。Conda 有多个版本，包括 Anaconda、Anaconda Server 和 Miniconda，具体内容可参考相关文档[⊖]。

8.3.1 数据准备

本项目用到的数据包括用于训练人脸活体检测网络的活体检测模型训练数据集，以及用于人脸验证的人脸身份信息数据库。下面分别介绍二者的采集和处理过程，为后续的训练和系统集成做准备。

1. 活体检测模型训练数据集

在训练模型之前，应该准备一个活体检测模型训练数据集，包含真实人脸、视频攻击人脸、打印照片人脸。这里作为简单案例，只采集真实人脸和视频攻击人脸。该算法可以很容易地被扩展到其他类型的欺骗性人脸中，如高分辨率打印照片人脸，只需做相应的数据采集并加入训练集中即可。

为了构建活体检测模型训练数据集，使用 Intel 实感摄像头 D415（Intel® RealSense™ Camera D415，简称 D415）采集网络训练需要的 RGB 图像和深度图像。D415 的基础结构如图 8-6 所示。

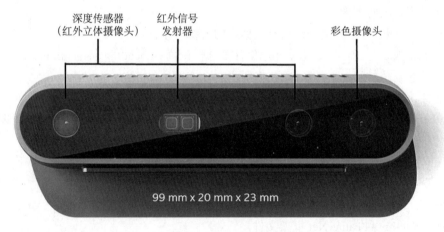

图 8-6 D415 的基础结构

D415 是 Intel 公司推出的基于双目立体视觉技术的深度摄像头，立体视觉由深度传感器（depth sensor）实现，它由左、右两个红外线（Infrared Ray，IR）传感器组成。红外信号发

⊖ Conda 相关文档：https://docs.conda.io/en/latest/。

射器（IR projector）发出不可见的静态红外图案，左、右红外线传感器从两个角度捕获红外图像数据并发送到视觉处理器，然后视觉处理器匹配左、右图像中的特征点，并借助左、右红外线传感器的物理位置关系来计算图像中每个像素的深度值，对像素深度值进行处理之后可生成深度帧，随后利用深度帧创建深度视频流。

本项目基于 Ubuntu 18.04 系统，在开始该活体检测项目实例之前，需要搭建项目运行的环境。本项目需要用到 DNN 模块的 Intel 推理引擎后端，所以需要安装 Intel OpenVINO SDK（具体安装过程参考 6.3.2 节），然后使用 conda 命令搭建虚拟环境并安装项目必要的 Python 库。

```
$ conda env create -f env.yml
```

部分库需要通过 pip 命令进行安装：

```
$ pip install -r requirements.txt
```

除此之外，还需要安装 Intel RealSense SDK for Linux 的 Python wrapper：pyrealsense2。具体安装步骤可参考官方文档⊖。

第 1 步：准备活体检测器训练数据集。数据集采集步骤如下。

1）连接 D415 摄像头，用于采集 RGB 图像和深度图像。

2）将摄像头对准真实人脸，采集真实人脸数据。

❑ 每隔一定的帧数对 RGB 图像应用人脸检测器。

❑ 通过获取到的 ROI 得到深度人脸，将其保存为 real_face_xx.jpg。

3）采集伪造人脸数据，手持伪造人脸（相同人像的视频），并将其对准 D415 摄像头。

❑ 每隔一定的帧数对 RGB 图像应用人脸检测器。

❑ 通过获取到的 ROI 得到深度人脸，将其保存为 fake_face_xx.jpg。

4）将以上步骤采集到的深度人脸图像保存在 dataset/ 目录下。

数据采集步骤流程图如图 8-7 所示。

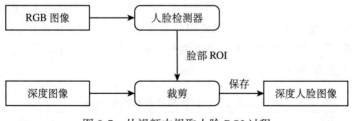

图 8-7　从视频中提取人脸 ROI 过程

⊖　https://github.com/IntelRealSense/librealsense/tree/master/wrappers/python。

第 2 步：基于以上的数据采集步骤编写程序，程序的最终目标是向两个目录中填充数据。

1）dataset/real/：包含真实人脸 ROI 的深度图像。

2）dataset/fake/：包含伪造人脸 ROI 的深度图像。

打开 gather_examples.py 文件并插入代码清单 8-1 所示代码，导入相关库并定义命令行参数列表。除了内置的 Python 模块，该脚本需要用到 OpenCV、NumPy 和 D415 摄像头要用到的 pyrealsense2。

代码清单 8-1　导入相关库并定义命令行参数列表

```
# 导入相关的包
import numpy as np
import argparse
import pyrealsense2 as rs
import cv2
import os
import time
# 定义命令行参数列表
ap=argparse.ArgumentParser()
ap.add_argument("-o", "--output", type=str, required=True,
                help="path to output directory of cropped faces")
ap.add_argument("-d", "--detector", type=str, required=True,
                help="path to OpenCV's deep learning face detector")
ap.add_argument("-c", "--confidence", type=float, default=0.5,
                help="minimum probability to filter weak detections")
ap.add_argument("-s", "--skip", type=int, default=16,
                help="# of frames to skip before applying face detection")
args=vars(ap.parse_args())
```

通过 args=vars(ap.parse_args()) 解析命令行参数。

❑ --output：存储每个裁剪出来的人脸图像的输出目录的路径。

❑ --detector：人脸检测器的路径。使用 OpenCV 的深度学习人脸检测器（https://www.pyimagesearch.com/2018/02/26/face-detection-with-opencv-and-deep-learning/）。

❑ --confidence：过滤弱人脸检测结果的最小概率。默认情况下，该值为 50%。

❑ --skip：不需要检测并存储每个图像（因为相邻的帧是相似的），相反会在两次人脸检测任务之间跳过 N 个帧。可以使用此参数修改默认的 N 值（16）。

加载人脸检测器、初始化 D415 深度摄像头，并为读取到的帧数及保存下来的帧数初始化两个变量，如代码清单 8-2 所示。

代码清单 8-2　加载模型并初始化摄像头

```
# 加载人脸检测器
print("[INFO] loading face detector...")
protoPath=os.path.sep.join([args["detector"], "deploy.prototxt.txt"])
modelPath=os.path.sep.join([args["detector"],
```

```
"res10_300x300_ssd_iter_140000.caffemodel"])
net=cv2.dnn.readNetFromCaffe(protoPath, modelPath)
# 打开 Intel RealSense Camera 并初始化
print("[INFO] Initialize Intel  RealSense camera...")
pipeline=rs.pipeline()
config=rs.config()
config.enable_stream(rs.stream.depth, 640, 480, rs.format.z16, 30)
config.enable_stream(rs.stream.color, 640, 480, rs.format.bgr8, 30)
# 设定深度图像 colormap
colorizer=rs.colorizer()
colorizer.set_option(rs.option.histogram_equalization_enabled, 1)
colorizer.set_option(rs.option.color_scheme, 2)
pipeline.start(config)
time.sleep(2.0)
# 初始化两个变量
read=0
saved=0
```

第 3 步：创建一个循环来处理这些帧，如代码清单 8-3 所示。

代码清单 8-3　循环处理帧图像

```
# 循环处理帧图像
while True:
    # 从 Camera 获取图像
    frames=pipeline.wait_for_frames()
    depth_frame=frames.get_depth_frame()
    color_frame=frames.get_color_frame()
    if not depth_frame or not color_frame:
        continue
    # 将图像转为 array
    color_image=np.asanyarray(color_frame.get_data())
    # 将深度图映射成 8 位灰白图
    depth_colormap=np.asanyarray(colorizer.colorize(depth_frame).get_
                data())
    # 获取帧维度并将其转换成 blob
    (h, w)=color_image.shape[:2]
    blob=cv2.dnn.blobFromImage(cv2.resize(color_image, (300, 300)), 1.0,
    (300, 300), (104.0, 177.0, 123.0))
    # 将 blob 输入网络中，获取预测结果
    net.setInput(blob)
    detections=net.forward()
    dis_list=[]
    # 已读帧数加 1
    read +=1
    # 是否跳过当前帧
    if read % args["skip"] !=0:
        continue
```

在代码清单 8-3 中，首先获取 RGB 图像和深度图像，将深度图像转换为灰度图像。

为了使用 DNN 模块进行人脸检测，需要将获取到的 RGB 图像转换成网络对象的输入（blob），然后向人脸检测器传递这个 blob。由于已经读取了一帧，因此增加 read 计数器的计数。如果需要跳过这个特定的帧，则不做任何操作而继续进入下一轮循环，继续检测人脸。

第 4 步：获取人脸图像。这里假设在视频的每一帧中只出现了一张人脸，只对检测到的置信度最高的对象进行处理，如果需要处理包含多个面孔的视频，则可以相应地调整逻辑，如代码清单 8-4 所示。

代码清单 8-4 获取置信度最高的对象

```
# 获取检测到的置信度最高的对象
if(len(detections)>0):
    i=np.argmax(detections[0, 0, :, 2])
    # 获取置信度
    confidence=detections[0, 0, i, 2]
```

接下来，在能够满足减少假正例所需要的最小阈值的基础性上，将弱测结果过滤掉并获取人脸 ROI 的坐标，并将提取到的人脸 Depth ROI 图像以文件名 "real/fake_face_ 图片编号 .jpg" 保存为样本图像文件，将其写入磁盘，同时增加 saved 人的数量，如代码清单 8-5 所示。

代码清单 8-5 获取满足阈值的人脸 Depth ROI 坐标并保存图像

```
# 判断置信度是否满足要求
if confidence > args["confidence"]:
    # 计算人脸检测框坐标得到人脸 ROI
    box = detections[0, 0, i, 3:7] * np.array([w, h, w, h])
    (startX, startY, endX, endY) = box.astype("int")
    # 确定检测框未超出帧大小
    startX = max(0, startX)
    startY = max(0, startY)
    endX = min(w, endX)
    endY = min(h, endY)
    # 提取人脸 ROI 并进行预处理
    face = depth_colormap[startY:endY, startX:endX]
    # 将图像存入磁盘（real face）
    # p = os.path.sep.join([args["output"],
    #    "real_face_{}.jpg".format(saved)])
    # 将图像存入磁盘（fake face）
    p = os.path.sep.join([args["output"],
    "fake_face_{}.jpg".format(saved)])
    cv2.rectangle(color_image, (startX, startY), (endX, endY),
            (0, 255, 0), 2)
    cv2.imwrite(p, face)
    saved += 1
    print("[INFO] saved {} to disk".format(p))
```

处理完成后，最后清空 OpenCV 的工作内存，见代码清单 8-6 所示。

代码清单 8-6　保存深度人脸图像

```
# 清理内存
vs.release()
cv2.destroyAllWindows()
```

打开终端并执行下面的命令，从而提取出伪造 / 欺骗性类别的人脸图像：

```
$ python gather_examples.py  -d models/fd  -o dataset/fake
[INFO] loading face detector…
[INFO] Initialize Intel  RealSense camera...
[INFO] saved datasets/fake/fake_face_0.jpg to disk
[INFO] saved datasets/fake/fake_face_1.jpg to disk
[INFO] saved datasets/fake/fake_face_2.jpg to disk
[INFO] saved datasets/fake/fake_face_3.jpg to disk
...
```

可以为获取真实类别的人脸图像进行类似的操作。

分别采集 1000 张伪造 / 欺骗性人脸图像样本、1000 张真实人脸图像样本，至此，用于人脸活体检测网络训练的数据集构建完成。

2. 人脸身份信息数据库

除了采集训练活体检测要用到的图像数据集，为了实现后续对实时检测的人脸进行身份验证，还需要先建立人脸身份信息数据库，即将待登记（register）的人物照片提取人脸 embedding 特征向量和对应人脸身份 name 标签并保存，用于后续人脸信息比对。首先将已有的以人物名字命名的人物信息图片放入 peoples/ 文件夹中，然后通过不同的人物图像构造人脸身份信息数据库。打开 register.py 文件插入相应代码。

首先引入需要的安装包，并定义命令行参数列表（代码清单 8-7），命令行参数的意义如下。

❑ --i：指定构造身份信息数据库的人物输入图像路径。

❑ --e：指定脸部 embedding 数据存储文件路径。

❑ --d：指定用于计算出人脸 ROI 的 OpenCV 的深度学习人脸检测器的路径。

❑ --m：设定用于计算出人脸 embedding 的 OpenCV 的深度学习人脸检测器的路径。

❑ --confidence：过滤掉较弱的检测结果的最小阈值概率。

代码清单 8-7　导入库并定义命令行参数列表

```
import numpy as np
import argparse
import pickle
import cv2
import os
```

```
# 定义命令行参数列表
ap=argparse.ArgumentParser()
ap.add_argument("-i", "--dataset", required=True,
                help="path to input directory of faces + images")
ap.add_argument("-e", "--embeddings", required=True,
                help="path to output serialized db of facial embeddings")
ap.add_argument("-d", "--detector", required=True,
                help="path to OpenCV's deep learning face detector")
ap.add_argument("-m", "--embedder", required=True,
                help="path to OpenCV's deep learning face embedding model")
ap.add_argument("-c", "--confidence", type=float, default=0.5,
                help="minimum probability to filter weak detections")
args=vars(ap.parse_args())
```

接下来加载人脸检测器和人脸身份验证器，并指定待登记的人脸图像路径，初始化 3 个变量：knownEmbeddings 和 knownNames 用于记录人脸身份信息，total 用于记录人脸的数量（见代码清单 8-8）。

代码清单 8-8　加载模型并初始化变量

```
# 加载人脸检测器
print("[INFO] loading face detector...")
protoPath=os.path.sep.join([args["detector"], "deploy.prototxt.txt"])
modelPath=os.path.sep.join([args["detector"],
    "res10_300x300_ssd_iter_140000.caffemodel"])
detector=cv2.dnn.readNetFromCaffe(protoPath, modelPath)
# 加载人脸身份验证器
print("[INFO] loading face recognizer...")
embedder=cv2.dnn.readNet(args["embedder"]+".bin", args["embedder"]+".xml")
embedder.setPreferableBackend(cv2.dnn.DNN_BACKEND_INFERENCE_ENGINE);
# 获取待登记人物图像路径
print("[INFO] the path of faces...")
imagePaths=list(paths.list_images(args["dataset"]))
# 初始化两个 list 存储 embedding 和对应的 name
knownEmbeddings=[]
knownNames=[]
# 初始化人脸个数
total=0
```

接下来将通过循环对所有待登记人脸图像进行处理，首先对图片的名称进行解析以获取对应的人脸 name 标签，然后读取该图片并进行预处理后将其输入人脸检测器中，如代码清单 8-9 所示。

代码清单 8-9　循环处理图像

```
# 循环处理图像
for (i, imagePath) in enumerate(imagePaths):
    # 从图像路径提取 name 标签
    print("[INFO] processing image {}/{}".format(i + 1,len(imagePaths)))
```

```
name=imagePath.split(os.path.sep)[-1].split("-")[0]
# 加载图像，调整（固定宽高比）并获取图像大小
image=cv2.imread(imagePath)
image=imutils.resize(image, width=600)
(h, w)=image.shape[:2]
# 将 image 转为适应网络输入的 blob
imageBlob=cv2.dnn.blobFromImage(
        cv2.resize(image, (300, 300)), 1.0, (300, 300),
        (104.0, 177.0, 123.0), swapRB=False, crop=False)
# 获取人脸检测结果
detector.setInput(imageBlob)
detections=detector.forward()
```

将检测到的置信度高的人脸提取出来，并将其调整到适应网络的大小，然后输入人脸身份识别模型中，得到人脸 embedding 特征向量。最后，将 embedding 和 name 进行打包、写入，写入完成后关闭文件。如代码清单 8-10 所示。

代码清单 8-10　解析人脸并保存特征向量和名字标签

```
# 确保检测到一张人脸
if len(detections) > 0:
    # 获取置信度最高的人脸 ROI 检测框（图像中只有一张脸）
    i=np.argmax(detections[0, 0, :, 2])
    confidence=detections[0, 0, i, 2]
    if confidence > args["confidence"]:
        # 计算人脸 ROI 检测框的坐标
        box=detections[0, 0, i, 3:7] * np.array([w, h, w, h])
        (startX, startY, endX, endY)=box.astype("int")
        # 提取人脸 ROI 和大小
        face=image[startY:endY, startX:endX]
        face=cv2.resize(face, (128, 128))
        face=face.transpose(2,0,1)
        face=np.expand_dims(face, axis=0)
        embedder.setInput(face)
        vec=embedder.forward()
        # 将提取的 embedding 和 name 放入 list 中
        knownNames.append(name)
        knownEmbeddings.append(vec.flatten())
        total +=1
        cv2.rectangle(image, (startX, startY), (endX, endY),
            (0, 255, 0), 2)
        cv2.imshow("image", image)
        cv2.waitKey(2000)
# 将所有的 embedding 和 name 存入磁盘
print("[INFO] serializing {} encodings...".format(total))
data={"embeddings": knownEmbeddings, "names": knownNames}
f=open(args["embeddings"], "wb")
f.write(pickle.dumps(data))
f.close()
```

在完成此代码文件后，打开终端并执行以下命令。

```
$ python register.py  -i peoples -d models/fd  -e embeddings/embeddings  -m
    models/fr/face-reidentification-retail-0095
[INFO] loading face detector...
[INFO] loading face recognizer...
[INFO] quantifying faces...
[INFO] processing image 1/2
[INFO] processing image 2/2
[INFO] serializing 2 encodings...
```

命令执行完成后，得到人脸身份信息数据库，保存在 embeddings/embeddings 文件中，之后在人脸身份验证阶段，将获取的人脸和数据库中的人脸进行比对，若检测到的人脸与数据库中的人脸不一致，则说明该人脸身份验证失败。

8.3.2　活体检测模型训练

通过准备真实 / 欺骗性人脸图像数据集，我们对 FeatherNet 的网络架构有所了解了，接下来开始训练 FeatherNet 模型用于后续实时活体检测。训练 FeatherNet 的处理流程如图 8-8 所示。

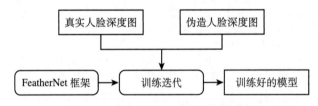

图 8-8　训练 FeatherNet 的处理流程

首先将数据集分为 3 部分，分别用于训练（40%）、验证（40%）和测试（20%），且将分好后的图片文件路径和标签分别写入脚本。

❑ real_data_train_list.txt/fake_data_train_list.txt：训练集图片列表。

❑ real_label_train_list.txt/fake_label_train_list.txt：训练集标签列表。

❑ real_data_val_list.txt/fake_data_val_list.txt：验证集图片列表。

❑ real_label_val_list.txt/fake_label_val_list.txt：验证集标签列表。

❑ real_data_test_list.txt/fake_data_test_list.txt：测试集图片列表。

❑ real_label_test_list.txt/fake_label_test_list.txt：测试集标签列表。

图片列表文件内容格式如下：

```
datasets/real/real_face_0.jpg
datasets/real/real_face_1.jpg
datasets/real/real_face_2.jpg
...
```

标签列表内容格式如下：

```
1
1
1
...
```

将下列代码加入 read_data.py，用于读取数据集图像：网络架构基于 PyTorch 搭建，先导入必要的 Python 库，包括 PIL、PyTorch 等，并指定数据集脚本路径（见代码清单 8-11）。

代码清单 8-11　导入库并初始化变量

```python
from PIL import Image
import numpy as np
import os
from torch.utils.data import Dataset
import math
import cv2
import torchvision
import torch
# 训练集路径
depth_dir_train_file=["datasets/real/real_data_train_list.txt",
                      "datasets/fake/fake_data_train_list.txt"]
label_dir_train_file=["datasets/real/real_labels_train_list.txt",
                      "datasets/fake/fake_labels_train_list.txt"]
# 验证集路径
depth_dir_val_file=["datasets/real/real_data_val_list.txt",
                    "datasets/fake/fake_data_val_list.txt"]
label_dir_val_file=["datasets/real/real_labels_val_list.txt",
                    "datasets/fake/fake_labels_val_list.txt"]
# 测试集路径
depth_dir_test_file=["datasets/real/real_data_test_list.txt",
                     "datasets/fake/fake_data_test_list.txt"]
label_dir_test_file=["datasets/real/real_labels_test_list.txt",
                     "datasets/fake/fake_labels_test_list.txt"]
```

接下来定义一个 Data 类用于处理数据集，并初始化，如代码清单 8-12 所示。

代码清单 8-12　定义数据处理类 Data

```python
class Data(Dataset):
def __init__(self, transform=None, phase_train=True, data_dir=None,
            phase_test=False):
        self.phase_train=phase_train
        self.phase_test=phase_test
        self.transform=transform
```

读取数据集脚本文件的内容，获取训练集、验证集、测试集图像文件路径，如代码清单

8-13 所示。

代码清单 8-13　读取数据集脚本

```
# 处理训练集
self.depth_dir_train=[]
self.label_dir_train=[]
for file_list in depth_dir_train_file:
    print('train file list: {}'.format(file_list))
    with open(file_list, 'r') as f:
        self.depth_dir_train +=f.read().splitlines()
  for file_list in label_dir_train_file:
    print('train label list: {}'.format(file_list))
    with open(file_list, 'r') as f:
        self.label_dir_train +=f.read().splitlines()
print('{} train files, {} train labels'.format(len(self.depth_dir_train),
    len(self.label_dir_train)))
# 处理验证集
self.depth_dir_val=[]
self.label_dir_val=[]
for file_list in depth_dir_val_file:
    with open(file_list, 'r') as f:
        self.depth_dir_val +=f.read().splitlines()
  for file_list in label_dir_val_file:
    with open(file_list, 'r') as f:
        self.label_dir_val +=f.read().splitlines()
print('{} val files, {} val labels'.format(len(self.depth_dir_val),
        len(self.label_dir_val)))
# 处理测试集
self.depth_dir_test=[]
self.label_dir_test=[]
if self.phase_test:
    for file_list in depth_dir_test_file:
        with open(file_list, 'r') as f:
            self.depth_dir_test +=f.read().splitlines()
    for file_list in label_dir_test_file:
        with open(file_list, 'r') as f:
            self.label_dir_test +=f.read().splitlines()
    print('{} test files, {} test labels'.format(len(self.depth_dir_test),
            len(self.label_dir_test)))
```

在 Data 类中定义两个函数：一个用于获取样本个数，另一个用于获取样本图像，如代码清单 8-14 所示。

代码清单 8-14　定义 __len__() 函数和 __getitem__() 函数

```
# 定义获取样本个数函数 __len__( )
def __len__(self):
    if self.phase_train:
        return len(self.depth_dir_train)
```

```
            else:
                if self.phase_test:
                    return len(self.depth_dir_test)
                else:
                    return len(self.depth_dir_val)
    # 定义获取样本图像函数 __getitem__()
    def __getitem__(self, idx):
        if self.phase_train:
            depth_dir=self.depth_dir_train
            label_dir=self.label_dir_train
            label=int(label_dir[idx])
            label=np.array(label)
        else:
            if self.phase_test:
                depth_dir=self.depth_dir_test
                label_dir=self.label_dir_test
                label=int(label_dir[idx])
                abel=np.array(label)
            else:
                depth_dir=self.depth_dir_val
                label_dir=self.label_dir_val
                label=int(label_dir[idx])
                label=np.array(label)
        depth=Image.open(depth_dir[idx])
        depth=depth.convert('RGB')
        # 获取数据集中的 depth 图像和对应 label
        if self.transform:
            depth=self.transform(depth)
        if self.phase_train:
            return depth,label
        else:
            return depth,label,depth_dir[idx]
```

至此，读取数据脚本 read_data.py 就完成了。由于篇幅有限，FeatherNet 框架模型文件 FeatherNet.py、模型配置文件 FeatherNet.yaml 和模型训练脚本 train_FeatherNet.py 请通过本书的配套资源链接下载，这里只针对模型训练脚本 train_FeatherNet.py 的部分重要代码展开介绍，如代码清单 8-15 所示。

代码清单 8-15　导入必要的库文件

```
1  import os
2  import cv2
3  import argparse
...
19 import train.models as models
20 from read_data import Data
```

第 1～20 行，导入必要的库文件，包括 yaml、pytorch、numpy、sklearn、pickle。

第 19～20 行（见代码清单 8-15）导入 train/model/FeatherNet.py 中的 FeatherNet 网络框架和 read_data.py 中定义的数据处理类 Data。

第 22～63 行（见代码清单 8-16）主要获取网络框架并定义命令行参数列表。

- ❏ --arch：指定模型框架。
- ❏ --config：指定模型配置文件路径。
- ❏ --j/--workers：指定数据加载 workers 数量。
- ❏ --epochs：设定训练的最大迭代（epoch）次数。
- ❏ --start-epoch：指定重新训练的迭代数。
- ❏ --random-seed：指定随机初始化的种子数。
- ❏ --gpus：指定使用的 GPU。
- ❏ --b：设定训练的批大小（batch size）。
- ❏ --lr：指定训练的初始学习率。
- ❏ --momentum：指定优化方法的动量值。
- ❏ --weight-decay：指定权重衰减速率。
- ❏ --print-freq：设定训练信息输出频率。
- ❏ --phase-test：设定是否进行测试。
- ❏ --val：设定验证（validate）模式。
- ❏ --normalization：指定是否对数据进行归一化。
- ❏ --centor-crop：指定是否对数据进行中心裁剪。
- ❏ --input-size：设定输入图像大小。
- ❏ --image-size：设定原始图像大小。
- ❏ --model_name：指定待训练模型。
- ❏ --every-decay：指定学习率 lr 衰减速率。
- ❏ --fl-gamma：指定损失函数（focal loss）的 gamma 值。

代码清单 8-16　定义命令行参数列表

```
22 model_names=sorted(name for name in models.__dict__
23                    if name.islower() and not name.startswith("__")
24                    and callable(models.__dict__[name]))
25
26 parser=argparse.ArgumentParser(description='PyTorch ImageNet Training')
27 parser.add_argument('--arch', '-a', metavar='ARCH', default='resnet18',
28                    choices=model_names,
29                    help='models architecture: ' +
30                    ' | '.join(model_names) +
31                    ' (default: resnet18)')
32 parser.add_argument('--config', default='cfgs/local_test.yaml')
# 考虑到代码逻辑的整体可读性，这里省略部分参数定义
64 parser.add_argument('--fl-gamma', default=3, type=int,
```

```
                    help='gamma for Focal Loss')
```

第 74～165 行定义了主函数 main()。其中第 90～96 行（见代码清单 8-17）加载了模型
配置文件 FeatherNet.yaml 中指定的 Feather 模型框架。

代码清单 8-17　创建模型

```
89      # 创建模型
90      if "model" in config.keys():
91          model=models.__dict__[args.arch](**config['model'])
92      else:
93          model=models.__dict__[args.arch]()
94          device=torch.device('cuda:' + str(args.gpus[0])
                                if torch.cuda.is_available() else "cpu")
95          str_input_size='1x3x224x224'
```

接下来定义损失函数和优化器（见代码清单 8-18），这里选择 Focal Loss 损失函数和
momentum 优化器。

代码清单 8-18　定义损失函数和优化器

```
103     # 定义损失函数和优化器
104     criterion=FocalLoss(device,2,gamma=args.fl_gamma)
105     optimizer=torch.optim.SGD(model.parameters(), args.lr,
                                momentum=args.momentum,
106                             weight_decay=args.weight_decay)
```

接下来加载数据集，并进行数据增广（见代码清单 8-19），以增加数据集数量，防止过
拟合。首先根据输入参数设定训练集和验证集数据增广规则。

代码清单 8-19　数据加载及数据增广

```
107     # 数据加载
108     normalize=transforms.Normalize(mean=[0.14300402, 0.1434545,
                0.14277956],std=[0.10050353, 0.100842826, 0.10034215])
109     img_size=args.input_size
110     ratio=224.0 / float(img_size)
111     train_trans=[transforms.RandomResizedCrop(img_size),  # 训练集数据增广
112                 transforms.RandomHorizontalFlip(),
113                 transforms.ToTensor()]
114     # 数据归一化
115     if args.normalization==True:
116       train_trans.append(normalize)
117
118     val_trans=[]
119     # 验证集数据增广
120     if args.center_crop==True:
121       val_trans.append(transforms.Resize(int(256 * ratio)))
122       val_trans.append(transforms.CenterCrop(img_size))
123     else:
```

```
124    val_trans.append(transforms.Resize((img_size, img_size)))
125    val_trans.append(transforms.ToTensor())
126 if args.normalization==True:
127    val_trans.append(normalize)
```

对训练、验证样本构造 train_loader 和 val_loader（见代码清单 8-20），定义两个 Data 类（train_dataset 和 val_dataset），并使用 PyTorch 的 DataLoader 加载样本数据。

代码清单 8-20　构造训练和验证变量

```
129 train_dataset=Data(transforms.Compose(train_trans), phase_train=True)
130 val_dataset=Data(transforms.Compose(val_trans), phase_train=False,
                      phase_test=args.phase_test)
131
132 train_sampler=None
133 val_sampler=None
134
135 train_loader=torch.utils.data.DataLoader(
136   train_dataset, batch_size=args.batch_size,
      shuffle=(train_sampler is None),
137   num_workers=args.workers, pin_memory=(train_sampler is None),
      sampler=train_sampler)
138
139 val_loader=torch.utils.data.DataLoader(val_dataset,
      batch_size=args.batch_size, shuffle=False,
140   num_workers=args.workers, pin_memory=False,sampler=val_sampler)
```

开始进行模型训练，每训练一个迭代进行一次模型评估，并保存当前最优精度和检查点（checkpoint）（见代码清单 8-21）。

代码清单 8-21　训练并保存检查点

```
146 print("[INFO] start training…")
147 for epoch in range(args.start_epoch, args.epochs):
148   adjust_learning_rate(optimizer, epoch)
149   # 训练一个 epoch
150   train(train_loader, model, criterion, optimizer, epoch)
151   # 模型评估
152   prec1=validate(val_loader, model, criterion,epoch)
153   # 保存最优精度 prec@1 和 checkpoint
154   is_best=prec1 > best_prec1
155   if is_best:
156      print('epoch: {} The best is {} last best is {}'.
               format(epoch,prec1,best_prec1))
157   best_prec1=max(prec1, best_prec1)
158   if not os.path.exists(args.save_path):
159      os.mkdir(args.save_path)
160   save_name='{}/{}_{}_{}_best.pth.tar'.format(args.save_path, time_
      stp, args.model_name, epoch)if is_best else'{}/{}_{}_{}.pth.tar'.
      format(args.save_path, time_stp, args.model_name, epoch)
```

```
161      save_checkpoint({
162      'epoch': epoch + 1,
163      'arch': args.arch,
164      'state_dict': model.state_dict(),
165      'best_prec1': best_prec1,
166      'optimizer': optimizer.state_dict(),
167      }, filename=save_name)
```

至此，train_FeatherNet.py 主要内容介绍完毕，其他部分可参考完整项目代码进行理解。
运行下列命令开始训练 FeatherNet 模型：

```
$ python3 train/train_FeatherNet.py --b 32 --lr 0.01  --every-decay 60
Epoch: [0][0/25]      lr:0.01000 Time 0.665 (0.665)  Loss 0.0896 (0.0896)
    Prec@1 46.875 (46.875)
Epoch: [0][10/25]     lr:0.01000 Time 0.077 (0.131)  Loss 0.0502 (0.0595)
    Prec@1 84.375 (75.852)
Epoch: [0][20/25]     lr:0.01000 Time 0.074 (0.104)  Loss 0.0183 (0.0496)
    Prec@1 93.750 (81.845)
Test: [0/25]     Time 0.152 (0.152)  Loss 0.8443 (0.8443)    Prec@1 0.000
    (0.000)
Test: [10/25]    Time 0.046 (0.056)  Loss 0.8446 (0.8436)    Prec@1 0.000
    (0.000)
Test: [20/25]    Time 0.057 (0.055)  Loss 0.0017 (0.4979)    Prec@1 100.000
    (41.071)
epoch: 0 The best is 49.936790466308594 last best is 0
Epoch: [1][0/25]      lr:0.01000 Time 0.218 (0.218)  Loss 0.0224 (0.0224)
    Prec@1 93.750 (93.750)
Epoch: [1][10/25]     lr:0.01000 Time 0.072 (0.085)  Loss 0.0257 (0.0296)
    Prec@1 96.875 (89.773)
Epoch: [1][20/25]     lr:0.01000 Time 0.076 (0.081)  Loss 0.0310 (0.0318)
    Prec@1 93.750 (90.774)
Test: [0/25]     Time 0.143 (0.143) Loss 0.1377 (0.1377)  Prec@1 21.875
    (21.875)
Test: [10/25]    Time 0.047 (0.055) Loss 0.1190 (0.1165)  Prec@1 31.250
    (34.091)
Test: [20/25]    Time 0.056 (0.054) Loss 0.0279 (0.0802) Prec@1 100.000
    (59.970)
epoch: 1 The best is 65.23388671875 last best is 49.936790466308594
......
Epoch: [100][0/25]    lr:0.00100 Time 0.169 (0.169)  Loss 0.0048 (0.0048)
    Prec@1 96.875 (96.875)
Epoch: [100][10/25]   lr:0.00100 Time 0.068 (0.079)  Loss 0.0054 (0.0030)
    Prec@1 100.000 (99.432)
Epoch: [100][20/25]   lr:0.00100 Time 0.078 (0.077)  Loss 0.0018 (0.0063)
    Prec@1 100.000 (98.661)
Test: [0/25]     Time 0.142 (0.142)  Loss 0.0000 (0.0000)    Prec@1 100.000
    (100.000)
Test: [10/25]    Time 0.043 (0.054)  Loss 0.0000 (0.0000)    Prec@1 100.000
    (100.000)
```

```
Test: [20/25]    Time 0.051 (0.054)  Loss 0.0002 (0.0011)      Prec@1 100.000
    (99.851)
```

可以看出，随着训练迭代次数（epoch）的增加，模型损失（loss）在降低，验证集精度（precision）在不断提高。直到训练模型精度满足要求，将训练好的模型导出（.t7 文件或者 .pth 文件），为了后面实时检测需要，最终会将 PyTorch 模型转换成支持 OpenVINO 的 IR 格式（即 .xml 文件和 .bin 文件）。限于篇幅，具体转换过程这里不展开介绍。

8.3.3　支付级人脸识别系统实现

准备工作完成以后，接下来需要做的是将以上内容整合起来，基于训练好的模型实现支付级人脸识别系统。

1）连接到 Intel RealSense D415 摄像头，获取 RGB 图像和深度视频图像。

2）使用人脸检测器对人脸区域进行检测，获取置信度较高的人脸 ROI。

3）对每一帧检测到的人脸 ROI 采用人脸身份验证器进行人脸身份验证并标注。

4）对每一个检测到的人脸应用训练好的活体检测模型，得到最终检测结果。

打开 face_anti_spoofing_demo.py 文件并插入下列代码：先导入需要的安装包，包括启动 D415 要用到的 pyrealsense2（见代码清单 8-22）。

接下来，定义命令行参数列表。

❏ --m：预训练好的用于活体检测的 FeatherNet 模型的路径。

❏ --em：预训练好的人脸身份识别器路径。

❏ --e：指定脸部 embedding 数据存储文件路径。

❏ --detector：用于计算出人脸 ROI 的 OpenCV 的深度学习人脸检测器的路径。

❏ --confidence：过滤掉较弱的检测结果的最小阈值概率。

代码清单 8-22　导入库并定义命令行参数列表

```
# 导入必要的库
import numpy as np
import argparse
import pickle
import cv2
import pyrealsense2 as rs
import os
import time
# 定义命令行参数列表
ap=argparse.ArgumentParser()
ap.add_argument("-m", "--model", type=str, required=True,
                help="path to trained FeatherNet model")
ap.add_argument("-em", "--embedder", type=str, required=True,
                help="path to recognizer")
ap.add_argument("-e", "--embeddings", required=True,
                help="path to serialized db of facial embeddings")
```

```
ap.add_argument("-d", "--detector", type=str, required=True,
                help="path to OpenCV's deep learning face detector")
ap.add_argument("-c", "--confidence", type=float, default=0.5,
                help="minimum probability to filter weak detections")
args=vars(ap.parse_args())
```

接下来，初始化人脸检测器、人脸身份验证器和活体检测器，同时指定各网络所使用的后端，如代码清单 8-23 所示。

代码清单 8-23　加载模型并初始化变量

```
# 加载人脸检测器
print("[INFO] loading face detector...")
protoPath=os.path.sep.join([args["detector"], "deploy.prototxt.txt"])
modelPath=os.path.sep.join([args["detector"],
"res10_300x300_ssd_iter_140000.caffemodel"])
net=cv2.dnn.readNetFromCaffe(protoPath, modelPath)
# net.setPreferableTarget(cv2.dnn.DNN_TARGET_MYRIAD);
# net.setPreferableTarget(cv2.dnn.DNN_TARGET_OPENCL);
# 加载人脸身份验证器
print("[INFO] loading face recognizer...")
embedder=cv2.dnn.readNet(args["embedder"]+".bin", args["embedder"]+".xml")
embedder.setPreferableBackend(cv2.dnn.DNN_BACKEND_INFERENCE_ENGINE);
# embedder.setPreferableTarget(cv2.dnn.DNN_TARGET_MYRIAD);
# embedder.setPreferableTarget(cv2.dnn.DNN_TARGET_OPENCL);
# 加载活体检测器
print("[INFO] loading liveness detector...")
model=cv2.dnn.readNet(args["model"]+".bin", args["model"]+".xml")
model.setPreferableBackend(cv2.dnn.DNN_BACKEND_INFERENCE_ENGINE);
# model.setPreferableTarget(cv2.dnn.DNN_TARGET_MYRIAD);
# model.setPreferableTarget(cv2.dnn.DNN_TARGET_OPENCL);
# 加载人脸身份信息数据库
data=pickle.loads(open(args["embeddings"], "rb").read())
```

这里用到的是 OpenCV DNN 模块中的推理引擎后端（cv2.dnn.DNN_BACKEND_INFERENCE_ENGINE），同时设定网络异构计算的不同处理目标设备，默认为 CPU。

❑ cv2.dnn.DNN_TARGET_MYRIAD：使用 Movidius Neural Compute Stick（VPU）。

❑ cv2.dnn.DNN_TARGET_OPENCL：使用 Intel GPU。

接下来，设定 Intel RealSense D415 摄像头配置参数与深度图像的颜色转换规则，并对深度图像和彩色图像进行对齐，开启摄像头，将摄像头预热 2s 后开始读取视频，如代码清单 8-24 所示。

代码清单 8-24　初始化 D415

```
# 初始化 D415 并预热
print("[INFO] Initialize Intel  Realsense camera...")
pipeline=rs.pipeline()
```

```
config=rs.config()
config.enable_stream(rs.stream.depth, 640, 480, rs.format.z16, 30)
config.enable_stream(rs.stream.color, 640, 480, rs.format.bgr8, 30)
colorizer=rs.colorizer()
colorizer.set_option(rs.option.histogram_equalization_enabled, 1)
colorizer.set_option(rs.option.color_scheme, 2)  # 设置颜主题
profile=pipeline.start(config)
time.sleep(2.0)
depth_sensor=profile.get_device().first_depth_sensor()
depth_scale=depth_sensor.get_depth_scale()
clipping_distance_in_meters=1 #1 meter
clipping_distance=clipping_distance_in_meters / depth_scale
align_to=rs.stream.color
align=rs.align(align_to)
```

下面开始循环输入视频帧来检测真实人脸和伪造 / 欺骗性人脸, 如代码清单 8-25 所示。

代码清单 8-25　循环处理视频流

```
# 循环处理视频流
while True:
    # 从 Camera 获取图像
    frames=pipeline.wait_for_frames()
    aligned_frames=align.process(frames)
    aligned_depth_frame=aligned_frames.get_depth_frame()
    color_frame=aligned_frames.get_color_frame()
    if not aligned_depth_frame or not color_frame:
        continue
    # 将彩色 RGB 图像转为 array
    color_image=np.asanyarray(color_frame.get_data())
    # 将对齐后的深度彩色图像转为深度灰度图像（8 位）
    depth_colormap=np.asanyarray(colorizer.colorize(aligned_depth_frame).
        get_data())
    # 获取帧维度并将其转换成 blob
    (h, w)=color_image.shape[:2]
    blob=cv2.dnn.blobFromImage(cv2.resize(color_image, (300, 300)), 1.0,
                            (300, 300), (104.0, 177.0, 123.0))
    # 将 blob 输入网络中, 获取预测结果
    net.setInput(blob)
    detections=net.forward()
dis_list=[] # embedding 相似度变量
display_image=color_image.copy()
```

在 while 循环代码块中, 首先进行人脸区域检测, 获取彩色 RGB 图像和深度图像, 将深度图像进行颜色变换转为灰度图像, 然后对其进行放缩, 通过人脸检测器, 获取人脸 ROI。

现在, 进入有趣的部分——使用 OpenCV 和深度学习进行人脸身份验证和活体检测。过滤掉较弱的检测结果, 抽取出人脸边界 box 的坐标, 并确保它们不会超出检测框的尺寸范

围，如代码清单 8-26 所示。

代码清单 8-26 循环处理检测到的人脸

```
# 循环处理检测到的人脸
for i in range(0, detections.shape[2]):
    # 获取置信度
    confidence=detections[0, 0, i, 2]
    # 滤去部分低置信度结果
    if confidence > args["confidence"]:
        # 计算人脸检测框坐标得到人脸 ROI
        box=detections[0, 0, i, 3:7] * np.array([w, h, w, h])
        (startX, startY, endX, endY)=box.astype("int")
        # 确定检测框未超出帧大小
        startX=max(0, startX)
        startY=max(0, startY)
        endX=min(w, endX)
        endY=min(h, endY)
```

抽取出人脸 RGB ROI，对图像进行预处理，包括尺寸调整、通道变换，然后将其输入人脸身份验证器中计算 embedding，将当前 embedding 存入变量 vec 中，如代码清单 8-27 所示。

代码清单 8-27 人脸身份验证

```
# 提取人脸 RGB ROI 并进行预处理
rgb_face=color_image[startY:endY, startX:endX]
rgb_faceBlob=cv2.resize(rgb_face, (128, 128))
rgb_faceBlob=rgb_faceBlob.transpose(2,0,1)
rgb_faceBlob=np.expand_dims(rgb_faceBlob, axis=0)
# 将 blob 输入人脸身份验证器中获取 embedding
embedder.setInput(rgb_faceBlob)
vec=embedder.forward()[0,:,0,0]
vec=np.array(vec)
```

将 vec 与现有人脸身份信息数据库中的 embedding 进行相似度比对，当 vec 和某个 embedding 的相似度低于设定的阈值时，则认为该人脸为其相似 embedding 所对应的人，在输出图像窗口输出当前 vec 的人物名字信息，如代码清单 8-28 所示。

代码清单 8-28 计算特征向量 embedding 之间的距离

```
# 计算 embedding 之间的相似度
for item in enumerate(data["embeddings"]):
    xy=np.dot(vec,item[1])
    xx=np.dot(vec,vec)
    yy=np.dot(item[1],item[1])
    norm=np.sqrt(xx) * np.sqrt(yy)
    dis=1.0 - xy/norm
    dis_list.append(dis)
```

```
j=np.argmin(dis_list)
# 获取人脸 name 标签并显示
if dis_list[j] < 0.5:
    name=data["names"][j]
    cv2.putText(display_image, name, (endX - 30, endY + 20),
            cv2.FONT_HERSHEY_SIMPLEX, 0.7, (0, 0, 255), 2)
dis_list.clear()
```

接下来进行活体检测，利用人脸边界 box 的坐标，抽取出人脸深度 ROI，并对图像进行预处理，使其适应 FeatherNet 输入大小，通过 FeatherNet 模型得到的输出向量的前两个数值得到最后检测结果，具体如代码清单 8-29 所示。

代码清单 8-29　活体检测

```
# 提取人脸 RGB ROI 并进行预处理
depth_face=depth_colormap[startY:endY, startX:endX]
depth_face=cv2.cvtColor(depth_face, cv2.COLOR_BGR2RGB);
depth_faceBlob=cv2.dnn.blobFromImage(cv2.resize(depth_colormap, (224,
            224)), 1.0/255)
# 将 blob 输入活体检测器中获取检测结果
model.setInput(depth_faceBlob)
preds=model.forward()[0,0:2]
k=np.argmax(preds)
```

最后根据检测结果，绘制一个包围人脸的 rectangle 和最后的 True/False 标签，如代码清单 8-30 所示。

代码清单 8-30　绘制活体检测结果

```
if k==1:
    cv2.putText(display_image, "True", (startX, startY - 10),
        cv2.FONT_HERSHEY_SIMPLEX, 0.7, (0, 255, 0), 2)
    cv2.rectangle(display_image, (startX, startY), (endX, endY),
        (0, 255, 0), 2)
if k==0:
    cv2.putText(display_image, "False", (startX, startY - 10),
            cv2.FONT_HERSHEY_SIMPLEX, 0.7, (0, 0, 255), 2)
    cv2.rectangle(display_image, (startX, startY), (endX, endY),
        (0, 0, 255), 2)
```

接下来，展示检测结果并清理内存，当按下 q（quit）键时，检测器就停止循环并关闭窗口，如代码清单 8-31 所示。

代码清单 8-31　显示带标签的图像

```
# 将带标签的图像显示在窗口中
cv2.imshow("result", display_image)
# 按 q 键退出程序
key=cv2.waitKey(1) & 0xFF
```

```
    if key==ord("q"):
        break
# 清空内存
cv2.destroyAllWindows()
```

接着，打开一个终端并执行以下命令：

```
$ python demo_n1.py -m models/fas/feathernetB -d models/fd -em models/fr/face-
    reidentification-retail-0095 -e embeddings/embeddings
[INFO] loading face detector...
[INFO] loading face recognizer...
[INFO] loading liveness detector...
[INFO] Initialize Intel Realsense camera...
```

检测结果如图 8-9 所示。

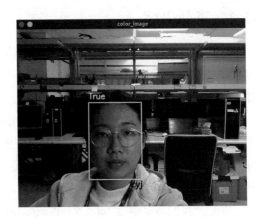

图 8-9　检测结果

通过图 8-9 可以看到，检测结果识别出了检测到的人脸，方框左上角为活体检测结果
（True：真人脸，False：假人脸），右下角为人脸身份验证结果（人脸 name 标签）。该程序
已实现了支付级人脸识别，成功地识别了人脸身份并将真实人脸和伪造人脸区分开。

提示 检测过程演示样例观看地址：https://v.youku.com/v_show/id_XNDM3NTg4NTE0MA==
.html?spm=a2hzp.8244740.0.0。

为了测试 CPU、GPU 和 VPU 对应用的加速效果，通过调整 setPreferableTarget 函数的
参数进行了对比。

❑ 设置 1：3 个网络都采用 cv2.dnn.DNN_TARGET_DEFAULT（CPU）。

❑ 设置 2：3 个网络都采用 cv2.dnn.DNN_TARGET_OPENCL（GPU）。

❑ 设置 3：3 个网络分别采用 cv2.dnn.DNN_TARGET_DEFAULT（CPU）、cv2.dnn.
DNN_TARGET_OPENCL（GPU）、cv2.dnn.DNN_TARGET_MYRIAD（VPU）。

　　测试环境为 Ubuntu 16.04 系统，采用 Intel 赛扬处理器（Celeron J3455）、Intel 高清图形显卡（HD Graphic 500）、4GB 内存（DDR3），并装载了 Intel Movidius 神经计算棒（Neural Compute Stick，NCS）。不同目标设备的单帧图像处理时间如表 8-1 所示。

表 8-1　不同目标设备的单帧图像处理时间

目标设备	设置 1	设置 2	设置 3
单帧图像处理时间（s）	0.13	0.03	0.09

　　可以看出，通过 GPU 和 VPU 进行加速，该实例的检测速度得到了明显提升。

8.4　本章小结

　　通过对本章的学习，读者可以掌握如何使用 OpenCV DNN 模块进行支付级人脸识别应用开发。通过对活体检测网络 FeatherNet 的介绍与训练过程的讲解，我们可以掌握如何通过活体检测器检测出伪造的人脸，并在自己的人脸识别系统中执行反人脸欺骗过程。

　　活体检测器的主要限制是因为数据集比较有限，只用了少数几个人脸数据进行训练。为了提高活体检测模型的鲁棒性，就需要收集更多样化的训练数据，具体地说，可以收集来自多个人的图像 / 视频帧数据，包括不同场合、不同肤色、不同人物的数据。

　　在整个项目的创建过程中，我们用到了 OpenCV、深度学习技术及 Python 语言。

　　首先，我们需要借助 Intel RealSense D415 收集自己的"真实 vs 伪造"人脸数据集。为了完成该任务，我们要做到：

　　1）分别获取真实人脸和伪造人脸的 RGB 和深度图像，构造网络训练图像数据集；

　　2）将人脸检测技术应用到数据集中，以构建最终的活体检测数据集。

　　在构建好数据集后，我们运用 PyTorch 实现了 FeatherNet 的完整训练过程。FeatherNet 是一个轻量级的基于 MobileNetV2 的卷积神经网络，该模型以其极高的准确度和非常少的参数量，实现了实时进行活体检测，该活体检测器在验证集上的准确率高达 99%。

　　接下来，为了进行身份信息验证，我们建立了人脸身份信息数据库用于实时检测时进行人脸数据对比。

　　最后，为了演示完整的支付级人脸识别工作流程，我们创建了一个 Python+OpenCV 的脚本，该脚本加载了 3 个主要网络框架：人脸区域检测、人脸身份识别和活体检测，分别运行在 CPU、GPU 和 VPU 上，搭建异构计算平台，实现了多计算设备协同，通过不同的目标设备对程序进行加速，缩短了单帧图像人脸的识别时间，实现了高效而精确的支付级人脸识别系统。

## 第 9 章

深度学习模块不同场景下的应用实践

深度学习理论的广泛研究促进了其在不同场景的应用。在计算机视觉领域，图像分类、目标检测、语义分割和视觉风格变换等基础任务的性能也因为采用了深度学习的方法而有了飞跃性的提升。本章将为读者梳理深度学习方法在这些基本应用场景的应用情况，并结合 OpenCV 深度学习模块的示例程序，从源代码和实际运行两个层面进行讲解。

9.1　图像分类

图像分类是计算机视觉领域的基础任务之一，在各种基于视觉的人工智能应用中，图像分类都扮演着重要的角色。例如，在智能机器人应用中，我们需要对所采集的视频中的每一帧进行主要物体的检测和分类，并以此作为进一步决策的基础。

近些年，图像分类与深度学习的飞速发展有着密不可分的关系。在 2012 年的 ILSVRC（ImageNet Large Scale Visual Recognition Competition，ImageNet 大规模视觉识别挑战赛）大赛上，AlexNet 横空出世，以压倒性优势战胜了传统图像分类算法而夺得冠军，开启了计算机视觉领域的深度学习革命。2015 年，ResNet 首次在图像分类准确度上战胜人类。2017 年，随着 SENet 的夺冠，最后一届 ILSVRC 大赛落下帷幕。下面为大家梳理一下历届 ILSVRC 大赛中出现的经典网络结构。

9.1.1　图像分类经典网络结构

自 2012 年 ILSVRC 大赛 AlexNet 夺冠以来，直至 2017 年最后一届 SENet 夺冠，所有冠军都被各种深度神经网络所摘得。历届 ILSVRC 大赛的经典网络结构及其特点如表 9-1 所示。

表 9-1 历届 ILSVRC 大赛的经典网络结构及其特点

年份	经典网络架构	主要特点	网络深度（层）	计算量（亿次浮点运算）
2012	AlexNet	首次在 CNN（卷积神经网络）中成功应用了 ReLU、Dropout 和 LRN 等优化技巧	8	7
2014	GoogLeNet（Inception-V1）	多尺寸卷积核 (1×1、3×3)，全局平均池化层代替全连接层	22	15
2014	VGG-19（亚军）	引入了 3×3 卷积核的堆叠结构，这种结构比直接 5×5 或 7×7 的卷积核效果更好	19	196
2015	ResNet-152	引入残差结构，使得网络更深的同时，不会出现训练误差增大的现象	152	113
2017	SENet-154	引入了特征图通道注意力机制（即 SE 模块），为各通道赋予不同权重	154	125

这些网络结构不仅可应用在图像分类中，而且可作为其他计算机视觉任务（如目标检测、语义分割和视觉风格变换）的骨干（backbone）网络，用来提取图像特征。因此，它们对整个计算机视觉技术的发展有着深远的影响。

下面我们摘录 OpenCV 官方 Wiki 上的 DNN 模块运行效率统计表⊖，看一下 AlexNet、GoogLeNet 和 ResNet-50 在 OpenCV DNN 模块中的运行效率。

测试系统软硬件配置如下。

❑ Linux Kernel 版本：Linux 4.8.0-34-generic x86_64。

❑ 编译器：GCC 5.4.0。

❑ CPU：Intel® Core™ i7-6700K CPU @ 4.00GHz × 8。

❑ GPU：Intel® HD Graphics 530（Skylake GT2）。

各软件组件的版本信息如表 9-2 所示。

表 9-2 各软件组件的版本信息

组件	使用 commit 号或版本号
OpenCV	https://github.com/opencv/opencv/commit/d3a124c820807e6f20f22075575731a53e6b5674
Intel-Caffe	https://github.com/intel/caffe/commit/f6a2a6b05defab4b637028ce4f7719cac340a86d
Halide	https://github.com/halide/Halide/commit/dac950a610ab01e9052541af34a150dc04e4fb93
LLVM/clang	4.0.1
MKL	Build date 2017.04.13

⊖ 参见 https://github.com/opencv/opencv/wiki/DNN-Efficiency。

CPU 实现的运行时间如表 9-3 所示，该时间取的是 50 次运行的中位数时间，中位数时间可以排除多次推理运算中某些过于异常的值对平均值的干扰。另外，所有网络模型都采用 32 位浮点数据格式进行计算。在神经网络的推理计算中，可以采用量化方法把 32 位浮点精度的模型参数降低到 16 位浮点精度以节省数据读取带宽提高运算效率，但是并不是所有算法都支持针对 16 位浮点精度的实现，为了便于比较，测试都采用 32 位浮点精度。

表 9-3　CPU 实现的运行时间　　　　　（单位：ms）

网络模型	DNN 模块 原生 C++ 实现	DNN 模块 Halide 后端（CPU 设备）	Intel-Caffe MKLDNN 加速
AlexNet	14.52	22.31	11.95
GoogLeNet	17.37	32.43	9.43
ResNet-50	40.01	76.13	22.75

GPU 实现的运行时间如表 9-4 所示。

表 9-4　GPU 实现的运行时间　　　　　（单位：ms）

网络模型	DNN 模块 OpenCL（2.0 版本）加速	DNN 模块 Halide 后端（GPU 设备）
AlexNet	15.81	48.45
GoogLeNet	20.59	89.53
ResNet-50	37.19	183 .67

从上面的数据可以看到，DNN 模块的 OpenCL 实现跟原生 C++ 实现性能相近，而 Intel-Caffe MKLDNN 的加速性能最好，原因是多方面的。首先 MKLDNN 是针对 Intel CPU 进行高度优化的神经网络计算库，能够充分发挥 Intel CPU 的性能。其次，该测试使用的 CPU 硬件性能比较强劲（8 核心，4.0GHz 运行频率），而集成的 GPU 是中低配置。最后，测试的 3 种网络模型的运算量不算太大，未能充分发挥 GPU 的并发特性。

接下来，我们以 GoogLeNet（Inception-v1）为例，详细讲解其网络结构和设计原理，然后结合 OpenCV 中的图像分类示例程序讲解 GoogLeNet 模型的实际使用。

9.1.2　GoogLeNet

GoogLeNet 自 2014 年提出以来，总共演进了 4 个版本，由于第 1 版是后续几个版本的基础，本节主要介绍 2014 年的第 1 版，即 GoogLeNet v1[一]。

　　GoogLeNet v1 是 2014 年 ILSVRC 大赛的冠军模型，它延续了自 LeNet 以来的典型卷积网络结构，即多个卷积层前后堆叠，然后通过全连接层输出最终的特征值。GoogLeNet 的结构如图 9-1 所示。

type	patch size/ stride	output size	depth	#1×1	#3×3 reduce	#3×3	#5×5 reduce	#5×5	pool proj	params	ops
convolution	7×7/2	112×112×64	1							2.7K	34M
max pool	3×3/2	56×56×64	0								
convolution	3×3/1	56×56×192	2		64	192				112K	360M
max pool	3×3/2	28×28×192	0								
inception (3a)		28×28×256	2	64	96	128	16	32	32	159K	128M
inception (3b)		28×28×480	2	128	128	192	32	96	64	380K	304M
max pool	3×3/2	14×14×480	0								
inception (4a)		14×14×512	2	192	96	208	16	48	64	364K	73M
inception (4b)		14×14×512	2	160	112	224	24	64	64	437K	88M
inception (4c)		14×14×512	2	128	128	256	24	64	64	463K	100M
inception (4d)		14×14×528	2	112	144	288	32	64	64	580K	119M
inception (4e)		14×14×832	2	256	160	320	32	128	128	840K	170M
max pool	3×3/2	7×7×832	0								
inception (5a)		7×7×832	2	256	160	320	32	128	128	1072K	54M
inception (5b)		7×7×1024	2	384	192	384	48	128	128	1388K	71M
avg pool	7×7/1	1×1×1024	0								
dropout (40%)		1×1×1024	0								
linear		1×1×1000	1							1000K	1M
softmax		1×1×1000	0								

图 9-1　GoogLeNet（Inception-v1）的结构

　　下面对图 9-1 中各列进行解释。type 列表示层或者模块的类型，其中 inception 代表一个 Inception 模块，GoogLeNet 中总共堆叠了 9 个 Inception 模块，convolution 表示卷积层，max pool 表示最大池化层，avg pool 表示平均池化层，dropout 代表随机裁剪操作，linear 是全连接层，softmax 表示最后对输出特征值进行 sotfmax 操作。patch size 列表示卷积核大小，stride 表示卷积运算的步进值。output size 列表示输出特征图的长、宽和通道数。Depth 列表示该层或者模块重复连接的次数。#1×1，#3×3，#5×5 列分别表示 Inception 模块中的 1×1，3×3，5×5 卷积核大小的卷积分支的输出通道数。pool proj 列表示池化投影的输出通道数。#3×3 reduce 和 #5×5 reduce 列表示 Inception 结构中 3×3 和 5×5 卷积核卷积之前的 1×1 卷积的输出通道数。params 列表示参数数目。ops 列表示运算量。Inception 模块是 GoogLeNet 的最大创新点，它的初衷是增加卷积核尺寸种类的同时降低训练参数数量，下面对 Inception v1 模块进行讲解，它的结构如图 9-1 所示。

　　Inception 模块使用 1×1 卷积对前层数据进行降维处理并分成多路，然后用 3×3，5×5

　　[一]　参见 GoogLeNet v1 论文 https://arxiv.org/abs/1409.4842。

卷积对降维后的分支进行卷积运算，同时将各个卷积结果和 3×3 最大池化的结果按通道进行连接。这种创新的结构使得网络参数大大降低的同时保留了很好的特征表达能力，达到了深度和参数数量的双赢。

为什么使用多种尺寸的卷积核有助于提高特征表达能力呢？我们以图 9-3 为例，最左边的狗占据了图的大部分，中间的狗占了图的一部分，而最右边的狗占了图的很小一部分。采用多种尺寸的卷积核可以学习到不同尺度的特征，使网络具有更好的特征适应性。

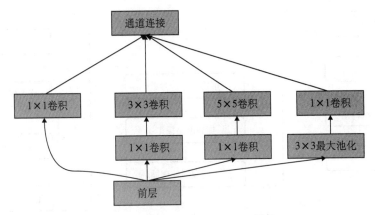

图 9-2　GoogLeNet Inception 模块

图 9-3　不同尺度的狗

接下来，我们结合 DNN 模块图像分类示例程序看一下图像分类应用的具体实现。

9.1.3　图像分类程序源码[⊖]分析

我们借助 OpenCV 的示例程序来介绍图像分类应用的主要步骤。OpenCV DNN 模块示

⊖　OpenCV 图像分类示例源码地址：https://github.com/opencv/opencv/blob/4.1.0/samples/dnn/classification.cpp。

例程序[一]囊括了各种不同应用场景，它们有着相似的代码结构和流程，如图 9-4 所示。各种示例应用源代码的区别主要体现在最后一步：推理结果的解析和可视化。本节将详细讲解代码的每个步骤，之后各节的源码分析将重点聚焦于应用特定的参数及推理结果的解析和可视化。

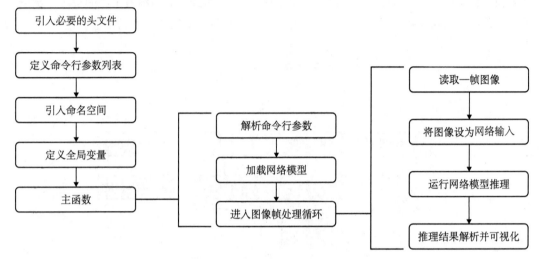

图 9-4　OpenCV DNN 模块示例程序流程图

下面分析图像分类示例程序源码。

首先引入必要的头文件，参见代码清单 9-1。其中，fstream 和 sstream 是 C++ 标准库头文件，用于文件读取和文本处理。dnn.hpp、imgproc.hpp、highgui.hpp 提供 OpenCV API 声明，common.hpp 提供了一些 DNN 示例程序通用的函数，例如，查找输入文件位置，从模型配置文件中读取默认的运行时参数等。

代码清单 9-1　引入必要的头文件

```
#include <fstream>
#include <sstream>
#include <opencv2/dnn.hpp>
#include <opencv2/imgproc.hpp>
#include <opencv2/highgui.hpp>
#include "common.hpp"
```

代码清单 9-2 定义了命令行参数，下面逐一讲解。

❑ @alias：模型别名。我们的例子用到的是 Caffe 格式的 GoogLeNet 模型，该参数应设成 googlenet。

❑ zoo：默认的模型配置文件路径。如果不设置该参数，则默认在当前目录搜索

---

models.yml 文件。结合 @alias 可以取得某个模型的默认运行时参数。

❑ input：图片或视频路径，默认从摄像头读取数据。

❑ framework：模型所属的深度学习框架。该参数无须设置，DNN 模块会自动推断。

❑ classes：类别文件路径。

❑ backend：推理后端，详见 2.5.2 节。

❑ target：运算设备，详见 2.5.1 节。

代码清单 9-2　命令行参数定义

```
std::string keys=
    "{ help  h | | Print help message. }"
    "{ @alias  | | An alias name of model to extract preprocessing
        parameters from models.yml file. }"
    "{ zoo  | models.yml | An optional path to file with preprocessing
        parameters }"
    "{ input i  | | Path to input image or video file. Skip this argument
        to capture frames from a camera.}"
    "{ framework f | | Optional name of an origin framework of the model.
        Detect it automatically if it does not set. }"
    "{ classes  | Optional path to a text file with names of classes. }"
    "{ backend  | 0 | Choose one of computation backends: "
                    "0: automatically (by default), "
                    "1: Halide language (http://halide-lang.org/), "
                    "2: Intel's Deep Learning Inference Engine (https://
                        software.intel.com/openvino-toolkit), "
                    "3: OpenCV implementation }"
    "{ target   | 0 | Choose one of target computation devices: "
                    "0: CPU target (by default), "
                    "1: OpenCL, "
                    "2: OpenCL fp16 (half-float precision), "
                    "3: VPU }";
```

接下来引用命名空间，参见代码清单 9-3。我们的代码用到了 cv 和 dnn 命名空间中的 API，通过显式声明命名空间，方便后续的 API 调用。

代码清单 9-3　声明命名空间及定义全局变量

```
using namespace cv;
using namespace dnn;
```

接下来定义用于存放类别名称的变量 classes：

```
std::vector<std::string> classes;
```

下面进入主函数。

首先，解析命令行参数，参见代码清单 9-4。

代码清单 9-4　主函数（解析命令行参数）

```
int main(int argc, char** argv)
{
    CommandLineParser parser(argc, argv, keys);
    const std::string modelName=parser.get<String>("@alias");
    const std::string zooFile=parser.get<String>("zoo");
    keys +=genPreprocArguments(modelName, zooFile);
    parser=CommandLineParser(argc, argv, keys);
    parser.about("Use this script to run classification deep learning
                 networks using OpenCV.");
    if (argc==1 || parser.has("help"))
    {
        parser.printMessage();
        return 0;
    }
    float scale=parser.get<float>("scale");
    Scalar mean=parser.get<Scalar>("mean");
    bool swapRB=parser.get<bool>("rgb");
    int inpWidth=parser.get<int>("width");
    int inpHeight=parser.get<int>("height");
    String model=findFile(parser.get<String>("model"));
    String config=findFile(parser.get<String>("config"));
    String framework=parser.get<String>("framework");
    int backendId=parser.get<int>("backend");
    int targetId=parser.get<int>("target");
```

如果命令行参数提供了类别文件路径，则解析类别文件并将类别名称存储到全局变量 classes，参见代码清单 9-5。

代码清单 9-5　主函数（类别文件解析）

```
if (parser.has("classes"))
{
    std::string file=parser.get<String>("classes");
    std::ifstream ifs(file.c_str());
    if (!ifs.is_open())
        CV_Error(Error::StsError, "File " + file + " not found");
    std::string line;
    while (std::getline(ifs, line))
    {
        classes.push_back(line);
    }
}
```

接下来进行异常情况检查，包括命令行参数异常，以及缺失模型文件异常，参见代码清单 9-6。

代码清单 9-6　主函数（异常情况检查）

```
if (!parser.check())
```

```
    {
        parser.printErrors();
        return 1;
    }
    CV_Assert(!model.empty());
```

加载网络模型，创建 DNN 模块网络对象，并设置加速后端和目标运算设备，参见代码
清单 9-7。

代码清单 9-7　主函数（初始化网络并创建显示窗口）

```
Net net=readNet(model, config, framework);
net.setPreferableBackend(backendId);
net.setPreferableTarget(targetId);
```

接下来，创建用于显示结果的窗口对象。代码如下：

```
static const std::string kWinName="Deep learning image classification in OpenCV";
namedWindow(kWinName, WINDOW_NORMAL);
```

然后，创建图像输入对象 cap，用于读取指定的图片、视频文件，参见代码清单 9-8。
如果没有指定图片或视频文件，则从摄像头读取视频帧。

代码清单 9-8　主函数（创建图像输入对象）

```
VideoCapture cap;
if (parser.has("input"))
    cap.open(parser.get<String>("input"));
else
    cap.open(0);
```

接下来进入图像处理循环，循环起始部分通过 cap 对象读取一帧图像，参见代码清单
9-9。

代码清单 9-9　图像处理循环（读取一帧图像）

```
Mat frame, blob;
while (waitKey(1) < 0)
{
    cap >> frame;
    if (frame.empty())
    {
        waitKey();
        break;
    }
```

然后调用 blobFromImage() 函数将读入的图像转换成网络模型的输入（blob），并设置
网络对象，参见代码清单 9-10。blobFromImage() 函数会对图像进行一系列的预处理，包
括调整大小、减均值、交换红蓝颜色通道等，最终返回一个一维数组（N、C、H、W）。其

中，N 代表批大小，实时应用中通常为 1，即一次处理一帧图像数据；C 代表图像通道数，一般为 3，即 R、G、B 三种颜色；H、W 分别代表图像的高度和宽度。

代码清单 9-10　图像处理循环（设置网络输入）

```
blobFromImage(frame, blob, scale, Size(inpWidth, inpHeight),
            mean, swapRB, false);
net.setInput(blob);
```

接下来运行网络模型推理，代码如下：

```
Mat prob=net.forward();
```

网络推理的输出数据对象 prob 包含 1000 个概率值，分别对应 1000 个图像类别。

至此，网络推理运算部分结束，接下来进行推理结果的解析和可视化，参见代码清单 9-11 和代码清单 9-12。

代码清单 9-11　图像处理循环（解析网络推理输出）

```
Point classIdPoint;
double confidence;
// 找到概率值最大的类别 id，该类别为图像所属分类
minMaxLoc(prob.reshape(1, 1), 0, &confidence, 0, &classIdPoint);
int classId=classIdPoint.x;
```

代码清单 9-12　图像处理循环（可视化推理结果）

```
// 获取网络推理运算耗时，并叠加到原始图像上
std::vector<double> layersTimes;
double freq=getTickFrequency() / 1000;
double t=net.getPerfProfile(layersTimes) / freq;
std::string label=format("Inference time: %.2f ms", t);
putText(frame, label, Point(0, 15), FONT_HERSHEY_SIMPLEX,
        0.5, Scalar(0, 255, 0));
// 将图像类别标签和概率值叠加到原始图像上
label=format("%s: %.4f", (classes.empty() ?
                            format("Class #%d", classId).c_str() :
                            classes[classId].c_str()),confidence);
putText(frame, label, Point(0, 40), FONT_HERSHEY_SIMPLEX,
        0.5, Scalar(0, 255, 0));
// 显示图像
imshow(kWinName, frame);
    }
    // 循环结束，退出主函数
    return 0;
}
```

9.1.4　图像分类程序运行结果

前面详细讲解了图像分类示例程序的源代码，现在我们使用一张图片和 Caffe 格式的 GoogLeNet 模型实际运行一下示例程序，看一下分类效果。在此之前，需要做一些准备工作。

1）编译示例程序。编译过程参见附录 A，唯一的区别在于在 cmake 配置阶段需要加入 -DBUILD_EXAMPLES=ON 参数，以此打开示例程序进行编译。编译好的示例程序可执行文件位于 $OpenCV 源代码根目录 /build/bin（假设编译目录为 build）。

2）下载 Caffe 格式的 GoogLeNet 网络模型文件，包括模型参数文件和网络结构文件。

① 模型参数文件 bvlc_googlenet.caffemodel 下载地址：http://dl.caffe.berkeleyvision.org/bvlc_googlenet.caffemodel。

② 网络结构文件 bvlc_googlenet.prototxt 下载地址：https://github.com/opencv/opencv_extra/blob/master/testdata/dnn/bvlc_googlenet.prototxt。

3）待分类的图片下载地址：https://docs.opencv.org/3.4/space_shuttle.jpg。

完成上述准备工作之后，进入 $OpenCV 源代码根目录 /build/bin/ 目录（假设编译目录是 build），将下载的模型文件和待分类图片复制到该目录，然后运行以下命令：

```
./example_dnn_classification --model=bvlc_googlenet.caffemodel
--config=bvlc_googlenet.prototxt
--classes=../../samples/data/dnn/classification_classes_ILSVRC2012.txt
--input=space_shuttle.jpg --zoo=../../samples/dnn/models.yml --@
alias=googlenet
```

图像分类结果如图 9-5 所示，可见模型推理给出的类别为 "space shuttle"，置信度为 99.99%，推理运算耗时 224.3ms。

图 9-5　图像分类结果

9.2　目标检测

目标检测是计算机视觉领域的一大研究方向。现实世界的很多图片通常包含不只一个物体，此时使用图像分类模型为图像分配一个单一标签其实是非常粗糙的，并不准确。对于这样的情况，就需要用到目标检测模型。目标检测模型可以识别一张图片的多个物体，并可以定位不同物体（给出边界框）。目标检测可用于很多场景，如辅助驾驶和安防系统。

传统目标检测算法通过精心设计的人工特征在输入图片上进行目标匹配，而基于深度学习的目标检测算法通过深度神经网络自动学习特征（下文中如果无特殊说明，"目标检测"指的是基于深度学习方法的目标检测）。从图像分类任务来看，深度神经网络学习到的特征比手工特征有更好的判别效果，因此，目前业界性能领先的目标检测算法都是基于深度神经网络架构的。神经网络在整个算法框架中称为主干（backbone），负责特征提取。一个完整的目标检测算法除了提取图像特征的主干之外，还必须辅以检测器算法，两者组成了完整的目标检测算法。常见的目检测算法有 Faster -R- CNN、YOLO 和 SSD，它们是奠基之作，后续算法都是在它们的基础上进行的更深入研究，以更好地提升检测速度并保持较高的准确度。本节以 SSD 算法为例详细讲解目标检测算法，然后结合 OpenCV 示例程序分析其代码过程。

9.2.1　SSD 算法解析

SSD 算法全称是 Single Shot MultiBox Detector，它不需要 Faster -R- CNN 网络中的 RPN（Region Proposal Network）来生成候选区域。因此，从输入图像开始，到最后输出结果，SSD 算法只需要一个网络，一气呵成，这称为端到端解决方案。SSD 算法很好地改善了检测速度，从而更能满足目标检测的实时性要求。SSD 有多种网络模型，如 SSD 300 和 SSD 500 等，分别表示支持的待检测图像的大小是 300×300 像素和 500×500 像素。SSD 300 网络的原理图如图 9-6 所示。其自上而下可分成 3 个组成部分：

❑ 特征提取层；

❑ SSD 特有网络；

❑ 结果整合层。

特征提取层采用 VGG16 网络作为主干（图 9-6 的 VGG-Based Part1 和 VGG-Based Part2），外加 4 个卷积模块（图 9-6 的卷积网络 6、卷积网络 7、卷积网络 8、卷积网络 9）。特征提取层总共输出了 6 种不同尺寸的特征图，尺寸分别为 38×38、19×19、10×10、5×5、3×3 和 1×1（单位是特征点），多尺寸特征图可以更有效地应对物体尺寸的多变性，提升检测精度。

SSD 特有网络接收特征提取层输出的多尺寸特征。如图 9-6 中的 SSD 特有网络包含 3 个部分：mbox_priorbox 生成网络、mbox_loc 生成网络和 mbox_conf_flattern 生成网络。mbox_priorbox 生成网络的作用是给出预定义的目标位置候选框。mbox_loc 生成网络的作用是计算出目标候选框的调整参数。mbox_conf_flattern 生成网络的作用是给出每个候选框图像的类别得分（又称为置信度，即属于某个类别的概率）。

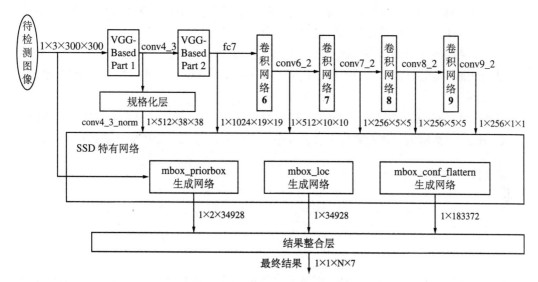

图 9-6　SSD 300 网络的原理图

结果整合层首先根据输入的目标位置候选框和候选框的调整参数计算得到所有候选框的准确位置，然后使用 NMS（Non-Max Suppress）算法，根据候选框的重叠情况和类别得分，最终给出本图像中的所有目标位置和目标类别。其输出维度是 $1 \times 1 \times N \times 7$，其中 N 就是最终输出的目标个数，每个目标对应 7 个数据，分别是 image_id（SSD 算法可同时处理多帧图像）、label（所属类别的标号）、confidence（置信度，介于 0～1）、以及表示目标框的坐标值（即 xmin、ymin、xmax 和 ymax，它们在特征提取层的 mbox_priorbox 生成网络中做过规格化处理，介于 0 和 1 之间）。

9.2.2　目标检测程序源码⊖分析

下面我们借助 OpenCV 的目标检测示例程序来介绍目标检测应用的主要步骤。这个示例程序是一个通用的目标检测程序，适应多种目标检测网络。这里我们以 MobileNet-SSD 网络模型为例进行讲解。MobileNet-SSD 采用 MobileNets⊜网络作为骨干网并采用 SSD（Single Shot Multibox Detector）方法作为检测器。MobileNets 是 Google 提出一种低延迟、轻量级的高效神经网络架构，同时是对基于 MobileNet 架构的一组网络模型（如 MobileNet-224、MobileNet-192）的统称。MobileNets 参数规模不大，能够达到实时目标检测的要求，非常适合在低功耗的移动端或者嵌入式设备中部署。下面开始目标检测示例程序

⊖　标检测示例程序源码：https://github.com/opencv/opencv/blob/4.1.0/samples/dnn/object_detection.cpp。

⊜　MobileNets 论文地址：https://arxiv.org/pdf/1704.04861.pdf。

的源码分析。

我们在 9.1.3 节提到过，OpenCV DNN 模块的示例程序有着相似的代码结构和流程，目标检测示例程序也不例外，参见图 9-4。我们忽略代码中的相同部分，重点讲解使用 MobileNet-SSD 模型进行目标检测所特有的部分。

目标检测跟其他示例程序相比，需要重点关注的命令行参数如下。

- @alias: 模型别名。我们的例子用到的是 Caffe 的 mobile-ssd 模型，该参数设成 ssd_caffe。
- thr：置信阈值。如果检测出的对象置信度大于该值，则予以显示。使用默认值即可。
- nms：算法阈值。该参数用来合并冗余的对象检测结果。使用默认值即可。

定义代码如下：

```
"{ @alias | | An alias name of model to extract preprocessing parameters from
    models.yml file. }"
"{ thr    | .5 | Confidence threshold. }"
"{ nms    | .4 | Non-maximum suppression threshold. }"
```

示例程序支持在显示界面中动态调整置信阈值。下面初始化置信阈值，在显示界面中创建一个用于动态调整置信阈值的滚动条并绑定回调函数 callback，参见代码清单 9-13。

代码清单 9-13　创建窗口并初始化置信阈值

```
int initialConf=(int)(confThreshold * 100);
createTrackbar("Confidence threshold, %", kWinName, &initialConf, 99,
               callback);
```

接下来设置网络输入，参见代码清单 9-14。如果采用 Faster-RCNN 或者 R-FCN 网络，则构造合适的输入数据并重新设置网络输入。

代码清单 9-14　设置网络输入

```
net.setInput(blob);
if (net.getLayer(0)->outputNameToIndex("im_info") !=-1)
// Faster-RCNN or R-FCN
{
    resize(frame, frame, inpSize);
    Mat imInfo=(Mat_<float>(1, 3) << inpSize.height, inpSize.width, 1.6f);
    net.setInput(imInfo, "im_info");
}
```

经过 MobileNet-SSD 网络模型的前向运算之后得到网络输出，然后调用 postprocess 函数进行结果解析和可视化。调用代码如下：

```
postprocess(frame, outs, net);
```

下面具体讲解 postprocess 函数的实现。postprocess 函数原型如下：

```
// 参数 frame 是原始输入图片，参数 outs 是网络输出，参数 net 是 DNN 模块网络对象
void postprocess(Mat& frame, const std::vector<Mat>& outs, Net& net)
```

首先获取输出层的 id，根据 id 获取第一个输出层的类型（一般来说，对象检测网络只有一个输出层，所以只需要取第一个输出层的类型），参见代码清单 9-15。

代码清单 9-15　获取输出层信息

```
static std::vector<int> outLayers=net.getUnconnectedOutLayers();
static std::string outLayerType=net.getLayer(outLayers[0])->type;
```

声明临时变量 classIds、confidences 和 boxes，分别用来存储合格检测结果的类型 id、置信度和对象框，参见代码清单 9-16。

代码清单 9-16　声明临时变量

```
std::vector<int> classIds;
std::vector<float> confidences;
std::vector<Rect> boxes;
```

接下来根据输出层的类型，进入不同的网络输出处理逻辑。我们的例子采用了 MobileNet-SSD 网络模型，它的输出层类型为 "DetectionOutput"，我们详细讲解这部分代码。首先，MobileNet-SSD 只有一个输出层，所以用断言来保护，然后获取输出数据指针，为后续数据处理做准备，参见代码清单 9-17。

代码清单 9-17　断言验证、获取输出数据指针

```
else if (outLayerType=="DetectionOutput")
{
    CV_Assert(outs.size()==1);
    float* data=(float*)outs[0].data; // 获取输出数据指针
```

MobileNet-SSD 模型的检测结果存储在一个 4 维数组中，数组的 4 个维度大小分别是 $[1,1,N,7]$。其中，N 表示检测出的对象数目，7 表示每个对象用一个含有 7 个元素的数组描述，7 个元素分别代表图片 id、类型 id、置信度、对象框左上角 x 坐标、对象框左上角 y 坐标、对象框右下角 x 坐标、对象框右下角 y 坐标。代码清单 9-18 用一个 for 循环将满足置信度要求的检测结果保存起来。

代码清单 9-18　解析检测结果

```
for (size_t i=0; i < outs[0].total(); i +=7)
{
        float confidence=data[i + 2]; // 取出检测结果的置信度
        if (confidence > confThreshold) // 判断置信度是否满足要求
```

```
        {
            // 取出对象框左上角顶点坐标和右下角顶点坐标
            int left=(int)data[i + 3];
            int top=(int)data[i + 4];
            int right=(int)data[i + 5];
            int bottom=(int)data[i + 6];
            // 计算对象框的宽和高
            int width=right - left + 1;
            int height=bottom - top + 1;
            // 存储类型 id。注意，"-1" 是为了和类型文件中的序号相匹配
            classIds.push_back((int)(data[i + 1]) - 1);
            // 存储对象框
            boxes.push_back(Rect(left, top, width, height));
            // 存储置信度
            confidences.push_back(confidence);
        }
    }
}
```

然后调用 NMSBoxes 函数进行去重处理，保证一个对象对应一个对象框，参见代码清单 9-19。

代码清单 9-19　对象框去重处理

```
std::vector<int> indices;
NMSBoxes(boxes, confidences, confThreshold, nmsThreshold, indices);
```

最后将去重后的检测结果绘制到原始图像上，参见代码清单 9-20。

代码清单 9-20　绘制检测结果

```
for (size_t i=0; i < indices.size(); ++i)
{
    int idx=indices[i];
    Rect box=boxes[idx];
    drawPred(classIds[idx], confidences[idx], box.x, box.y,
            box.x + box.width, box.y + box.height, frame);
}
```

至此，postprocess 函数结束，下面进入实际运行过程。

9.2.3　目标检测程序运行结果

前面梳理了目标检测程序的主要代码逻辑，现在我们来实际运行一下目标检测程序。准备工作如下。

1）编译示例程序（同 9.1.4 节，这里从略）。

2）下载 Caffe 格式的 MobileNet-SSD 网络模型文件，包括模型参数文件和网络结构文件。

① 模型参数文件 MobileNetSSD_deploy.caffemodel 下载地址：https://drive.google.com/open?id=0B3gersZ2cHIxRm5PMWRoTkdHdHc。

② 网络结构文件 MobileNetSSD_deploy.prototxt 下载地址：https://raw.githubusercontent.com/chuanqi305/MobileNet-SSD/daef68a6c2f5fbb8c88404266aa28180646d17e0/MobileNetSSD_deploy.prototxt。

3）输入图片下载地址：https://github.com/chuanqi305/MobileNet-SSD/blob/master/images/004545.jpg。

完成上述准备工作之后，进入 $OpenCV 源代码根目录 /build/bin/ 目录（假设编译目录是 build），将下载的模型文件和输入图片复制到该目录，然后运行以下命令：

```
./example_dnn_object_detection --model=MobileNetSSD_deploy.caffemodel
--config=MobileNetSSD_deploy.prototxt
--classes=../../samples/data/dnn/object_detection_classes_pascal_voc.txt
--input=004545.jpg --zoo=../../samples/dnn/models.yml --@alias=ssd_caffe
```

目标检测结果如图 9-7 所示。可见模型正确检测出了 4 个目标，分别是 car、dog、person 和 horse，总共耗时 15.16ms。

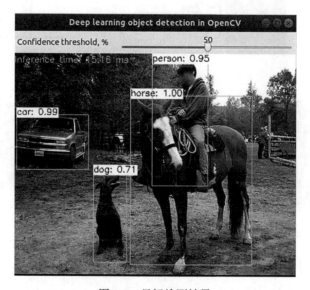

图 9-7　目标检测结果

9.3　语义分割

语义分割是计算机视觉领域的基本任务，描述了将图像的每个像素与类别标签相关联的过程，属于像素级别的分类问题。不同于检测和分类任务，语义分割需要精确的像素级标注，同时需要较高的分辨率，因此数据和计算资源是比较重要的问题。相比于传统方法，基于深度学习的语义分割方法虽然提升了精度，但面临着模型参数过多和前向推导时间过长等问题，因此，如何同时满足高精度与实时性的要求是研究的重点。目前语义分割的应用领域主要有自动驾驶、地理信息识别、医疗影像分析、机器人技术等。

基于深度学习的语义分割常用方法有 FCN、UNet、SegNet、DeepLab、ENet、PSPNet 和 ICNet 等，评价指标主要包括像素精度、平均交并比和预测速度。这里主要以 FCN 为例介绍语义分割。

9.3.1 FCN 模型

卷积网络在特征分层领域是非常强大的视觉模型。FCN 的核心观点是建立全卷积网络。FCN 网络架构如图 9-8 所示。其实现原理如下：输入任意尺寸，经过有效的推理和学习产生相应尺寸的输出；然后定义了一个跳跃式架构，结合来自深、粗层的语义信息和来自浅、细层的表征信息来产生准确和精细的分割。

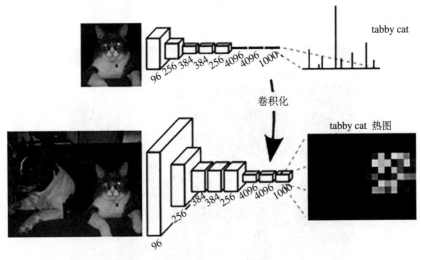

图 9-8　FCN 网络架构

一般的卷积神经网络使用池化层来压缩输出图片，而我们需要得到的是跟原图一样大小的分割图，因此需要对最后一层进行上采样（反卷积，deconvolution）。直接将全卷积后的结果上采样后得到的结果很粗糙，所以 FCN 将不同池化层的结果进行上采样，结合这些结果来优化输出。pool4 后面添加 1×1 卷积，产生附加的类别预测，将输出和在 fc7 经过两倍上采样后的预测结果相融合，最后用 stride=16 的上采样将预测变为原图像大小，这种网结构称为 FCN-16s。继续融合 pool3 即可建立 FCN-8s 网络，实验表明，采用这种跳跃结构（见图 9-15）进行特征融合后，网络的性能显著提升。

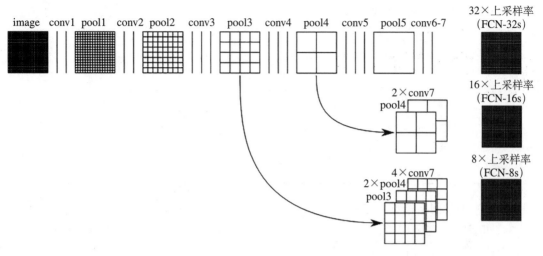

图 9-9　跳跃式特征融合架构

9.3.2　语义分割程序源码分析

我们在 9.1.3 节提到过，OpenCV DNN 模块的示例程序有着相似的代码结构和流程，语义分割示例程序也不例外，参见图 9-4。我们将忽略代码中的相同部分，重点讲解使用 FCN-8s 网络模型进行语义分割所特有的部分。

与其他示例程序相比，语义分割示例程序需要重点关注的命令行参数有如下两个。

❑ @alias：模型别名。我们的例子用到的是 Caffe 的 fcn8s 模型，该参数设成 fcn8s。

❑ colors：颜色文件路径。该文件描述了每种对象类型所对应的 RGB 颜色值。

它们的定义代码如下：

```
"{ @alias    |  | An alias name of model to extract preprocessing parameters
  from models.yml file. }"
"{ colors    |  | Optional path to a text file with colors for an every class."
           "An every color is represented with three values from 0 to
    255 in BGR channels order. }"
```

为了给不同类型的分割区标上不同的颜色，需要事先从颜色值文件中读入各语义类别对应的颜色值，并存入全局变量 colors，参见代码清单 9-21。

代码清单 9-21　初始化颜色值

```
if (parser.has("colors"))
{
    std::string file=parser.get<String>("colors");
    std::ifstream ifs(file.c_str());
```

⊖　源码地址 https://github.com/opencv/opencv/blob/4.1.0/samples/dnn/segmentation.cpp。

```
    if (!ifs.is_open())
        CV_Error(Error::StsError, "File " + file + " not found");
    std::string line;
    while (std::getline(ifs, line))
    {
        std::istringstream colorStr(line.c_str());
        Vec3b color;
        for (int i=0; i < 3 && !colorStr.eof(); ++i)
            colorStr >> color[i];
        colors.push_back(color);
    }
}
```

接下来加载网络模型，设置网络输入，运行网络模型推理，获取推理结果，这几步跟
9.1.3 节相关部分完全相同，这里从略。得到推理结果之后需要对其进行解析，并将解析结
果转换成分割图，最后将分割图叠加到原图，参见代码清单 9-22。

代码清单 9-22　将语义分割结果叠加到原图

```
Mat segm;
colorizeSegmentation(score, segm); // 解析网络结果 (score)，得到分割图 (segm)
resize(segm, segm, frame.size(), 0, 0, INTER_NEAREST);
addWeighted(frame, 0.1, segm, 0.9, 0.0, frame); // 将分割图叠加到原图
```

这里起主要作用的是 colorizeSegmentation() 函数，它根据网络推理结果得到分割图，
每一类别对应分割图上的不同颜色区域。colorizeSegmentation() 函数原型如下：

```
// 参数 1 是网络推理得到的最终输出值，参数 2 是分割图
void colorizeSegmentation(const Mat &score, Mat &segm)
```

下面对 colorizeSegmentation() 函数的实现代码进行解读。

首先获取网络输出张量的各维度大小。语义分割网络的输出张量是一个大小为类别数 ×
特征图高 × 特征图宽的 3 维数组，该数组给出了被分割图像中每个像素点属于每个可能类
别的概率值。代码清单 9-23 用于获取特征图高、宽及类别数，为后续构造分割图做准备。

代码清单 9-23　获取网络输出张量的各维度大小

```
const int rows=score.size[2]; // 特征图高
const int cols=score.size[3]; // 特征图宽
const int chns=score.size[1]; // 类别数
```

接下来，如果用户没有提供类别对应的颜色值，则生成默认的颜色值，参见代码清单
9-24。

代码清单 9-24　生成默认颜色值

```
if (colors.empty())
```

```
{
    // Generate colors.
    colors.push_back(Vec3b());
    for (int i=1; i < chns; ++i)
    {
        Vec3b color;
        for (int j=0; j < 3; ++j)
            color[j]=(colors[i - 1][j] + rand() % 256) / 2;
        colors.push_back(color);
    }
}
```

接下来，检查颜色值数量和类别数量是否一致，如果不一致则报错，参见代码清单 9-25。

代码清单 9-25　检查颜色值数量

```
else if (chns !=(int)colors.size())
{
    CV_Error(Error::StsError, format("Number of output classes does not
        match " "number of colors (%d !=%zu)", chns, colors.size()));
}
```

以上准备工作结束之后，开始遍历每一个通道的特征图（这里一个通道对应一个类别），计算出每个像素点的最大分数值，并将最大分数值保存至 ptrMaxVal，将最大分数值对应的通道数（也就是类别数）保存至 ptrMaxCl，参见代码清单 9-26。

代码清单 9-26　遍历特征图

```
Mat maxCl=Mat::zeros(rows, cols, CV_8UC1);
Mat maxVal(rows, cols, CV_32FC1, score.data);
for (int ch=1; ch < chns; ch++)
{
    for (int row=0; row < rows; row++)
    {
        const float *ptrScore=score.ptr<float>(0, ch, row);
        uint8_t *ptrMaxCl=maxCl.ptr<uint8_t>(row);
        float *ptrMaxVal=maxVal.ptr<float>(row);
        for (int col=0; col < cols; col++)
        {
            if (ptrScore[col] > ptrMaxVal[col])
            {
                ptrMaxVal[col]=ptrScore[col];
                ptrMaxCl[col]=(uchar)ch;
            }
        }
    }
}
```

有了 ptrMaxVal 和 ptrMaxCl，就可以开始创建分割结果图了，参见代码清单 9-27。

代码清单 9-27　创建分割结果图

```
segm.create(rows, cols, CV_8UC3);
for (int row=0; row < rows; row++)
{
    const uchar *ptrMaxCl=maxCl.ptr<uchar>(row);
    Vec3b *ptrSegm=segm.ptr<Vec3b>(row);
    for (int col=0; col < cols; col++)
    {
        ptrSegm[col]=colors[ptrMaxCl[col]]; // 设置像素对应的颜色值
    }
}
}
```

至此，ColorizeSegmentation() 结束，我们得到了分割图 segm。因为最终的分割结果由不同颜色的区域来呈现，为了直观地显示每种分割的类别，还需要将不同颜色跟类别名称对应起来，showLegend() 函数就是起这个作用，参见代码清单 9-28。

代码清单 9-28　绘制类别与颜色映射图

```
void showLegend()
{
    static const int kBlockHeight=30;
    static Mat legend; // 映射图
    if (legend.empty())
    {
        const int numClasses=(int)classes.size();
        if ((int)colors.size() !=numClasses) // 检验颜色数量
        {
            CV_Error(Error::StsError, format("Number of output classes does
                    not match "  "number of labels (%zu !=%zu)", colors.
                    size(), classes.size())));
        }
        legend.create(kBlockHeight*numClasses, 200, CV_8UC3);// 为映射图分配
                    // 空间
        for (int i=0; i < numClasses; i++) // 为每个类别（颜色）分配一个色块
        {
            Mat block=legend.rowRange(i * kBlockHeight, (i + 1) *
                    kBlockHeight);
            block.setTo(colors[i]); // 设置色块颜色值
            putText(block, classes[i], Point(0, kBlockHeight / 2), FONT_
                    HERSHEY_SIMPLEX, 0.5, Vec3b(255, 255, 255)); // 为色块叠
                    // 加类别标签
        }
        namedWindow("Legend", WINDOW_NORMAL); // 创建窗口显示映射图
```

```
        imshow("Legend", legend); // 显示映射图
    }
}
```

9.3.3　语义分割程序运行结果

前面梳理了语义分割程序的主要代码逻辑，现在我们来实际运行一下语义分割程序。准备工作如下。

1）编译示例程序（同 9.1.4 节，这里从略）。

2）下载 Caffe 格式的 FCN-8s 网络模型文件，包括模型参数文件和网络结构文件。

① 模型参数文件下载地址：http://dl.caffe.berkeleyvision.org/fcn8s-heavy-pascal.caffemodel。

② 网络结构文件下载地址：https://github.com/opencv/opencv_extra/blob/master/testdata/dnn/fcn8s-heavy-pascal.prototxt。

3）输入图片下载地址：https://github.com/shelhamer/fcn.berkeleyvision.org/blob/master/demo/image.jpg。

4）为类别文件加入背景（background）类别。由于 OpenCV 自带的 pascal_voc 类别文件总类别数为 20（不包含背景类别），而 FCN-8s 网络模型输出的通道数（类别）为 21（包含背景类别），因此代码清单 9-28 会在 "检验颜色数量" 那一步失败退出（颜色数量等于 FCN-8s 网络模型输出的类别数量）。解决办法是把 background 字符加到类别文件 $OpenCV 源代码根目录 /samples/data/dnn/object_detection_classes_pascal_voc.txt 的第一行。

完成上述准备工作之后，进入 $OpenCV 源代码根目录 /build/bin/ 目录（假设编译目录是 build），将下载的模型文件和输入图片复制到该目录，然后运行以下命令：

```
./example_dnn_segmentation --model=fcn8s-heavy-pascal.caffemodel
--config=fcn8s-heavy-pascal.prototxt
--classes=../../samples/data/dnn/object_detection_classes_pascal_voc.txt
--input=image.jpg --zoo=../../samples/dnn/models.yml --@alias=fcn8s
```

图 9-10a 是原图，经语义分割网络运算得到叠加了分割图的结果（见图 9-10b），耗时 1483.73ms。

语义类型和颜色映射关系如图 9-11 所示。由于黑白印刷的原因，读者从图中难以区分颜色差异，建议读者按照上述步骤实际运行一下，从真实输出中查看结果。

a）原图　　　　　　b）叠加效果

图 9-10　语义分割示例程序输入 / 输出对比图

图 9-11　语义类型和颜色映射关系

9.4　视觉风格变换

我们知道人工智能可以通过学习某个绘画大师（如毕加索或者梵高）的作品，把普通用户拍摄的照片变换成这种风格，现在很多美图软件都具有这个功能，但通常情况下由于处理时间较长，还无法达到实时的效果，难以实现实时视频的风格变换。OpenCV DNN 在这方面更进一步，做了大量的优化工作，使得处理速度有了很大的提升，可以基于 Intel GPU 实现实时的视觉风格变换。

9.4.1　视觉风格变换模型

OpenCV DNN 使用的视觉风格变换模型来自斯坦福大学的研究成果[⊖]，他们公开的模型

　㊀　视觉风格变换模型相关论文：https://arxiv.org/pdf/1603.08155.pdf。

是基于 Torch 框架训练出来的，包含了多种变换风格。下面我们简单介绍一下他们的模型。

视觉风格变换模型的网络结构如图 9-12 所示。该模型主要包括一个图像转换网络和一个损失网络。图像转换网络是一个深度残差网络，对输入图像 input 进行风格变换，并将其映射成输出图像 output。该部分包括 3 个下采样卷积 block、5 个残差模块、3 个上采样卷积 block，通过下采样再上采样的过程，一可以降低计算的复杂度，二可以增加感受野的大小，最后接上 1 个 tanh 层，将输出值约束到 [0,255] 之间，生成输出图像。

损失网络定义了两个感知损失函数，用来衡量两张图片之间高级的感知及语义差别，这里需要用到一个预训练好的 VGG 网络。特征损失通过 VGG 计算得到的高级特征得到，该损失的目的是让图像转换网络的输出能尽可能地接近目标图像。风格损失"惩罚"了输出图像在颜色、纹理、模式等方面与目标图像的不同，该损失可通过一个梯度矩阵来描述特征之间的相关性，甚至当输出图像和目标图像尺寸不同时，也可通过梯度矩阵将二者调至相同形状。

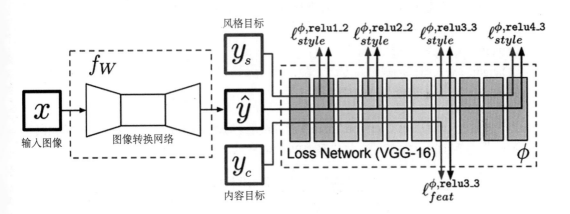

图 9-12　视觉风格变换模型的网络结构

9.4.2　视觉风格变换程序源码[一]分析

下面通过 OpenCV 示例程序介绍一下如何通过 OpenCV DNN 模块进行视觉风格变换。这里采用由 Python 语言编写的代码。

首先导入必要库并初始化参数，如代码清单 9-29 所示。

代码清单 9-29　导入必要库并初始化参数

```
from __future__ import print_function
import cv2 as cv
import numpy as np
```

[一]　源码地址：https://github.com/opencv/opencv/blob/4.1.0/samples/dnn/fast_neural_style.py。

```
import argparse

parser=argparse.ArgumentParser(
        description='This script is used to run style transfer models from'
                    'https://github.com/jcjohnson/fast-neural-style using'
                    'OpenCV')
parser.add_argument('--input', help='Path to image or video. Skip to capture'
                    'frames from camera')
parser.add_argument('--model', help='Path to .t7 model')
parser.add_argument('--width', default=-1, type=int, help='Resize input to'
                    'specific width.')
parser.add_argument('--height', default=-1, type=int, help='Resize input to'
                    'specific height.')
parser.add_argument('--median_filter', default=0, type=int, help='Kernel'
                    'size of postprocessing blurring.')
args=parser.parse_args()
```

程序执行命令行只需输入下列 5 个参数。

❑ input：图片或视频路径，不设置则从摄像头读取数据。

❑ model：预训练好的模型路径。

❑ width：输入图像的规定宽度。

❑ height：输入图像的规定高度。

❑ median_filter：模糊处理的核大小。

接下来通过 cv.dnn.readNetFromTorch() 函数读取训练好的 Torch 模型文件，初始化网络对象 net，并选用 OpenCV 后端，如代码清单 9-30 所示。

代码清单 9-30　初始化网络

```
net=cv.dnn.readNetFromTorch(cv.samples.findFile(args.model))
net.setPreferableBackend(cv.dnn.DNN_BACKEND_OPENCV);
```

下一步设置图像输入设备，根据 input 参数选择可用输入设备或者输入路径，如代码清单 9-31 所示。

代码清单 9-31　初始化图像输入设备

```
if args.input:
    cap=cv.VideoCapture(args.input)
else:
    cap=cv.VideoCapture(0)
// 设置显示窗口
cv.namedWindow('Styled image', cv.WINDOW_NORMAL)
```

下面进入程序关键步骤，即循环处理输入设备读到的帧图像，读取图片并将其转换成网络输入，如代码清单 9-32 所示。

代码清单 9-32　循环处理帧

```
while cv.waitKey(1) < 0:
    hasFrame, frame=cap.read()
    if not hasFrame:
        cv.waitKey()
        break
    inWidth=args.width if args.width !=-1 else frame.shape[1]
    inHeight=args.height if args.height !=-1 else frame.shape[0]
    inp=cv.dnn.blobFromImage(frame, 1.0, (inWidth, inHeight),
                    (103.939, 116.779, 123.68), swapRB=False, crop=False)
```

将转换后的待输入对象 inp 设置为网络输入，开始进行网络推理运算，如代码清单 9-33 所示。

代码清单 9-33　进行网络推理

```
net.setInput(inp)
out=net.forward()
```

接下来绘制运行结果，参见代码清单 9-34。为了使最终转换后的图像更接近原始图像，将输出结果加上 RGB 通道均值并将 RGB 结果限制在 0～255。

代码清单 9-34　绘制运行结果

```
out=out.reshape(3, out.shape[2], out.shape[3])
out[0] +=103.939
out[1] +=116.779
out[2] +=123.68
out /=255
out=out.transpose(1, 2, 0)
// 计算运行时间
t, _=net.getPerfProfile()
freq=cv.getTickFrequency() / 1000
print(t / freq, 'ms')
// 根据参数选择是否对图像进行均值模糊处理
if args.median_filter:
    out=cv.medianBlur(out, args.median_filter)
// 显示风格变换的图像
cv.imshow('Styled image', out)
```

9.4.3　视觉风格变换程序运行结果

前面梳理了视觉风格变换程序的主要代码逻辑，现在我们来实际运行一下。准备工作如下。

1）下载网络模型，这里我们采用梵高画作《星空》的风格模型，下载地址：https://cs.stanford.edu/people/jcjohns/fast-neural-style/models/eccv16/starry_night.t7。

2）下载输入图像：https://github.com/jcjohnson/fast-neural-style/raw/master/images/content/chicago.jpg。

完成上述准备工作之后，进入 $OpenCV 源代码根目录 /samples/dnn 目录，将下载的模型文件和输入图片复制到该目录，然后运行以下命令：

```
python fast_neural_style.py --model starry_night.t7 -input chicago.jpg
```

图 9-13 是原图，图 9-14 是经过风格变换后的效果图。可以看出，在不改变原图基本结构的情况下，图片整体呈现出了梵高画作《星空》的风格。

图 9-13　原图

图 9-14　经梵高《星空》风格变换后效果

9.5 本章小结

本章介绍了深度学习视觉应用的几个典型场景，包括图像分类、目标检测、语义分割、风格变换。每个应用场景都从基本任务的分析开始，进入对应的典型深度学习网络架构分析，然后给出应用的实现步骤和结果分析。通过对本章的学习，读者可以使用 OpenCV 深度学习模块快速切入深度学习视觉应用开发；更进一步，通过对网络架构的学习，为尝试同类型网络打下基础，起到触类旁通的效果。

附录 A

OpenCV 的编译安装及 patch 开发流程

本书内容基于 OpenCV 4.1 版本，下面以该版本为例讲解 OpenCV 的编译安装过程。
OpenCV 使用 CMake 作为编译支持工具，CMake 可以帮助 OpenCV 更好地实现：

❑ 在 Linux 和 Windows 跨平台迁移时，不需要修改源代码；

❑ 可以方便地转换为 Windows Visual Studio 支持的编译工程。

❑ 比较容易和其他使用 CMake 的工具集成（如 Qt、iTK 和 VTK）。

下面开始介绍编译安装过程。

第 1 步：编译安装 OpenCV 所依赖的软件包，列表如下。

❑ GCC 4.4.x 或更高版本。

❑ CMake 2.8.7 或更高版本。

❑ Git。

❑ GTK+2.x 及头文件或更高版本。

❑ pkg-config。

❑ Python 2.6 或更高版本的应用包和开发包，以及 NumPy 1.5 或更高版本的应用包和开发包。

❑ FFmpeg 或 libav 开发包：libavcodec-dev、libavformat-dev、libswscale-dev。

❑ libtbb2 libtbb-dev[可选]。

❑ libdc1394 2.x[可选]。

❑ libjpeg-dev、libpng-dev、libtiff-dev、libjasper-dev、libdc1394-22-dev[可选]。

❑ CUDA Toolkit 6.5 或更高版本 [可选]。

在 Ubuntu 上，我们可以使用下面的命令安装依赖软件包：

```
[安装编译器]
$ apt-get install build-essential

[必须安装的依赖包]
$ apt-get install cmake git libgtk2.0-dev pkg-config libavcodec-dev
libavformat-dev libswscale-dev

[可选安装的依赖包]
$ apt-get install python-dev python-numpy libtbb2 libtbb-dev libjpeg-dev
libpng-dev libtiff-dev libjasper-dev libdc1394-22-dev
```

也可以使用下面的命令来自动安装依赖包：

```
$ apt-get build-dep opencv
```

提示　安装需要有 admin 权限的用户，root 用户可以直接用 apt-get install 命令。
sudo 用户可以用 sudo 执行，例如：

```
sudo apt-get install <package name>
```

非 sudo 用户可以通过以下命令增加 sudo 权限：

```
usermod -aG root 用户名
```

第 2 步：下载 OpenCV 4.1.0 版本源代码。

```
$ cd ~/<my_working_directory>
$ git clone https://github.com/opencv/opencv.git --branch 4.1.0
$ git clone https://github.com/opencv/opencv_contrib.git --branch 4.1.0
```

提示　在使用 Git 下载代码时，有时可能是在内部网络，从而需要用到代理。使用 Git 用
代理时，可以按以下设置环境变量的方法：

```
export http_proxy="<your-proxy>:<proxy-port>"
export https_proxy="<your-proxy>:<proxy-port>""
export no_proxy="localhost,127.0.0.0/8,<不需要代理的站点>"
```

第 3 步：OpenCV 的编译和安装。

1）创建一个临时目录 build：

```
$ cd ~/<my_working_directory>/opencv
$ mkdir build
$ cd build
```

2）配置和编译。

使用 cmake 命令：

```
$ cmake -D CMAKE_BUILD_TYPE=Release -D CMAKE_INSTALL_PREFIX=/usr/local ..
```

如果需要编译 opencv_contrib，则可以在编译 OpenCV 时指定 opencv_contrib 的目录：

```
-DOPENCV_EXTRA_MODULES_PATH=../../opencv_contrib/modules
```

编译时，有可能会遇到各种问题，可以在 https://github.com/opencv/opencv/issues 和 https://github.com/opencv/opencv_contrib/issues 查看解决方法。

3）编译和安装：

```
$ make -j8
$ make install
```

命令执行成功后，可以使用 opencv_version 来查看是否安装成功，例如：

```
$ opencv_version
4.1.0
```

下面通过一个例子来对编译安装好的 OpenCV 做一个简单测试。这是一个来自于 OpenCV 官方网站的示例，是使用 OpenCV 编写的一个简单的显示图片的程序。

第 1 步：编写一段简单的程序代码，保存成 .cpp 文件，如 DisplayImage.cpp。

```cpp
#include <stdio.h>
#include <opencv2/opencv.hpp>
using namespace cv;
int main(int argc, char** argv)
{
    if ( argc !=2 )
    {
        printf("usage: DisplayImage.out <Image_Path>\n");
        return -1;
    }
    Mat image;
    // 读入图像数据
    image=imread( argv[1], 1 );
    // 判断数据是否读入成功
    if ( !image.data )
    {
        printf("No image data \n");
        return -1;
    }
    // 设定显示窗口
    namedWindow("Display Image",  WINDOW_AUTOSIZE );
    // 显示图像
    imshow("Display Image", image);
```

```
    waitKey(0);
    return 0;
}
```

第 2 步：编译。我们需要创建一个 CMakeLists.txt 文件，下面是一个典型的例子。

```
#cmake 版本要求
cmake_minimum_required(VERSION 2.8)
# 项目名称
project(DisplayImage)
find_package(OpenCV REQUIRED)
# 设定编译参数
set (CMAKE_CXX_FLAGS "${CMAKE_CXX_FLAGS} ${CMAKE_C_CXX_FLAGS} -std=C++11")
# 设定需要包含的头文件
include_directories(${OpenCV_INCLUDE_DIRS})
# 设定需要编译的源代码
add_executable(DisplayImage DisplayImage.cpp)
# 设定需要链接的库
target_link_libraries(DisplayImage ${OpenCV_LIBS})
```

第 3 步：编译可执行文件。

```
$ cd <DisplayImage_directory>
$ cmake.
$ make
```

第 4 步：用可执行文件测试程序。

```
$ ./DisplayImage lena.jpg
```

如果可以看到图 A-1 所显示的一个窗口（窗口中是图像处理界最著名的 Lena 图，可以从网上下载 lena.jpg 文件），则说明程序输出了正确的结果，如此表示 OpenCV 安装成功。

以上是 OpenCV 4.1 的编译安装及一个极简应用的开发过程。如果读者希望参与到 OpenCV 本身的开发中去，那么需要了解为 OpenCV 发补丁（patch）的基本流程，下面做一个简单介绍。

首先，申请一个 GitHub 账号（因为 OpenCV 的源码托管在 GitHub 上）。然后将 OpenCV 代码复制（fork）到自己的账户，方法是进入 OpenCV 项目的首页○，单击首页上部的 Fork 按钮，如图 A-2 所示。

图 A-1　OpenCV 图像输出

○ 参见 https://github.com/opencv/opencv。

图 A-2　从 OpenCV 源仓库复制自己的代码仓库

使用 git clone 命令下载位于自己空间中的 OpenCV 源代码仓库：

```
git clone https://github.com/<github 账户名 >/opencv.git
```

接下来将官方 OpenCV 仓库添加为远程跟踪仓库：

```
$ git remote add upstream https://github.com/opencv/opencv.git
```

这么做的目的是方便获取官方的最新代码更新。

至此，代码准备就绪，接下来制作和提交补丁，步骤如下。

1）在本地代码仓库做修改并提交到本地仓库。注意，OpenCV 对代码风格有自己的要求[一]。

2）提交修改到自己的远程仓库：

```
$ git push origin
```

3）创建 pull request（代码合并请求，以下以缩写 PR 代替）。进入自己的 OpenCV 项目首页，链接为 https://github.com/<github 账户名 >/opencv，单击 New pull request 按钮（见图 A-3 中箭头处），创建 pull request。

图 A-3　创建 pull request

4）创建 pull request 之后，会触发自动编译和测试以保证提交代码的正确性。OpenCV 的维护者一般会在正确性测试通过之后自动安排进行代码审阅（review）。完整的代码审阅过程见图 A-4，其中 Under Review 表示代码正在被代码审阅人（Reviewer）审阅。代码通过审阅之后会被接受，意味着代码被合并到官方代码库，流程结束。代码审阅人如果觉得提交的代码还需要完善，会要求作者修改并提交新的代码合并请求。如果代码存在明显错误，也可能会被审阅人直接拒绝掉。

　　㊀　具体参见 https://github.com/opencv/opencv/wiki/Coding_Style_Guide。

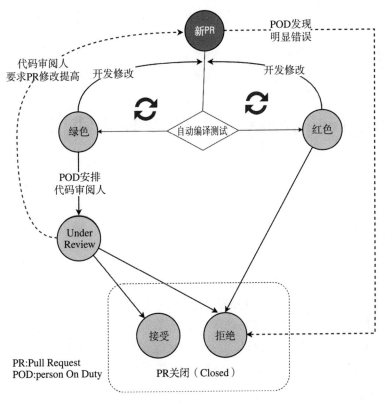

图 A-4 完整的代码审阅过程

附录 B

intel_gpu_frequency 工具的安装和使用

  intel_gpu_frequency 是一个控制 Intel GPU 频率的命令行工具。在某些系统设置下，Intel GPU 会根据系统整体计算需求自动调整运行频率，这会给程序性能调试带来影响。通过 intel_gpu_frequency 工具，我们可以设置一个固定的 GPU 运行频率，这在做算法性能分析时是很有必要的。下面讲解 intel_gpu_frequency 的安装和使用。

  1. 安装 intel_gpu_frequency

  intel_gpu_frequency 包含在 intel-gpu-tools 工具包当中。intel-gpu-tools 是一个调试 Intel 显卡驱动程序的工具包，各大 Linux 发行版都会默认安装。它是开源软件，代码位于 https://gitlab.freedesktop.org/drm/igt-gpu-tools。我们可以用它来调试显卡驱动，查看显卡运行状态，搜集显卡性能数据。如果要手动安装 intel-gpu-tools，以 Ubuntu 系统为例，运行以下命令：

```
sudo apt-get install intel-gpu-tools
```

然后运行以下命令：

```
dpkg -L intel-gpu-tools | grep intel_gpu_frequency
```

可以看到 intel_gpu_frequency 已经成功安装：

```
/usr/bin/intel_gpu_frequency
```

  2. 运行 intel_gpu_frequency

  运行以下命令查看频率信息：

```
sudo intel_gpu_frequency
```

输出如下：

```
cur: 300 MHz   //  当前运行频率
min: 300 MHz   //  支持的最低频率
PR1: 300 MHz
max: 1150 MHz  //  支持的最高频率
```

注意，并不是所有落在最大频率至最小频率范围内的频率值都可设置成功，我们建议以 50MHz 为单位进行设置。以下命令将 GPU 频率锁定为 400MHz：

```
sudo intel_gpu_frequency -s 400
```

以下命令将最大频率设置为 750MHz：

```
sudo intel_gpu_frequency -c max=750
```

推荐阅读